职业教育系列

局域网组建

The Establishment of Local Area Network

王登州 刘小龙 ◎ 主编
杜国标 焦述艳 ◎ 副主编
汪双顶 ◎ 技术主审

人民邮电出版社
北京

图书在版编目（CIP）数据

局域网组建 / 王登州，刘小龙主编. -- 北京 ：人民邮电出版社，2014.11
工业和信息化人才培养规划教材. 职业教育系列
ISBN 978-7-115-35956-8

Ⅰ. ①局… Ⅱ. ①王… ②刘… Ⅲ. ①局域网－职业教育－教材 Ⅳ. ①TP393.1

中国版本图书馆CIP数据核字(2014)第204451号

内 容 提 要

本书主要针对职业院校计算机网络、计算机应用等相关专业的学生，在学习完网络专业的基础课程后，为强化职业技能的训练，需要继续进行专业实践课程的学习而设计。

全书按照基于工作过程的课程教学模式，详细地介绍网络行业企业在组建中小型企业网络过程中，需要使用到的网络设备的选型，阐述了组网过程中涉及的网络基础技术、交换技术、广播干扰问题、虚拟局域网技术、交换冗余端口技术、路由器设备、广域网技术、网络安全技术和网络设备管理等网络优化技术。全书包含了中小型网络组建和管理中涉及的 8 个项目工作场景，分别对应学生未来就业于各工作岗位上需要的相应技能。

本书可作为职业院校计算机网络技术及其相关专业的教材，也可作为计算机网络管理员、网络工程师等相关技术人员的参考书。

◆ 主　　编　王登州　刘小龙
副 主 编　杜国标　焦述艳
技术主审　汪双顶
责任编辑　桑　珊
责任印制　杨林杰

◆ 人民邮电出版社出版发行　　北京市丰台区成寿寺路 11 号
邮编　100164　　电子邮件　315@ptpress.com.cn
网址　http://www.ptpress.com.cn
北京科印技术咨询服务有限公司数码印刷分部印刷

◆ 开本：787×1092　1/16
印张：12.75　　2014 年 11 月第 1 版
字数：334 千字　　2024 年 12 月北京第 9 次印刷

定价：32.00 元

读者服务热线：(010)81055256　印装质量热线：(010)81055316
反盗版热线：(010)81055315
广告经营许可证：京东市监广登字20170147号

前言　PREFACE

随着网络技术的广泛应用和不断发展，网络已经成为人们学习、工作和生活中不可缺少的一部分。小到一个家庭，大到一个企业，都需要组建互联互通的网络，从而把个人的计算机接入互联网中。因此，社会对网络组建与维护专业的相关技术人员的需求也会越来越多。

为了积极响应国家职业教育、教学改革文件精神，将产学结合、校企合作的模式真正引入学校的教育、教学改革工作之中，我们组织工作在一线的职业院校专业骨干教师，联合行业、企业中知名的技术专家组成教学团队，合作开发了这本“工学结合”的局域网组建与维护的专业教材。

本书根据当前职业教育普遍采用的“项目化、任务驱动”课程开发思想，组织教学中需要应用的材料，编写教学内容。在内容选取上，遵循“实用为主、够用为度、应用为目的、适当拓展”的基本原则，并通过对相关企业调研和相关工作职位的能力分析，尽可能采用企业最新技术，引入企业最实用的项目成果，并作为本课程任务的借鉴对象。

一、教材特色

本书最大的教学特色就是：引用的教学项目全部来源于企业真实的工程实践。

本书在规划过程中，分别选择合作企业承担的某企业网、校园网的部分建设项目作为课程的开发教学任务，根据教学规律和实际教学需要，对项目进行了优化，最终形成了现在的教学项目。在开发过程中，本书引入工作过程系统化的理念，以教学项目为中心，按照“项目描述→项目分析→知识讲解→网络搭建与实施→网络设备配置→设备调试与故障排除”六大部分，分模块讲解教学项目的实施。其中，每个部分的教学任务都按照“项目导引→项目分析→技术准备→项目实施→技术拓展→强化练习”的步骤展开教学。

本书全部教学内容在组织安排上循序渐进，条理清晰；项目讲解图文并茂，通俗易懂，知识点全面；课程中从企业引入的项目实施内容简明，经过专业教师和企业工程师的改造，便于实践操作；项目的组织从基础到综合、由易到难，递进式培养学生的实践操作能力和理论知识。

二、内容介绍与教学建议

在体例和样式上，本书从项目任务需求描述开始，逐步诠释项目建设的目标，按照知识学习、项目实施到最后故障排除和调试等过程来讲述应该学习的内容，全书包含了中小型网络组建和管理中涉及的8个项目工作场景，分别对应学生未来就业岗位上需要的相应技能。

本书的内容结构以及相关的课时安排权重如下表所示，教师可以根据本校课程的实际情况组织安排实施。

序　　号	项目名称	占课时比重
1	项目一　了解身边的网络	8%
2	项目二　掌握局域网基础知识	8%
3	项目三　组建办公网络	8%
4	项目四　优化办公网络	12%

续表

序　号	项目名称	占课时比重
5	项目五　组建三层交换办公网	12%
6	项目六　组建多园区网络	15%
7	项目七　校园网接入互联网	12%
8	项目八　保护局域网终端设备安全	12%
9	项目九　组建无线局域网	8%
10	项目十　排除局域网故障	5%

本书在组织实施过程中，建议以理论与实践相结合的方式进行讲授，从而全面培养学生的实践操作能力。

本书为任课教师与星网锐捷网络有限公司联合开发，走校企合作开发的道路，希望实现专业对接行业、课程对接岗位的教学效果。本书由王登州、刘小龙任主编，杜国标、焦述艳任副主编。

由于编者水平有限，教材中难免存在不妥之处，请读者谅解并提出宝贵意见，可发邮件至 wsd17@126.com 。

编者

2014 年 8 月

目 录 CONTENTS

项目一 了解身边的网络 1

项目二 掌握局域网基础知识 27

项目三　组建办公网络　52

项目四　优化办公网络传输效率　76

项目五　组建三层交换办公网　94

项目六 组建多园区网络 109

项目七 校园网接入互联网 134

项目八 保护局域网终端设备安全 156

项目九 组建无线局域网 176

项目十 排除局域网故障 190

PART 1

项目一 了解身边的网络

项目背景

浙江嘉兴民康公司是一家纯净水配送公司，公司为了通过网络增强纯净水的订购、配送和管理，专门购置设备，组建了互联互通的办公网络。组建完成的办公网络，不仅仅改变了以前只能通过手工管理订单的工作局面，大大地提高了工作效率，而且公司把办公网接入到互联网中，通过网络实现纯净水的订购、配送模式。

公司为了帮助员工了解一些计算机网络基础知识，要求网络中心的小王给大家讲一些网络基础知识。小王首先教会大家认识身边的网络设备组成，教会大家懂得网络传输信息的流程，认识每种设备承担的功能，在网络传输过程中处于哪一个环节。本项目主要内容包括了解身边计算机网络，认识网络基本功能和作用，会查看、配置和管理计算机的 IP 地址。

- 任务 1.1　认识计算机网络
- 任务 1.2　了解计算机网络体系结构
- 任务 1.3　掌握 IP 地址知识

技术导读

本项目技术重点：网络体系结构、IP 地址基础知识。

1.1 任务一 认识计算机网络

一、任务描述

浙江嘉兴民康公司组建完成的办公网络，不但达到预期目的，大大地提高了工作效率，而且公司把办公网接入互联网中，通过网络实现纯净水的订购、配送。

通过本任务的学习，了解身边的计算机网络，认识网络基本功能和作用，特别是会查看自己计算机的 IP 地址。

二、任务分析

办公网络是日常生活中最常见的网络形式之一，为日常的工作、生活以及娱乐提供网络需求。

办公网具有安装简单、速度快、安全、稳定等特征。通过认识身边的办公网，要达到了解一些简单的网络基础知识、认识网络的基本功能、会查看本机的 IP 地址的目的。

三、知识准备

1.1.1 认识计算机网络

1. 什么是计算机网络

计算机网络是利用通信设备和通信线路，将地理位置不同的、功能独立的多台计算机系统互连起来，实现资源共享和信息传递的网络系统。网络是计算机技术和通信技术相结合产物。

计算机网络最主要的功能表现在两个方面：一是实现资源共享（包括硬件资源和软件资源共享）；二是在用户之间交换信息，为用户提供强有力的通信手段和尽可能完善的服务，从而极大地方便用户获取信息，如图 1-1-1 所示。

图 1-1-1 计算机网络场景

2．计算机网络的功能

网络是计算机技术与通信技术紧密结合，相互促进，共同发展的结果。网络在当今信息社会中扮演了非常重要的角色。网络一般具备以下几方面的功能。

● 数据通信。

现代社会信息量激增，信息交换日益增多，每年有几万吨信件要传递，利用计算机网络来传递信息效率更高、速度更快。通过网络不仅仅可以传输文字信息，还可以携带声音、图像和视频，实现多媒体通信。计算机网络消除了传统社会中地理上的距离限制。

● 资源共享。

互相连接在一起的计算机可以共享网络中的所有资源，从而提高资源利用率。网络中可以实现共享的资源很多，包括硬件、软件和数据。有许多昂贵的资源，如大型数据库、巨型计算机等，并非为每一个用户所拥有，实行共享使系统整体性价比得到改善。

● 分布式计算，集中式管理。

通过网络技术使处于不同地理位置的计算机进行分布式计算成为可能。对于大型的项目，可以分解为许许多多的小课题，由不同的计算机分别承担完成，提高工作效率、增加经济效益，如图 1-1-2 所示。网络技术实现日常工作的集中管理，使得现代的办公手段、经营管理方式发生了本质的改变。

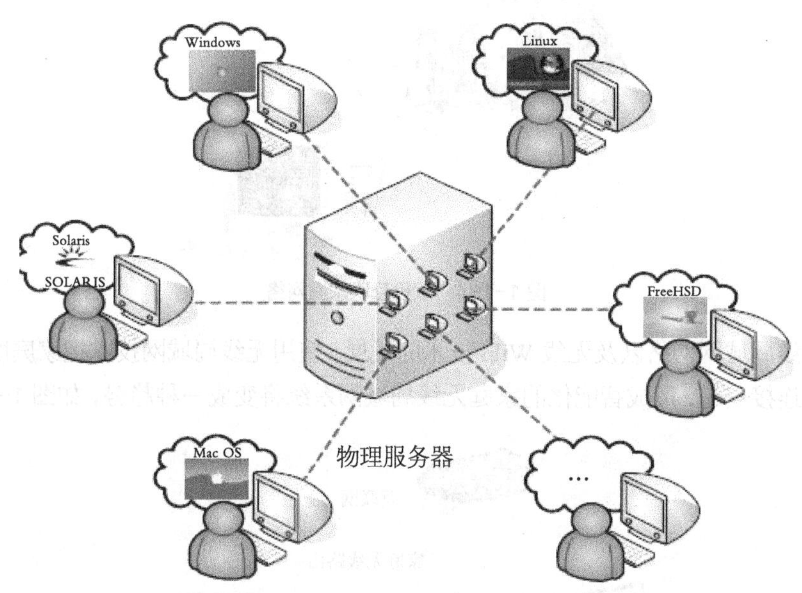

图 1-1-2　计算机网络分布式计算

● 负荷均衡。

网络把工作任务均匀地分配给网络上各计算机系统，以达到均衡负荷的目的。网络控制中心负责分配和检测网络负载，当某台计算机负荷过重时，系统会自动转移数据流量到负荷相对较轻的计算机系统处理，从而扩展计算机系统的功能，扩大应用范围，提高可靠性。图 1-1-3 所示为计算机之间的均衡负载功能示意图。

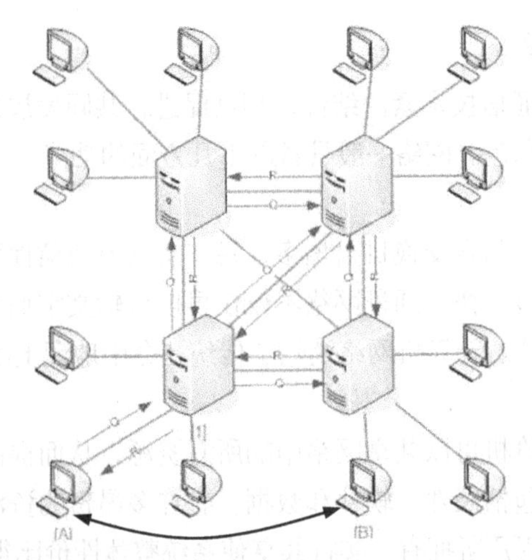

图 1-1-3　计算机网络负荷均衡

1.1.2　计算机网络常见场景

最简单的网络就是两台计算机互连形成的简单双机互联网络，如图 1-1-4 所示。双机互联网络是世界上最小的网络，一般出现在家庭环境中，达到资源共享的目的。

图 1-1-4　双机互联家庭网络

随着无线局域网网络以及无线 WiFi 技术的发展，使用无线局域网技术把家庭所有的智能化终端设备连接一起，形成智能化的家庭无线局域网系统将变成一种趋势，如图 1-1-5 所示。

图 1-1-5　无线局域网网络

稍微复杂一些的办公室网络可以实现多台计算机之间的相互连接，如图 1-1-6 所示。这种网络场景一般出现在办公室环境中，通过一台网络互联设备把多台计算机互相连接在一起，组建一个简单网路系统，实现资源共享（如共享打印机）和互相之间通信的目的。

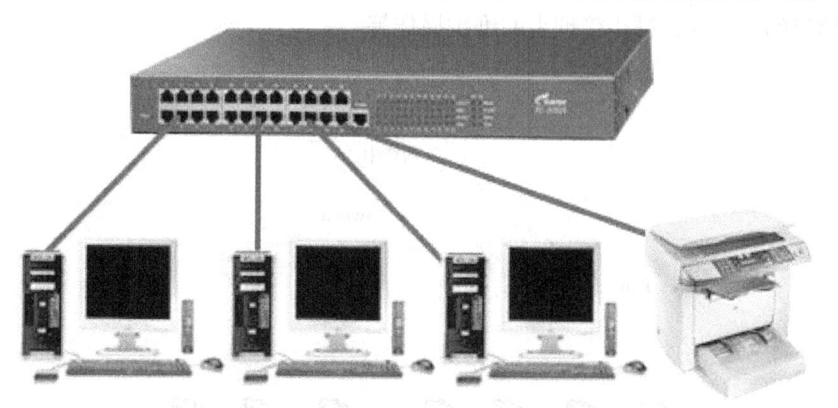

图 1-1-6 多台计算机构成的办公网络

图 1-1-7 所示的场景为某学校校园网，把校园内的计算机连接一起，使校园内部成百上千台计算机之间互相连接，实现全校所有计算机之间的资料通信和共享。

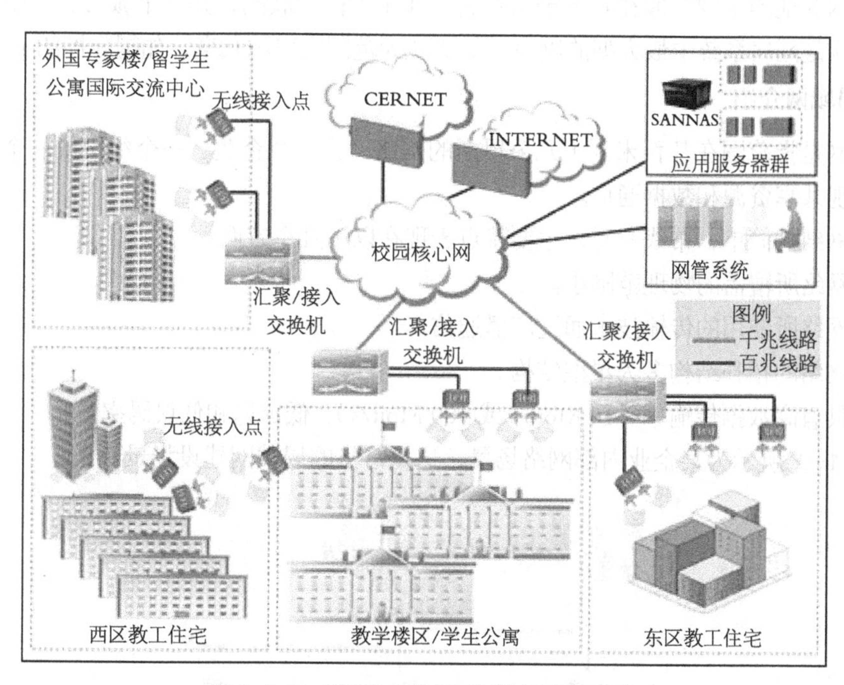

图 1-1-7 资源共享的 XXX 学校的校园网络

而更复杂的网络则是将全世界计算机联在一起构成 Internet 网络。Internet 是当今世界上最大的国际性互联网络，其在社会各个领域的应用和所产生的影响非常广泛和深远。

1.1.3 计算机网络分类

常见的计算机网络，一般可以从网络的分布范围来进行分类：局域网（Local Area Network，LAN）、广域网（Wide Area Network，WAN）。

局域网的地理范围一般为几百米到 10 千米，属于小范围联网，实现资源共享，如一座建筑物内、一所学校内、一个工厂内等，如图 1-1-8 所示。局域网的组建简单、灵活，传输速率通常在 10 Mbit/s ~ 100 Gbit/s。局域网设计通常针对于一座建筑物内的计算机，其目的是提高资源和信息的安全性，减少管理者的维护操作等。

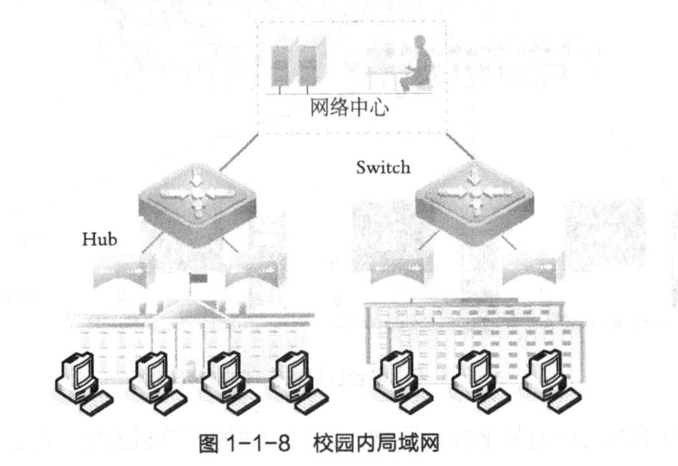

图 1-1-8　校园内局域网

广域网的地理范围一般在几千千米左右，属于大范围联网，如几个城市、一个或几个国家。广域网是网络系统中最大型的网络，能实现大范围的资源共享，如国际性的 Internet。

1．局域网介绍

局域网是指范围在几百米到十几公里内的网络，为一个企业、一个组织或一个事业单位独有，实现共享资源和数据通信。

局域网结构简单，布线容易，主要特点表现在以下几个方面。

（1）网络所覆盖的物理范围小。

（2）网络所使用的传输技术通过广播通信。

（3）网络的拓扑结构多为星型结构。

（4）具有高数据传输率（10 Mbit/s 或 100 Mbit/s）、低延迟和低误码率。

图 1-1-9 所示为某企业内部网络场景，这是常见的局域网建设场景。

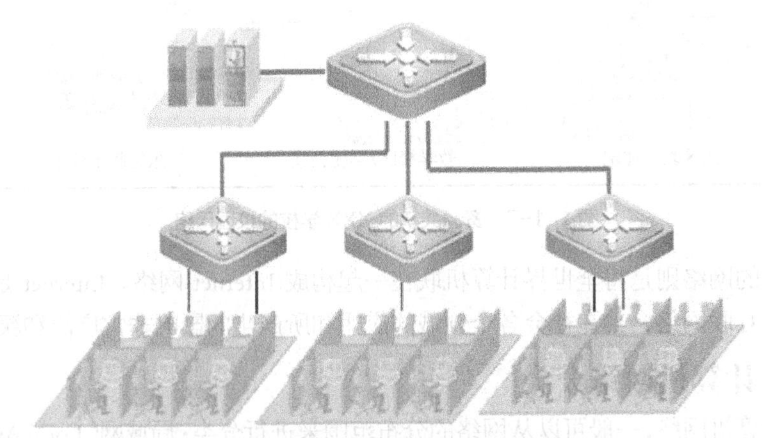

图 1-1-9　常见的局域网建设场景：某企业内部连接拓扑

2．广域网介绍

广域网也称远程网，是一种跨地区数据通信网络，通常跨接很大物理范围，范围在几十公里到几千公里，可覆盖一个地区、一个国家甚至几个国家。广域网常常使用电信运营商提供的设备作为信息传输平台，利用公用分组交换网、卫星通信网和无线分组交换网，将分布在不同地区的局域网或计算机系统互联起来，达到资源共享的目的。

广域网应具有以下特点。

（1）适应大容量与突发性通信的要求。

（2）适应综合业务服务的要求。

（3）开放的设备接口与规范化的协议。

（4）完善的通信服务与网络管理。

互联网（Internet）是目前最大的广域网。广域网具有信道传输速率较低，结构复杂等特点，其物理结构一般由通信子网和资源子网组成，如图 1-1-10 所示。

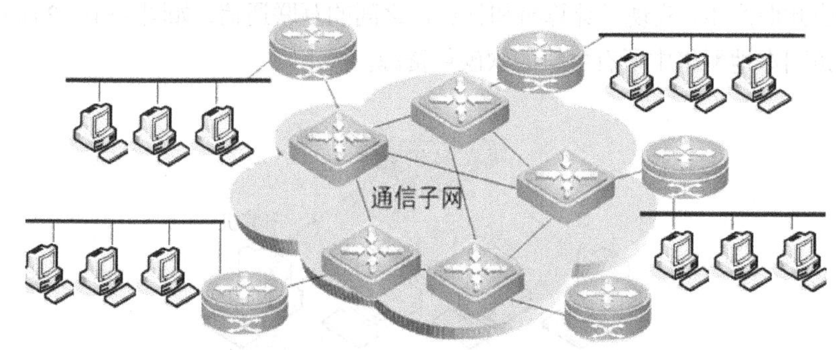

图 1-1-10　广域网的结构组成

1.1.4　计算机网络发展简史

世界上第一台电子计算机叫 ENIAC（电子数字积分计算机），于 1946 年 2 月 15 日在美国诞生。在计算机最初诞生的十年间，因为其主机相当昂贵，主要为一些集中处理的大型机。而当时的通信线路和通信终端设备相对便宜，因此在 20 世纪 50 年代，人们为了共享大型计算机主机资源，开始将彼此独立发展的计算机技术与通信技术结合起来，建设了第一代以单主机为中心的联机终端网络系统。

为了处理更多的计算、更充分地利用资源，人们开始考虑采用类似电话的工作原理，将用户使用的终端设备，通过通信线路连接到远程的大型计算机上，共享大型计算机的资源，由此而发展出最初的计算机网络最简单的联结形式。

1．简单网络联结（终端网络）

早期的网络主要解决因计算机资源短缺（如缺少硬件）而需要进行资源共享的问题。20 世纪 60 年代早期，出现了面向终端简单连结的计算机网络：大型网络中主机是网络的中心和控制者，终端（键盘和显示器）分布在各处，并与主机相连，用户通过本地终端使用远程主机。这种简单的网络提供终端和主机之间通信，提供应用程序执行、远程打印和数据服务工作，如图 1-1-11 所示。

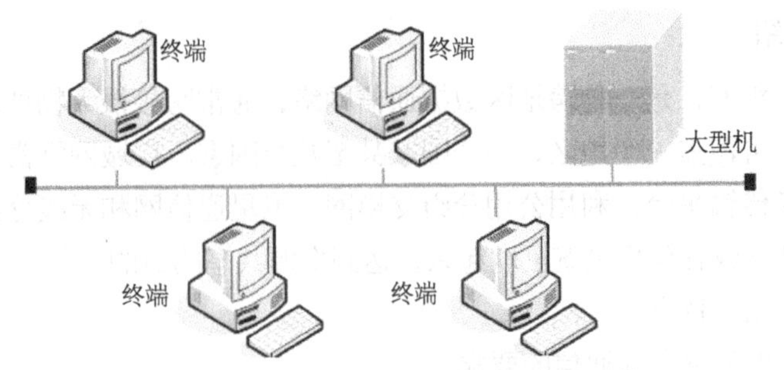

图 1-1-11 面向终端简单联结的计算机网络

2．多计算机互联网络阶段（局域网）

多计算机互联网络建设阶段起始于 20 世纪 70 年代，当时伴随着计算机体积的减小、价格的下降，出现了以计算机为主的商业计算机模式。最初这些个人计算机是独立的设备，由于认识到商业计算的复杂性，要求大量终端设备协同操作，导致计算机之间互相连结的需求，局域网技术由此而产生，实现了计算机和计算机之间的互联通信，如图 1-1-12 所示。每台计算机都可以访问本地网络中所有主机的软硬件资源。

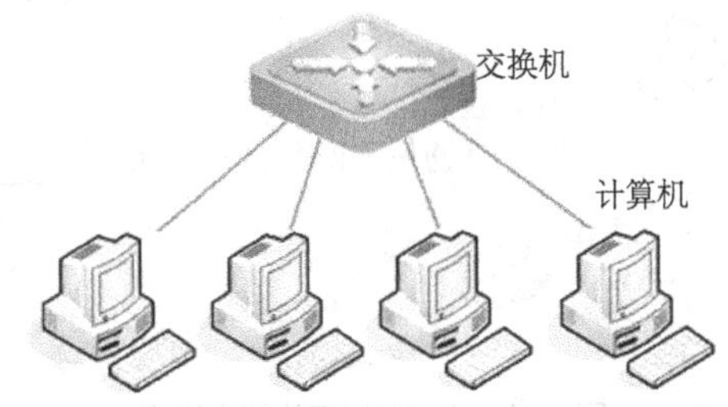

图 1-1-12 多计算机互联网络阶段（局域网）

常见的校园网络就是典型的局域网。其需要实现的核心功能就是，把学校中所有的办公设备都连接在一起，实现信息、资源和硬件设备的共享。同时，它也实现了和外部网络之间的互相联接，以实现和其他远程网络的通信，共享全球信息资源。

3．开放互联计算机网络阶段（广域网）

1977 年，国际标准化组织 ISO 设立分委员会，以“开发系统互联”为目标，专门研究网络体系结构、开发互联标准。其后规划的“开放体系互联基本参考模型”（OSI/RM）实现了同一网络中的不同子网络之间，以及不同区域的网络，或者不同类型网络之间的互相联通，开创了一个具有统一结构的网络体系架构，遵循国际标准化协议的计算机网络新时代到来了。

4．信息高速公路（高速，多业务，大数据、Internet）

20 世纪 90 年代以来，随着美国信息高速公路计划执行以来，全球网络技术进入宽带综合业务数字网阶段，宽带网络技术发展成为主流，人们更加注重网络通信质量和网络带宽，注重网络的交互性，Internet 技术成为连接全球计算机之间的网络系统。

今天的网络已发展成为人们生活中重要工具，IP 电话、即时通信和 E－mail 等成为现代人每天赖以生存基础。视频点播（VOD）、网络游戏、网上教学、网上书店、网上购物、网上订票、网上电视直播、网上医院、网上证券交易、虚拟现实以及电子商务等，也正走进普通百姓的生活、学习和工作当中，改变着人们的工作、学习和生活乃至思维方式。

四、任务实施

【任务名称】查看本机的 IP 地址。

【网络拓扑】

本任务的实施需要一台接入到办公网中的计算机，如图 1-1-13 所示的网络场景。

图 1-1-13　接入到办公网中的计算机

【设备清单】测线计算机（1 台）。

【工作过程】

1. 打开计算机网络连接，如图 1-1-14 所示。

图 1-1-14　打开网络连接

2. 选择“本地连接”，单击鼠标右键，选择快捷菜单中的“属性”选项，如图 1-1-15 所示。

3. 选择本地连接属性中的“Internet 协议（TCP/IP）”选项，再单击“属性”按钮，设置 TCP/IP 属性，如图 1-1-16 所示。

4. 查看计算机设置的管理 IP 地址，具体 IP 地址内容如图 1-1-17 所示。

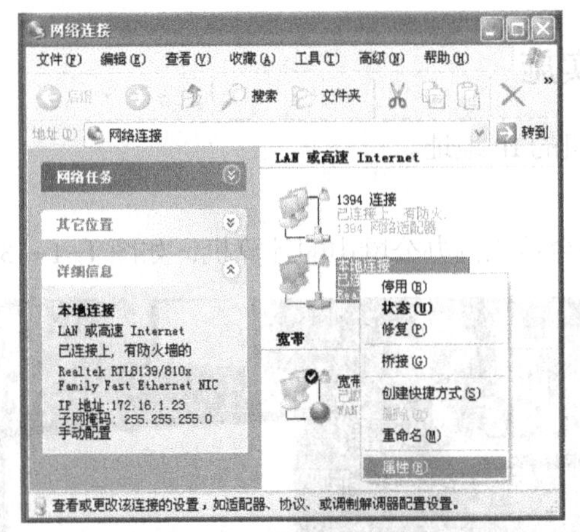

网络连接
文件(F) 编辑(E) 查看(V) 收藏(A) 工具(T) 高级(N) 帮助(H)
搜索 文件夹
地址(D) 网络连接 转到
网络任务
其它位置
详细信息
本地连接
LAN 或高速 Internet
已连接上，有防火墙的
Realtek RTL8139/810x Family Fast Ethernet NIC
IP 地址:172.16.1.23
子网掩码: 255.255.255.0
手动配置
LAN 或高速 Internet
1394 连接
宽带
停用(B)
状态(U)
修复(P)
桥接(G)
创建快捷方式(S)
重命名(M)
属性(R)
查看或更改该连接的设置，如适配器、协议、或调制解调器配置设置。

图 1-1-15 配置本地连接属性

本地连接 属性
常规 验证 高级
连接时使用:
Realtek RTL8139/810x Family Fa
配置(C)...
此连接使用下列项目(O):
QoS 数据包计划程序
AEGIS Protocol (IEEE 802.1x) v2.3.1.9
Internet 协议 (TCP/IP)
安装(N)...
卸载(U)
属性(R)
说明
TCP/IP 是默认的广域网协议。它提供跨越多种互联网络的通讯。
连接后在通知区域显示图标(W)
此连接被限制或无连接时通知我(M)
确定
取消

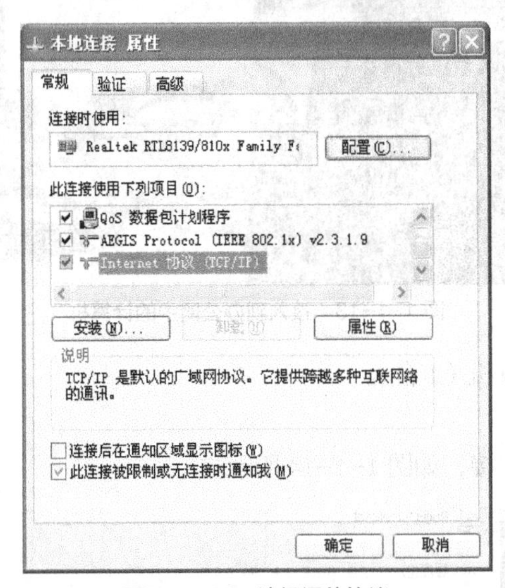

图 1-1-16 选择通信协议

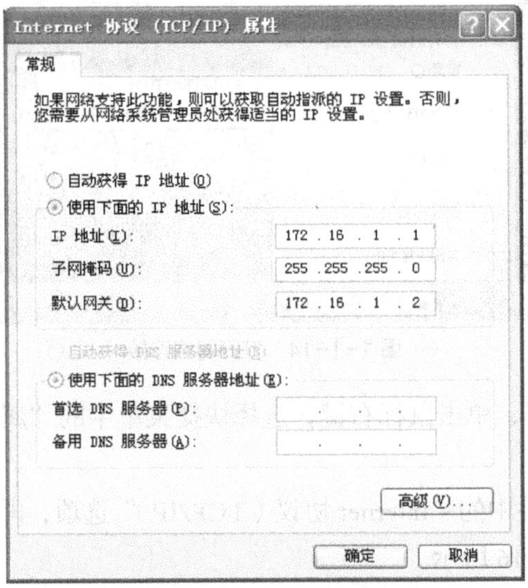

Internet 协议 (TCP/IP) 属性
常规
如果网络支持此功能，则可以获取自动指派的 IP 设置。否则，您需要从网络系统管理员处获得适当的 IP 设置。
自动获得 IP 地址(O)
使用下面的 IP 地址(S):
IP 地址(I): 172 . 16 . 1 . 1
子网掩码(U): 255 . 255 . 255 . 0
默认网关(D): 172 . 16 . 1 . 2
自动获得 DNS 服务器地址(B)
使用下面的 DNS 服务器地址(E):
首选 DNS 服务器(P):
备用 DNS 服务器(A):
高级(V)...
确定
取消

图 1-1-17 查看计算机 IP 地址

➔备注：

以上是使用“网络连接”工具来查看本机 IP 地址的方法，也可使用命令查看本机的 IP 地址信息。

使用鼠标单击桌面左下角的开始菜单，选择“运行”选项。在打开的运行框中，输入启动 DOS 命令操作环境命令“CMD”，把系统转到 DOS 命令模式操作环境中。

如下所示，直接输入查看本机 IP 地址的命令 IPConfig，查看本机的 IP 地址信息，显示的结果如图 1-1-18 所示。

```
IPConfig
```

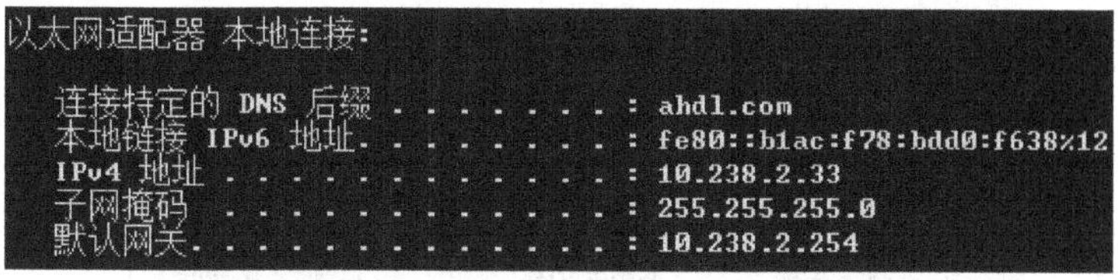

```
以太网适配器 本地连接:

   连接特定的 DNS 后缀 . . . . . . . : ahdl.com
   本地链接 IPv6 地址. . . . . . . . : fe80::b1ac:f78:bdd0:f638%12
   IPv4 地址 . . . . . . . . . . . . : 10.238.2.33
   子网掩码 . . . . . . . . . . . . : 255.255.255.0
   默认网关. . . . . . . . . . . . . : 10.238.2.254
```

图 1-1-18　使用命令查看本机 IP 地址

1.2　任务二　了解计算机网络体系结构

一、任务描述

浙江嘉兴民康公司为了帮助员工懂一些计算机网络基础知识，要求网络中心的小王给大家介绍一些网络基础知识。

小王首先教会大家认识身边的网络设备组成，然后教会大家懂得网络传输信息的流程，认识每种设备承担的功能以及在网络传输过程中处于哪一个环节。加深了解计算机网络的体系结构，特别是 TCP/IP 的认识和了解。

二、任务分析

办公网络中组成的设备很多，不同的设备的在网络信息传输过程中承担着不同的通信功能。

计算机网络体系结构比较直观地通过网络模型方式描述了网络通信过程，诠释了每一种设备承担的基本功能，因此学习计算机网络通信模型以及其体型结构具有重要意义。

三、知识准备

计算机网络是利用通信设备和通信线路，将地理位置不同的、功能独立的多台计算机系统互连起来，实现资源共享和信息传递的网络系统。网络是计算机技术和通信技术相结合产物。

为了明确计算机网络中所有设备之间的通信合作关系，可以通过网络体系（Network Architecture）的方式，把网络中每台计算机的互联关系、基本通信功能描述清楚；同时采用分层结构，分清楚设备之间通信进程、通信的规则和约定以及相邻设备之间的接口内容及服务关系。

1.2.1 开放系统互联 OSI 模型

1. 什么是 OSI 开放系统互联

OSI（开放系统互联模型）由 ISO（国际标准化组织）定义，目的是规范不同系统的互联标准，提供不同厂商间的接口标准。它将整个通信分成 7 层，OSI 模型中的每层都有自己的功能集；层与层之间相互独立又相互依靠；上层依赖于下层，下层为上层提供服务。

不同系统中同一层的实体之间进行通信；同一系统中，相邻层之间通过原语交换信息。由于每一层之间的通信由该层的协议进行管理，对于本层的修改不会影响到其他层，方便了对于通信的修改和组合。OSI 通信模型如图 1-2-1 所示。

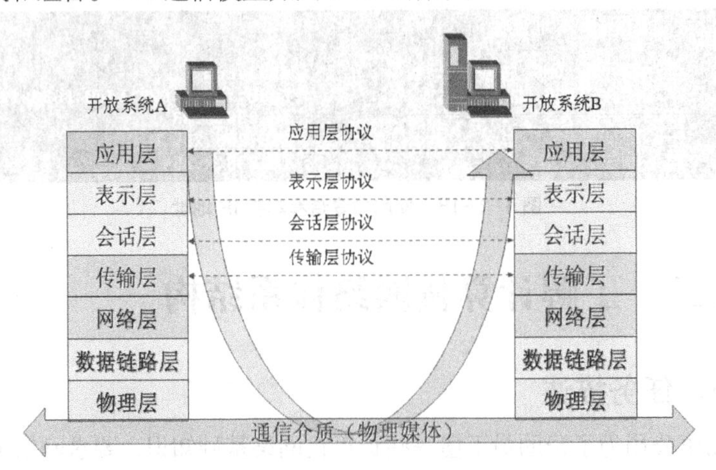

图 1-2-1 OSI 开放系统互联模型

2. OSI 开放系统互联分层通信

OSI 参考模型（OSI/RM）的全称是开放系统互联参考模型，是由国际标准化组织 ISO 提出的一个网络系统互联模型。OSI 参考模型共分为 7 层结构，分别介绍如下。

第一层是物理层（Physical layer）；第二层是数据链路层（Data link layer）；第三层是网络层（Network layer）；第四层是传输层（Transport layer）；第五层是会话层（Session layer）；第六层是表示层（Presentation layer）；第七层是应用层（Application layer），如图 1-2-2 所示。

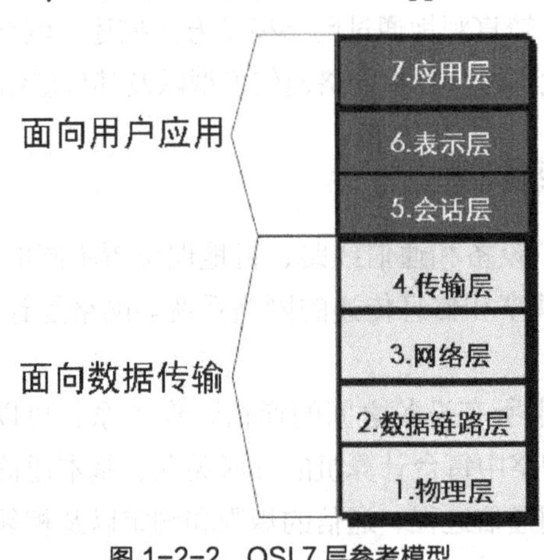

图 1-2-2 OSI 7 层参考模型

3．OSI开放系统互联各层在通信过程中承担的功能

● 应用层。

应用层是计算机网络与最终用户间的接口，是用户利用网络资源向应用程序直接提供服务的层，为操作系统或网络应用程序提供访问网络服务的接口。

应用层包含各种协议，这些协议往往直接针对用户需要。如 HTTP（HyperText Transfer Protocol，超文本传输协议）是 WWW（World Wide Web，万维网）基础。当浏览器需要一个 Web 页面时候，它利用 HTTP 将所要页发送给服务器，然后服务器将页送回给浏览器，腾讯的 QQ 就是常见的应用层应用软件。

● 表示层。

表示层对上层数据或信息进行转换，以保证一台主机应用层产生的信息可以被另一台主机的应用程序理解。在表示层以下各层，最关注是如何传递数据；而表示层关注的是所传递信息应该如何表示。不同计算机可能会使用不同的数据表示法，为了让这些计算机能够互相通信，它们交换的数据结构必须以一种更加标准的方式来定义。

表示层的数据转换包括数据的加密、压缩、格式转换等，如常见的文件压缩方法就是表示层常见的应用。

● 会话层。

会话层的功能是提供一个面向用户的连接服务，使应用程序建立和维持会话，并为会话活动提供有效的组织和同步，为数据传送提供控制和管理。

会话层同样要担负应用进程服务要求，而传输层不能完成这部分工作。会话层的主要功能包括为会话实体间建立连接、数据传输和连接释放。

● 传输层。

传输层是计算机网络中的资源子网和通信子网接口，负责完成资源子网中两个节点之间的逻辑通信。该层实现独立于网络通信的端与端报文交换，为计算机节点之间的连接提供服务。

传输层下面 3 层属于通信子网，完成有关通信处理；传输层上面 3 层是资源子网层，完成面向数据处理的功能，为用户提供与网络之间的接口。传输层介于低 3 层通信子网系统和高 3 层资源子网之间层，在 OSI/RM 中起到承上启下的作用，是整个网络体系的关键。检查不同的服务，拒绝外部未授权的服务进入内部网络的防火墙设备，是常见的传输层设备的作用。

● 网络层。

网络层将传输层传送来数据封装成包，再进行路由选择、差错控制、流量控制及顺序检测等处理，保证上层发送的数据，能够正确地按照目标地址传送到目的站。

网络层的核心功能是封装数据包，当有多条路径存在时，还要负责路由选择（寻径）。网络层的典型设备是路由器，其工作模式是依据学习到的路由表，决定数据包在不同的网络之间通信。在网络层中交换的数据单元称为数据包（Packet）。

● 数据链路层。

数据链路层主要负责数据链路的建立、维持和拆除，并在两个相邻设备上，将网络层封装完成的数据（包）组成帧传送。每一帧包括一定数量的数据和必要的控制信息。

在物理媒体上，传输数据难免受到影响而产生差错，为了弥补物理层上的不足，为上层提供无差错的数据传输，数据链路层就要能对数据进行检错和纠错。

数据帧是数据链路的信息单位，其主要手段就是将数据封装成帧，以帧为单位进行传输。网桥（Bridge）和交换机（Switch）是数据链路层典型设备。

- 物理层。

物理层是 OSI 模型的最底层，是整个开放系统的基础。物理层为设备之间的数据通信提供传输媒体及互连设备，为数据传输提供可靠的环境。物理层主要规定了网络设备之间的接口标准，包括接口机械特性、电气特性、功能特性、规程特性以及激活、维护和关闭这条链路的操作。

物理层的典型设备集线器是连接网络线路的一种装置，对信号起中继放大作用，按位传递信息，完成信号复制、调整和传输功能，以此延长网络长度。

1.2.2 互联网 TCP/IP

1. TCP/IP 概述

TCP/IP(Transmission Control Protocol/Internet Protocol)是指传输控制协议/网际协议。TCP/IP 起源于美国 ARPA Net 网，由它的两个主要协议即 TCP 和 IP 而得名。

OSI 参考模型研究的初衷，是希望为网络体系结构与协议发展提供一种国际标准，但由于 Internet 在全世界飞速发展，使得 TCP/IP 得到了广泛的应用。虽然 TCP/IP 不是 ISO 标准，但广泛的使用也使 TCP/IP 成为一种“实际标准”，并形成 TCP/IP 参考模型。

TCP/IP 是 Internet 上所有网络和主机之间进行交流所使用的共同“语言”，是 Internet 使用的一组完整的标准网络连接协议。通常所说的 TCP/IP 实际上包含了大量的协议和应用，且由多个独立定义的协议组合在一起，因此称其为 TCP/IP 协议集，如图 1-2-3 所示。

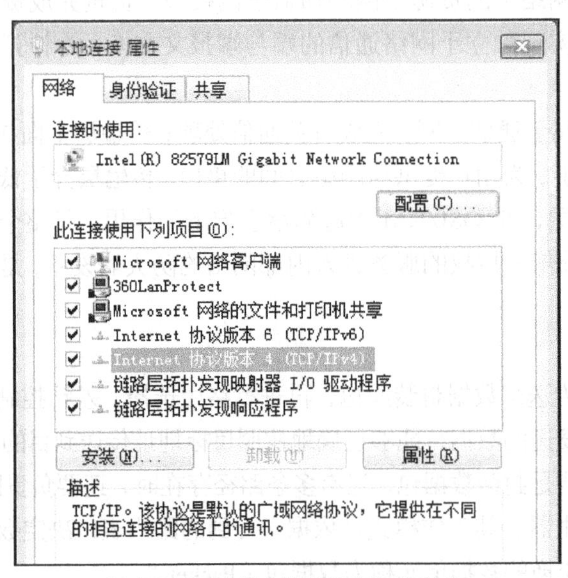

图 1-2-3 安装在计算机中的 TCP/IP

2. TCP/IP 特点

TCP/IP 具有以下的几个特点。

- 开放的协议标准，可以免费使用，并且独立于特定的计算机硬件与操作系统。
- 独立于特定的网络硬件，可以运行于局域网、广域网中，更适用于互联网中。
- 统一的网络地址分配方案，使得整个 TCP/IP 设备在网中有一个唯一的地址。
- 标准的高层协议，可以提供多种可靠的用户服务。

3. TCP/IP 的分层结构与 OSI 网络互联模型比较

与 OSI 参考模型不同，TCP/IP 体系结构将网络划分为应用层（Application Layer）、传输层（Transport Layer）、网络层（Network Layer）、网络接口层（Network Interface Layer）4 层。

实际上，TCP/IP 的分层体系结构与 ISO 的 OSI 参考模型有一定对应关系，如图 1-2-4 所示。其中，TCP/IP 体系结构应用层与 OSI 参考模型应用层、表示层及会话层相对应；TCP/IP 的传输层与 OSI 参考模型的传输层相对应；TCP/IP 的网络层与 OSI 的网络层相对应；TCP/IP 的网络接口层与 OSI 的数据链路层和物理层相对应。

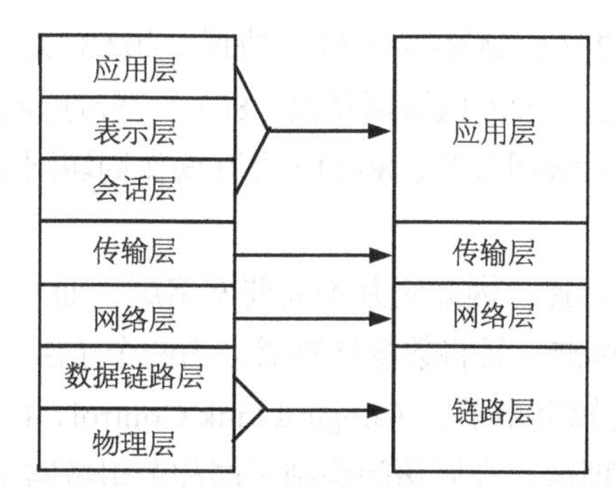

图 1-2-4 TCP/IP 体系结构与 OSI 参考模型

4. TCP/IP 各层的功能

TCP/IP 是一组用于实现网络互联的通信协议。Internet 网络体系结构以 TCP/IP 为核心。基于 TCP/IP 的参考模型将协议分成 4 个层次，它们分别是网络访问层、网际互联层、传输层（主机到主机）和应用层。

- 应用层

应用层对应于 OSI 参考模型的高层，为用户提供所需要的各种服务，例如 FTP、Telnet、DNS、SMTP 等。

- 传输层

传输层对应于 OSI 参考模型的传输层，为应用层实体提供端到端的通信功能。该层定义了两个主要的协议：传输控制协议（TCP）和用户数据报协议（UDP）。

TCP 提供的是一种可靠的、面向连接的数据传输服务；而 UDP 提供的是不可靠的、无连接的数据传输服务。

- 网际互联层

网际互联层对应于 OSI 参考模型的网络层，主要解决主机到主机的通信问题。该层有 4 个主要协议：网际协议（IP）、地址解析协议（ARP）、互联网组管理协议（IGMP）和互联网控制报文协议（ICMP）。IP 是网际互联层最重要的协议，它提供一个不可靠、无连接的数据报传递服务。

● 网络访问层

网络访问层与 OSI 参考模型中的物理层和数据链路层相对应。事实上，TCP/IP 本身并未定义该层的协议，而由参与互联的各网络使用自己的物理层和数据链路层协议，然后与 TCP/IP 的网络访问层进行连接。

1.2.3 局域网网络体系结构 IEEE802

1980 年 2 月成立的 IEEE 802 委员会（IEEE – Institute of Electrical and Electronics Engineers INC，即电器和电子工程师协会）专门从事局域网标准化工作，该委员会制定了一系列局域网标准，称为 IEEE 802 标准。目前许多 IEEE 802 标准已经成为 ISO 国际标准。

IEEE 802 所描述的局域网参考模型，只对应 OSI 参考模型的数据链路层与物理层，它将数据链路层划分为逻辑链路控制 LLC（Logical Link Control）子层与介质访问控制 MAC（Media Access Control）子层。IEEE802 协议是一种物理协议，有多种子协议，这些协议汇集在一起就叫 802 协议集，包括 802.2 逻辑链路控制 LLC 协议、802.3 以太网规范、802.4 令牌总线网规范、802.5 令牌环线网规范、802.6 城域网规范、802.7 宽带局域网规范、802.8 光纤局域网规范、802.9 综合话音/数据局域网规范、802.10 可互操作局域网安全标准以及 802.11 无线局域网规范。

由于局域网不需要路由选择，因此它并不需要网络层，而只需要最低的两层：物理层和数据链路层。按 IEEE 802 标准，又将数据链路层分为两个子层：介质访问控制子层（Media Access Control，MAC）和逻辑链路子层（Logical Link Control，LLC）。因此，在 IEEE 802 标准中，局域网体系结构由物理层、介质访问控制子层和逻辑链路子层组成。在 IEEE 802 标准中，主要定义了 ISO/OSI 的物理层和数据链路层。

1．物理层

物理层包括物理介质、物理介质连接设备、连接单元接口形态。

物理层主要功能：实现比特流的传输和接收；为进行同步用的前同步码的产生和删除；信号的编码与译码；规定了拓扑结构和传输速率。

2．数据链路层

数据链路层包括逻辑链路控制（LLC）子层和媒体访问控制 MAC 子层。

● 逻辑链路控制 LLC 子层。

该层集中了与媒体接入无关的功能。具体来讲，LLC 子层的主要功能是：建立和释放数据链路层的逻辑连接；提供与上层的接口（即服务访问点）；给 LLC 帧加上序号；差错控制。

● 介质访问控制 MAC 子层。

该层负责解决与媒体接入有关的问题和在物理层的基础上进行无差错的通信。MAC 子层的主要功能是：发送时将上层递交下来的数据封装成帧进行发送，接收时对帧进行拆卸，将数据交给上层；实现和维护 MAC 协议；进行比特差错检查与寻址。

四、任务实施

【任务名称】认识网络通信过程中的设备和程序。

【网络拓扑】

如图 1-2-5 所示的网络模型，描述了信息在网络传输过程以及其承担的功能。

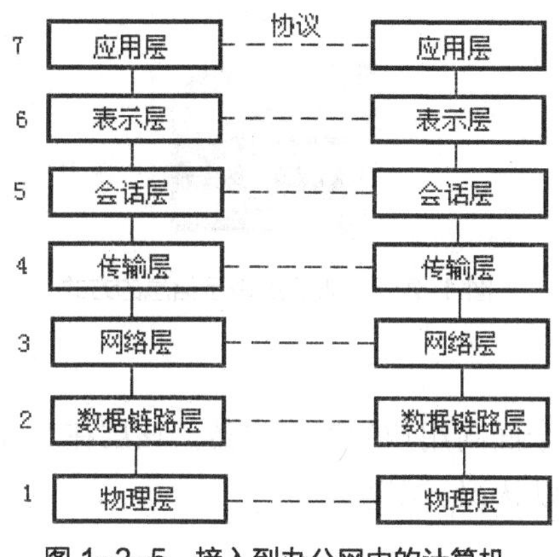

图 1-2-5　接入到办公网中的计算机

【设备清单】交换机、集线器、路由器、防火墙、接口、QQ 等应用程序。

【工作过程】

1．认识应用层的应用程序

应用层是计算机网络与最终用户间的接口，是用户利用网络资源、应用网络的程序。生活中常见的应用网络程序有：腾讯的 QQ，如图 1-2-6 所示；访问各大网站的 IE 浏览器、360 浏览器；下载电影的迅雷等。这些程序都分别承担了不同应用网络功能。

图 1-2-6　应用层服务程序 QQ

2．表示层

数据在网络传输过程中表示的方法，是表示层承担的网络功能。信息在生活中可以表示为多种不同的形态，如图形图像、影像、声音、文字等，但在计算机中都表示为一种最基本的形态，即二进制信息。常见的文件压缩方法（如图 1-2-7 所示）以及表示图形的 GIF 文件、JPEG 格式文件等都是表示层信息表现。

图 1-2-7　表示层表示信息的方式

3．会话层

会话层的功能是提供一个面向用户的连接服务。该层在实际的网络传输过程中，没有非常直观的硬件和应用程序可以认识、观察。

4．传输层

传输层主要功能是控制网络通信过程中的通信质量、分配信息进出 CPU 的端口、区别不同的服务。在实际传输过程中，拒绝外部未授权的服务进入内部网络的防火墙设备是常见的传输层设备，如图 1-2-8 所示。

图 1-2-8　传输层设备防火墙

5．网络层

网络层将传输层传送来的数据封装成包，再进行路由选择。

网络层的典型设备是路由器，如图 1-2-9 所示。三层交换机设备、部分防火墙也是网络层常见的设备。这些设备具有的共同特征是能解析、处理 IP 数据包。

图 1-2-9　网络层典型设备路由器

6．数据链路层

数据链路层主要负责数据链路的建立、维持和拆除，并在相邻的两台设备上进行数据帧信息传输。网桥（Bridge）和交换机（Switch）是数据链路层典型设备，如图 1-2-10 所示。

图 1-2-10　数据链路层设备交换机

7. 物理层

物理层主要提供信息的物理形态的传输。物理层的典型设备是集线器，如图 1-2-11 所示。

图 1-2-11　物理层设备集线器

1.3　任务三　掌握 IP 地址知识

一、任务描述

浙江嘉兴民康公司是家纯净水配送公司，公司为了通过网络增强纯净水的订购、配送和管理，专门购置设备，组建了互联互通的办公网络。公司为了帮助员工懂一些计算机网络基础知识，就要求网络中心的小王给大家讲一点网络基础知识。

小王在教会大家认识身边的网络设备组成之后，又教会大家懂得网络中 IP 地址知识，了解 IP 地址组成，熟悉 IP 地址的几种类型，会在计算机计算机上查看、配置和管理 IP 地址。

二、任务分析

和生活中广泛使用的手机号码一样，接入移动网络中的手机需要具有唯一的号码，否则会出现串号现象。同样，接入办公网中的每一台计算机也需要一个唯一的 IP 地址，保证其能和其他计算机实现通信，同时还能保证具有唯一性。IP 地址在规划过程中，采用了不同于手机号的编码规则，使用的是 32 位的二进制值表示，并使用十进制书写。通过本任务学习，熟悉和掌握 IP 地址技术。

三、知识准备

1.3.1　IP

1. 什么是 IP

在 Internet 上使用的一个关键的底层协议是网际协议，通常称 IP。利用一个共同遵守的通信协议，从而使 Internet 成为一个允许连接不同类型的计算机和不同操作系统的网络。要使两台计算机彼此之间进行通信，必须使两台计算机使用同一种“语言”。通信协议正像两台计算机交换信息所使用的共同语言，它规定了通信双方在通信中所应共同遵守的约定。

IP 精确地定义了 IP 数据报的格式，并且对数据报的寻址和路由、数据报分片和重组、差错控制和处理等作出了整体的规定。

2．IP 地址的组成

网络中使用的 IP 地址是整个 TCP/IP 网络中唯一标识计算机的逻辑地址。在 Internet 上连接的所有计算机，为了实现各主机间的通信，每台主机都必须有一个唯一的网络地址。就好像每一个住宅都有唯一的门牌一样，才不至于在投递信件时出现混乱。

Internet 的网络地址是指联入 Internet 的计算机的地址编号，所以，在 Internet 中，网络地址唯一地标识一台计算机。 Internet 是由几千万台计算机互相连接而成的，而要确认网络上的每一台计算机，靠的就是能唯一标识该计算机的网络地址，这个地址就叫作 IP（Internet Protocol 的简写）地址，即用 Internet 协议语言表示的地址。

1.3.2 IPv4 地址基础知识

现在互联网应用 IPv4 地址作为 IP 地址分配方案。在这个方案中，IP 地址由 32 位二进制码组成，通常表现为用圆点隔开的 4 个十进制数字。如 202.101.55.98，这个数字组合就代表了一个计算机在互联网上的唯一标识。IP 地址的点分十进制表示可以用图 1-3-1 所示来说明。

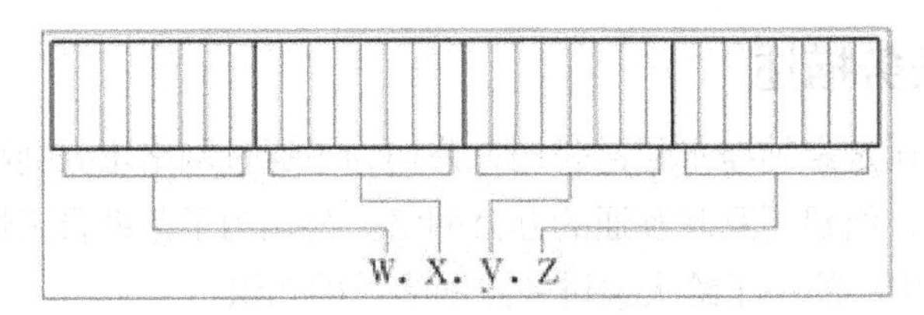

图 1-3-1 IP 地址的点分十进制表示

1．IPv4 地址的分类

IP 地址可确认网络中的任何一个网络和计算机，而要识别其他网络或其中的计算机，则是根据这些 IP 地址的分类来确定的。一般将 IP 地址按节点计算机所在网络规模的大小分为 A、B、C 3 类，默认的网络子网掩码根据 IP 地址中的第一个字段确定。

● A 类地址

A 类地址的表示范围为 1.0.0.1~126.255.255.255；默认网络子网掩码为 255.0.0.0。A 类地址分配给规模特别大的网络使用。A 类网络用第一组数字表示网络本身的地址，后面三组数字作为连接于网络上的主机的地址。分配给具有大量主机（直接个人用户）而局域网网络个数较少的大型网络，如 IBM 公司的网络。

一个 A 类 IP 地址由 1 字节（每个字节是 8 位）的网络地址和 3 个字节主机地址组成，网络地址的最高位必须是“0”，即第一段数字范围为 1～127。每个 A 类地址理论上可连接 16777214 台主机（去掉一个网络号和一个广播号），Internet 上有 126 个可用的 A 类地址。A 类地址适用于有大量主机的大型网络。

● B 类地址

B 类地址的表示范围为 128.0.0.1~191.255.255.255；默认网络子网掩码为 255.255.0.0。B

类地址分配给一般的中型网络使用。B 类网络用第一、二组数字表示网络的地址，后面两组数字代表网络上的主机地址。

B 类：地址中 169.254.0.0~169.254.255.255 是保留地址。如果 IP 地址是自动获取 IP 地址，而在网络上又没有找到可用的 DHCP 服务器，这时将会从 169.254.0.0~169.254.255.255 中临时获得一个 IP 地址。一个 B 类 IP 地址由 2 个字节的网络地址和 2 个字节的主机地址组成，网络地址的最高位必须是 “10”，即第一段数字范围为 128～191。每个 B 类地址可连接 65534 台主机，Internet 有 16383 个 B 类地址（B 类网络地址 128.0.0.0 是不指派的，可以指派的最小地址为 128.1.0.0）。

● C 类地址

C 类地址的表示范围为 192.0.0.1~223.255.255.255；默认网络子网掩码为 255.255.255.0。C 类地址分配给小型网络使用，如一般的局域网，它可连接的主机数量最少，采用把所属的用户分为若干的网段进行管理。C 类网络用前三组数字表示网络的地址，最后一组数字作为网络上的主机地址。一个 C 类地址是由 3 个字节的网络地址和 1 个字节的主机地址组成，网络地址的最高位必须是 “110”，即第一段数字范围为 192～223。每个 C 类地址可连接 254 台主机，Internet 有 2097152 个 C 类地址段，有 532676608 个地址。

● D 类地址

D 类地址以“1110”开始，代表的 8 位位组范围是 224～239。这些地址并不用于标准的 IP 地址。相反，D 类地址指一组主机，作为多点传送小组的成员而注册。多点传送小组和电子邮件分配列表类似。与使用分配列表名单来将一个消息发布给一些人类似，通过多点传送地址将数据发送给一些主机。

● E 类地址

如果第 1 个 8 位位组的前 4 位都设置为“1111”，则地址是一个 E 类地址。这些地址的范围为 240～254。这类地址并不用于传统的 IP 地址，仅供实验或研究使用。

2．IP 地址的子网掩码

互联网是由许多小型网络构成的，每个网络上都有许多主机，这样便构成了一个有层次的结构。IP 地址在设计时就考虑到地址分配的层次特点，将每个 IP 地址都分割成网络号和主机号两部分，以便 IP 地址的寻址操作。

IP 地址的网络号和主机号各是多少位呢？如果不指定，就不知道哪些位是网络号、哪些是主机号，这就需要通过子网掩码来实现。子网掩码（Subnet Mask）又叫网络掩码、地址掩码、子网络遮罩，它是一种用来指明一个 IP 地址的哪些位标识的是主机所在的子网以及哪些位标识的是主机的位掩码。子网掩码不能单独存在，它必须结合 IP 地址一起使用。子网掩码只有一个作用，就是将某个 IP 地址划分成网络地址和主机地址两部分。

设定任何网络上的任何设备，不管是主机、个人计算机、路由器等，皆需要设定 IP 地址，而跟随着 IP 地址的是所谓的子网掩码（Subnet Mask，NetMask）。这个子网掩码主要的目的是由 IP 地址中也能获得网络编码，也就是说 IP 地址和子网掩码合作而得到网络编码，如下所示。

```
IP 地址
192.10.10.6 11000000.00001010.00001010.00000110
子网掩码
255.255.255.0 11111111.11111111.11111111.00000000
AND
---------------------------------------------------------------
Network Number
192.10.10.0 11000000.00001010.00001010.00000000
```

3．特殊的 IP 地址

几类特殊的 IP 地址如下。

（1）广播地址目的端为给定网络上的所有主机，一般主机段为全 1。

（2）单播地址目的端为指定网络上的单个主机地址。

（3）组播地址目的端为同一组内的所有主机地址。

（4）环回地址 127.0.0.1 在环回测试和广播测试时会使用。

● 网关地址。

若要使两个完全不同的网络（异构网）连接在一起，一般使用网关。在 Internet 中两个网络也要通过一台称为网关的计算机实现互联。这台计算机能根据用户通信目标计算机的 IP 地址，决定是否将用户发出的信息送出本地网络，同时，它还将外界发送给属于本地网络计算机的信息接收过来，它是一个网络与另一个网络相联的通道。为了使 TCP/IP 能够寻址，该通道被赋予一个 IP 地址，这个 IP 地址称为网关地址。

● 私网地址。

RFC 1918 留出了 3 块 IP 地址空间（1 个 A 类地址段，16 个 B 类地址段，256 个 C 类地址段）作为私有的内部使用的地址。在这个范围内的 IP 地址不能被路由到 Internet 骨干网上，Internet 路由器将丢弃该私有地址。

IP 地址类别	RFC 1918 内部地址范围
A 类	10.0.0.0~10.255.255.255
B 类	172.16.0.0~172.31.255.255
C 类	192.168.0.0~192.168.255.255

若想使用私有地址将网络联至 Internet，需要将私有地址转换为公有地址。这个转换过程称为网络地址转换（Network Address Translation，NAT）。通常使用路由器来执行 NAT 转换。

1.3.3 IPv6 地址

IPv4，是互联网协议（Internet Protocol，IP）的第四版，也是第一个被广泛使用、构成现今互联网技术的基石的协议。规程完善的 IPv4 地址可以运行在各种底层网络上。

目前，在 Internet 里，IP 地址是一个 32 位的二进制地址。为了便于记忆，将它们分为 4 组，每组 8 位，由小数点分开，用 4 个字节来表示。而且，用点分开的每个字节的数值范围是 0~255，如 202.116.0.1，这种书写方法叫作点数表示法。

传统的TCP/IP基于IPv4，属于第二代互联网技术，它的最大问题是网络地址资源有限。从理论上讲，其可编址1600万个网络、40亿台主机。但20世纪90年代初，互联网发展成为全球计算机网络后，就出现了IP地址空间不够用的问题，并由此引发了对IPv6 的开发。

IPv6是Internet Protocol version 6的缩写，其中“Internet Protocol”译为“互联网协议”。IPv6是IETF（Internet Engineering Task Force，互联网工程任务组）设计的用于替代现行版本IP（IPv4）的下一代IP。与IPv4相比，IPv6具有更大的地址空间。

四、任务实施

【任务名称】配置本机IP地址。

【网络拓扑】

如图1-3-2所示网络拓扑，是同时接入到同一办公网中计算机，通过配置IP地址测试网络联通性。

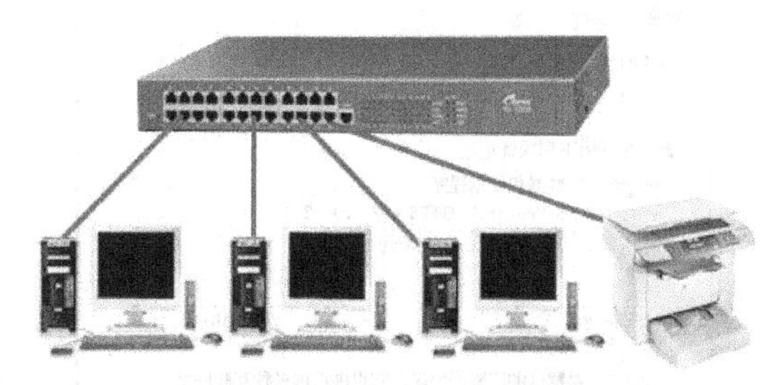

图1-3-2　办公网连接场景

【设备清单】集线器或者交换机（2台），计算机（1~2）台。

【工作过程】

1. 打开计算机网络连接，如图1-3-3所示。

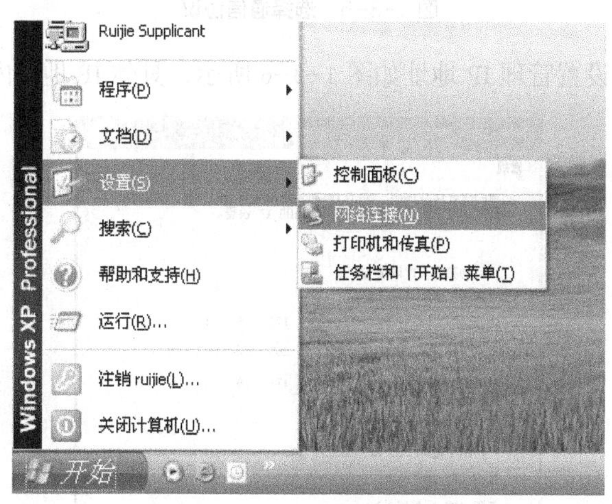

图1-3-3　打开网络连接

2. 选择“本地连接”，单击鼠标右键，选择快捷菜单中的“属性”选项，如图1-3-4所示。

3. 选择本地连接属性中的“Internet协议（TCP/IP）选项，再单击“属性”按钮，设置TCP/IP属性，如图1-3-5所示。

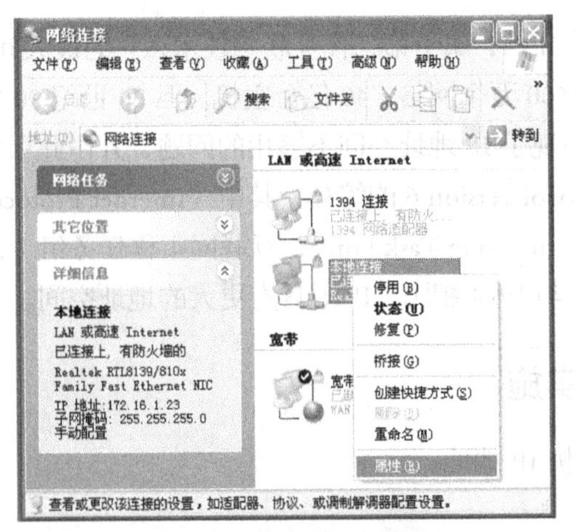

图 1-3-4 配置本地连接属性

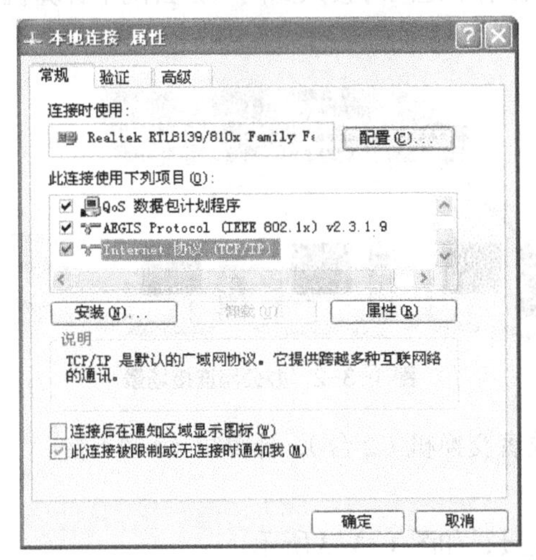

图 1-3-5 选择通信协议

4. 为选择计算机设置管理 IP 地址如图 1-3-6 所示，具体 IP 地址内容如表 1 所示。

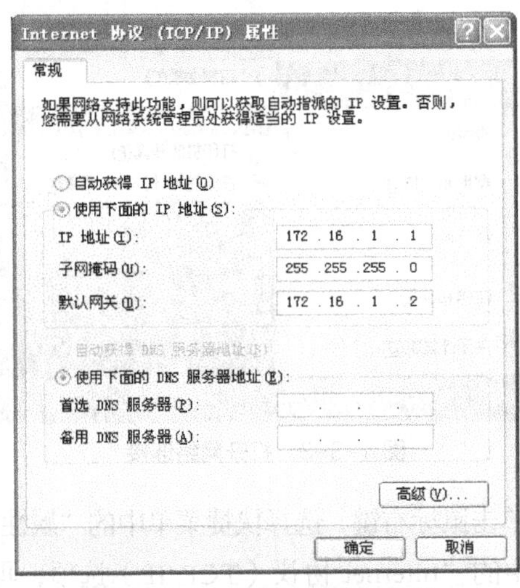

图 1-3-6 配置计算机 IP 地址

5. 为所有计算机设置管理用 IP 地址，地址规划如表 1-1 所示。

表 1-1 对等网络 IP 规划

设备	网络地址	子网掩码
PC1	172.16.1.1	255.255.255.0
PC2	172.16.1.2	255.255.255.0

6. 使用 Ping 测试命令，测试对等网联通性。

配置管理地址后，可用 Ping 命令来检查组建的家庭对等网络的联通情况。打开任意一台计算机，在菜单“开始->运行”栏中输入 cmd 命令，转到命令操作状态，如图 1-3-7 所示。

图 1-3-7 进入命令管理状态

在命令行操作状态，使用 Ping 测试命令“ping 172.16.1.1.”。

结果如图 1-3-8 所示，表示组建的对等网络实现联通。

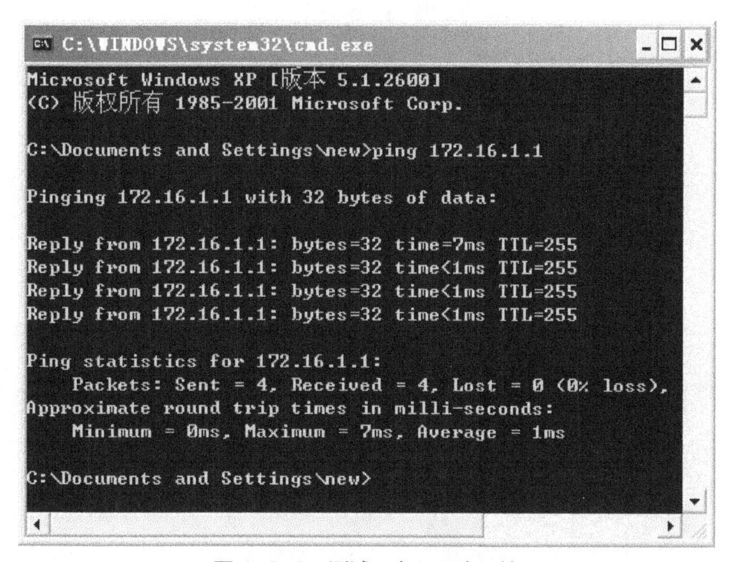

图 1-3-8 测试二台 PC 连通性

如果出现出差提示，表示网络联接不通，需检查网卡、网线和 IP 地址，查找问题出在哪里。

任务评价

完成了本项目基础知识的学习和综合实训训练后，下面给自己的学习进行简单的评价。

序　　号	任务名称	任务评价
1	认识计算机网络	
2	了解网络体系结构	
3	掌握 IP 地址知识	
4	查看、配置和管理 IP 地址技术	

PART 2

项目二 掌握局域网基础知识

项目背景

浙江嘉兴民康公司是一家纯净水配送公司，公司为了信息化的需求，组建了互联互通的办公网络。通过组建完成的办公网络，不仅仅大大地提高了工作效率，而且改进了公司传统的销售模式。

为了帮助公司员工了解更多的网络知识，公司网络中心的小王希望各位同事通过制作网络传输介质，参与组建简单的办公室网的过程，认识分布在身边的大大小小、各种类型的局域网；通过识别身边的局域网，感受局域网的基本功能和作用；并在此基础上，掌握局域网的传输协议及其工作机制。

- 任务 2.1　识别身边的局域网
- 任务 2.2　掌握局域网传输协议
- 任务 2.3　制作局域网传输介质

技术导读

本项目技术重点：交换机设备基础知识。

2.1 任务一　认识身边的局域网

一、任务描述

浙江嘉兴民康公司是一家纯净水配送公司，公司为了信息化的需求，组建了互联互通的办公网络。

为了帮助公司员工了解更多的网络知识，公司网络中心的小王希望各位同事通过亲自组建简单的办公室网络实训操作，了解分布在身边的大大小小、各种类型的局域网，通过识别身边的局域网，感受局域网的基本功能和作用。

二、任务分析

本单元的任务是通过使用集线器等网络互联设备组建局域网，帮助掌握分布在身边的局域网基础知识，理解局域网的功能和作用。

三、知识准备

2.1.1 局域网概述

1．计算机网络分类

计算机网络是利用通信设备和通信线路，将地理位置不同、功能独立的多台计算机系统互连起来，实现资源共享和信息传递网络系统。通常，从网络分布距离上来，可将网络分为局域网（Local Area Network，LAN）、广域网（Wide Area Network，WAN）和城域网（Metropolitan Area Network，MAN）。

局域网简称 LAN，它是连接近距离计算机的网络，覆盖范围从几米到数公里，如家庭网络、办公室网络、同一建筑物内的楼层网络及校园网等，图 2-1-1 所示为办公网。

图 2-1-1　局域网场景之一办公网

广域网简称 WAN，其覆盖的地理范围从几十公里到几千公里，可以覆盖一个地区、国家或横跨几个洲，形成国际性远程网络，如我国公用数字数据网（China DDN）、电话交换网（PSDN）等。

2．局域网基本特征

局域网是分布于比较小的地理范围内，连接有限范围内计算机设备的网络系统，除具备结构简单、数据传输率高、可行性高、实际投资少，且技术更新发展迅速等基本特征外，还具有以下特点。

（1）具有较高大数据传输速率，有 10Mbit/s、100Mbit/s、1000Mbit/s 之分，实际最高传输速率可达 1Gbit/s，未来甚至可达 100Gbit/s。

（2）具有优良的传输质量，网络传输的误码率低。

（3）具有对不同速率的适应能力，低速或高速设备均能接入。

（4）具有良好的兼容性和互操作性，不同厂商生产的不同型号的设备均能接入。

（5）支持同轴电缆、双绞线、光纤和无线等多种传输介质。

2.1.2 局域网的应用生活场景

1．家庭无线局域网络

家庭无线网络技术的应用，让家中的各种计算机和家电设备，不必通过各种缆线就可以联系起来，带给我们更多的新应用模式。无线技术让家中的不同成员，可以很方便地同时使用同一台计算机做不同的事，实现了让计算机成为家中应用和娱乐处理中心的梦想，图 2-1-2 所示为家庭无线局域网。

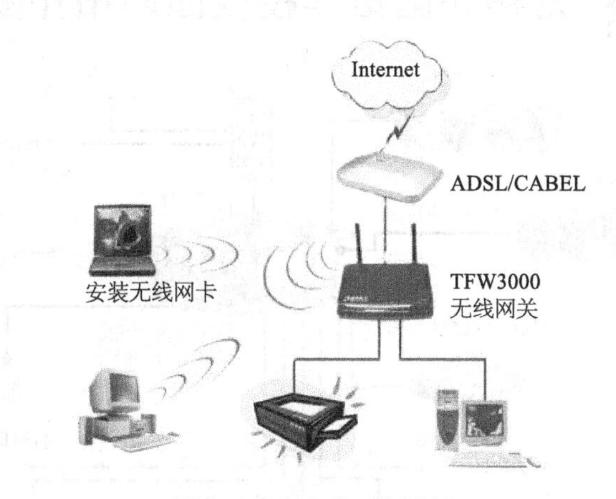

图 2-1-2 家庭无线局域网

2．办公网络

随着各单位计算机及局域网络应用的不断深入，特别是各种计算机应用系统被相继应用在实际工作中，各单位之间、各单位同外界信息媒体之间的相互交换和共享的要求日益增加。需要使各单位相互间真正做到高效的信息交换、资源的共享，为各单位各级部门提供准确、可靠、快捷的各种生产数据和信息，充分发挥各单位现有的计算机设备的功能。

为了更有效率地工作，在办公室里搭建公司内部的计算机服务系统，将每台工作计算机通过网线（或无线 WiFi）等有效连接，通过计算机服务器进行统一化管理，共享文件数据，以提高工作效率，如图 2-1-3 所示。

图 2-1-3　办公网络

3．校园网络

校园网是为学校师生提供教学、科研和综合信息服务的宽带多媒体网络。首先，校园网应为学校教学、科研提供先进的信息化教学环境。这就要求校园网是一个宽带、具有交互功能和专业性很强的局域网络。多媒体教学软件开发平台、多媒体演示教室、教师备课系统、电子阅览室以及教学、考试资料库等，都可以在该网络上运行，如图 2-1-4 所示。

如果一所学校包括多个专业学科（或多个系），也可以形成多个局域网络，并通过有线或无线方式连接起来。其次，校园网应具有教务、行政和总务管理功能。

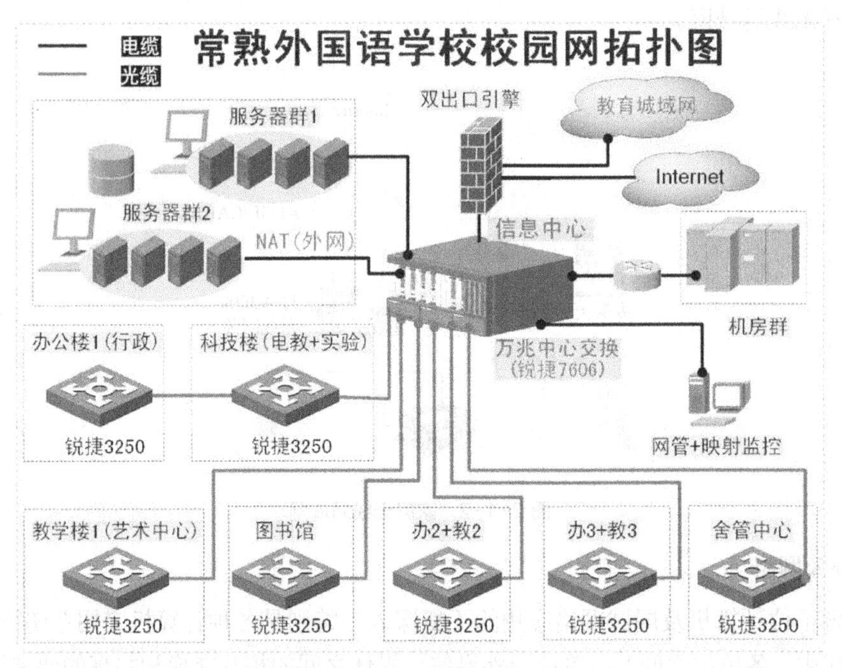

图 2-1-4　校园网络

2.1.3　经典局域网：以太网

1．什么是以太网

在 20 世纪 80 年代，以太网、令牌总线、总线环形成三足鼎立局面，但目前以太网是应用最广泛的局域网。以太网的核心技术是随机争用型介质访问控制方法，即带冲突检测的载波侦听多路访问（CSMA / CD）方法。

2．以太网发展历史

1980 年，XEROX、DEC 和 Intel 三家公司合作，第一次公布以太网的物理层、数据链路层规范。1981 年，Ethernet V2.0 规范公布。

IEEE 802.3 标准是在 Ethernet V2.0 基础上制定的，推动了以太网技术的发展和广泛应用。

1990 年，IEEE 802.3 标准中的 10 BASE−T 标准推出。标准建议使用双绞线作为以太网传输介质。

1993 年，使用光纤介质的物理层标准 10BASE−F 和产品推出。1995 年，传输速率为 100 Mbit 的快速以太网标准和产品推出。

1998 年，传输速率为 1 Gbit/s 的吉比特以太网标准推出。

1999 年，万兆以太网产品问世，并成为局域网主干网的首选方案。

3．局域网发展趋势

总结局域网技术应用的实际情况，可以得出以下几个重要的发展趋势。

（1）以太网已经占据绝对的优势，成为办公自动化环境组建局域网的首选技术。

（2）在大型局域网系统中，桌面系统采用 10 Mbit/s 的以太网或 100 Mbit/s 的快速以太网、主干网采用 1 Gbit/s 的吉比特以太网技术、核心交换网采用 10 Mbit/s 的 10 GE 技术成为趋势。

（3）10 Mbit/s 以太网物理层有多种标准，目前基本使用非屏蔽双绞线 10BASE−T 标准。

（4）IP 直接将分组封装在以太网帧中，LLC 协议已经很少使用。

（5）吉比特以太网与万兆以太网保留传统以太网帧结构，但它们在主干网或核心网中应用时，基本上采用光纤作为传输介质，采用点到点全双工通信方式，而不是传统 CSMA / CD 随机争用方式。

（6）吉比特以太网与万兆以太网技术发展成熟，并从局域网应用逐步扩大到城域网与广域网中。

（7）无线局域网技术将成为下个阶段研究与应用的重点。

四、任务实施

【任务名称】使用集线器组建办公网。

【网络拓扑】

如图 2−1−5 所示的网络拓扑，是需要组建的某公司办公网组网场景。

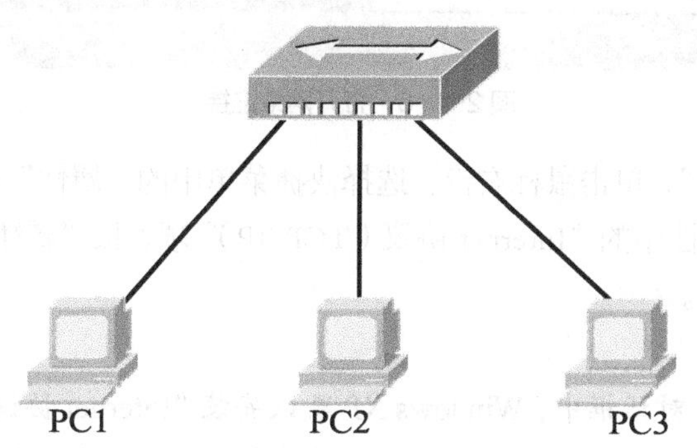

图 2−1−5　办公网组网场景

【设备清单】集线器（1 台）、计算机（≥2 台）、双绞线（若干根）。

【工作过程】

步骤一：制作网线。

制作连接组网设备的双绞线，制作过程见相关资料，此处省略。

步骤二：组网设备准备。

在工作台上，摆放好组建办公网网络的设备：计算机和集线器。注意集线器设备要摆放平稳，接口方向正对，以方便随时拔插线缆。

（注意：在实际实训环境中，如果没有集线器设备，使用交换机也可完成任务。）

步骤三：安装连接设备。

在设备处于断电状态时，把双绞线的一端插入到计算机网卡接口，另一端插入到集线器接口中。插入时注意按住双绞线上翘环片，能听到清脆“叭哒”声音，轻轻回抽不松动即可。

步骤四：加电。

给所有设备加电。集线器在加电过程中，所有接口红灯闪烁，设备自检接口。当连接设备的接口处于绿灯状态，表示网络连接正常，网络处于稳定。

步骤五：配置。

办公网络安装成功后，对网络的连通状态进行测试。此时需要对办公网中的每台计算机，进行 IP 配置（以 Windows XP 为例），以使网络具有可管理性。配置地址过程如下。

1. 打开测试计算机的“开始”菜单，打开“设置”→“网络连接”，如图 2-1-6 所示。

图 2-1-6　打开网络连接

2. 选择“本地连接”，单击鼠标右键，选择快捷菜单中的“属性”项，如图 2-1-7 所示。

3. 选择“常规”属性中的“Internet 协议（TCP/IP）”项，按“属性”按钮，设置 TCP/IP 属性，如图 2-1-8 所示。

➔备注：

在“本地连接属性”对话框中，Windows XP 默认安装“Internet 协议”，即 TCP/IP。TCP/IP 是 Internet 最重要的通信协议，它提供了远程登录、文件传输、电子邮件和 WWW 等网络服务，是系统默认安装的协议。如果需要添加其他协议，请单击“安装”按钮，打开“选择网络组件类型”对话框，对话框列表中列出当前可用协议，选中需要添加协议，单击“确定”按钮即可安装。

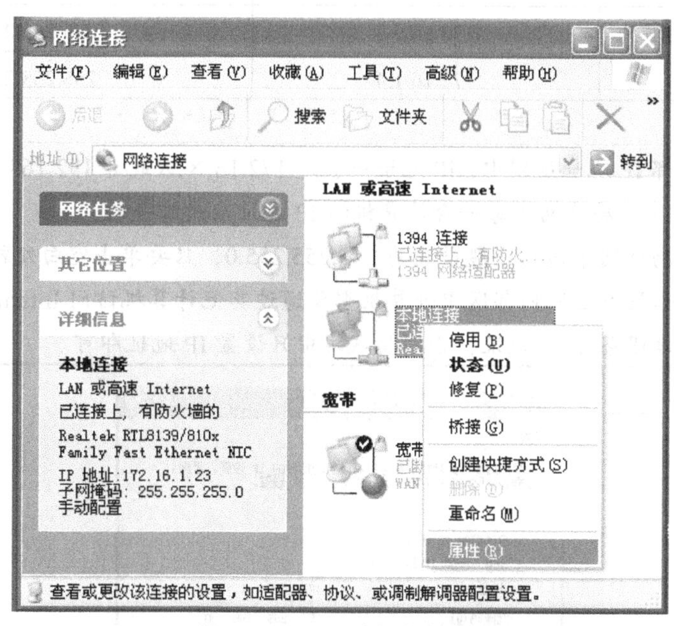

图 2-1-7　配置本地连接属性

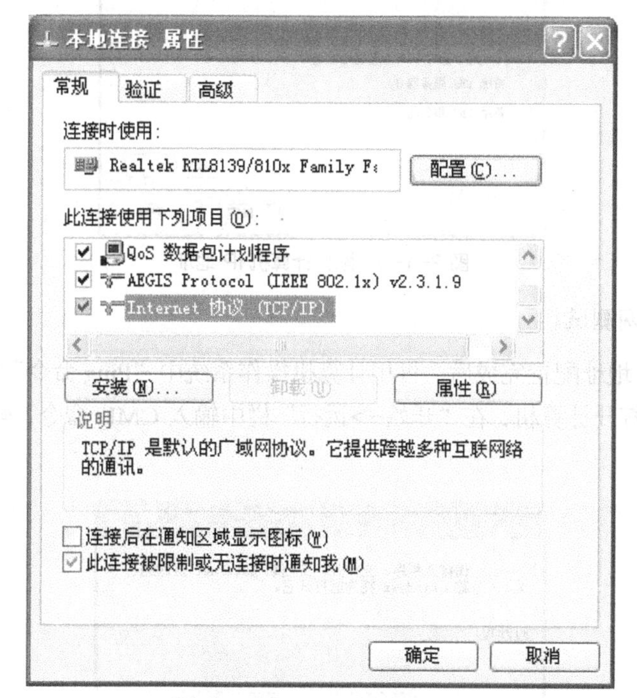

图 2-1-8　选择通信协议

4. 为所有计算机设置 IP 地址，如图 2-1-9 所示。办公网内部 IP 地址规划如表 2-1 所示。

表 2-1　办公网网络内部 IP 规划

设　备	网络地址	子网络掩码
PC1	172.16.1.2	255.255.255.0
PC2	172.16.1.3	255.255.255.0
PC3	172.16.1.4	255.255.255.0

➔**备注：**

在办公网内部 IP 地址规划中，IP 地址一般是 172.16.×.×或者 192.168.×.×，×可以是 1～255 的任意数字。局域网中每一台计算机的 IP 地址应是唯一的。

子网掩码：局域网中该项一般设置为 255.255.255.0，只要单击空白处就会自动显示。

默认网关：如果办公网内部网中计算机需要通过其他计算机访问 Internet，可将“默认网关”设置为代理服务器 IP 地址，否则局域网中只设置 IP 地址即可。

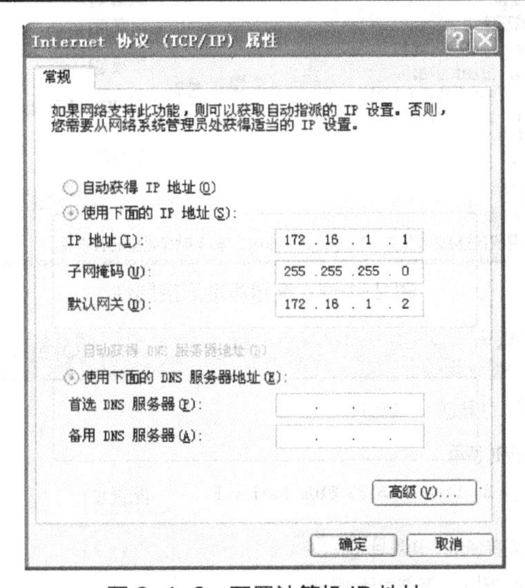

图 2-1-9　配置计算机 IP 地址

步骤六：办公网测试。

网络安装和 IP 地址配置完成后，可用计算机操作系统中“Ping 命令”检查组建的办公网网络的联通情况。打开计算机，在“开始->运行”栏中输入 CMD 命令，转到命令操作状态，如图 2-1-10 所示。

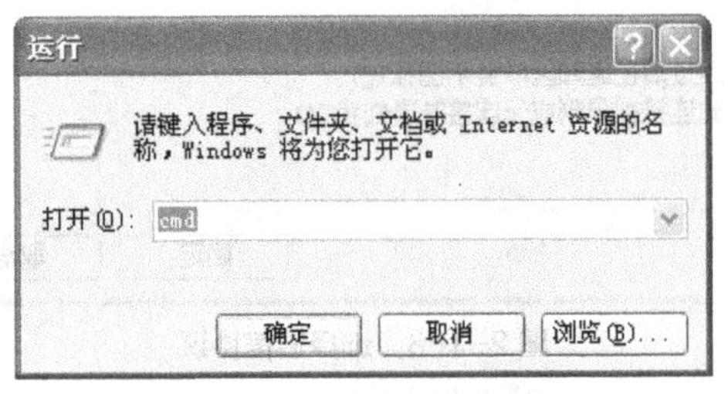

图 2-1-10　进入命令管理状态

在命令操作状态下，输入“Ping IP”命令，测试网络联通性，测试结果如图 2-1-11 所示。

```
C:\WINDOWS\system32\cmd.exe
Microsoft Windows XP [版本 5.1.2600]
(C) 版权所有 1985-2001 Microsoft Corp.

C:\Documents and Settings\new>ping 172.16.1.1

Pinging 172.16.1.1 with 32 bytes of data:

Reply from 172.16.1.1: bytes=32 time=7ms TTL=255
Reply from 172.16.1.1: bytes=32 time<1ms TTL=255
Reply from 172.16.1.1: bytes=32 time<1ms TTL=255
Reply from 172.16.1.1: bytes=32 time<1ms TTL=255

Ping statistics for 172.16.1.1:
    Packets: Sent = 4, Received = 4, Lost = 0 (0% loss),
Approximate round trip times in milli-seconds:
    Minimum = 0ms, Maximum = 7ms, Average = 1ms

C:\Documents and Settings\new>
```

图 2-1-11 测试二台 PC 连通性

如果测试结果如图 2-1-12 所示，则表述组建的网络未通，有故障，需检查网卡、网线和 IP 地址，检查问题出在哪里。

```
C:\WINDOWS\system32\CMD.exe
Microsoft Windows XP [版本 5.1.2600]
(C) 版权所有 1985-2001 Microsoft Corp.

C:\Documents and Settings\Administrator>ping 172.16.1.1

Pinging 172.16.1.1 with 32 bytes of data:

Request timed out.
Request timed out.
Request timed out.
Request timed out.

Ping statistics for 172.16.1.1:
    Packets: Sent = 4, Received = 0, Lost = 4 (100% loss),

C:\Documents and Settings\Administrator>
```

图 2-1-12 网络不通

➔备注：

在测试过程中，关掉防火墙，防火墙提供的安全性能会屏蔽测试命令。

在“本地连接属性”对话框中，切换到“高级”选项卡，单击“设置”，选择“关闭”，单击“确定”按钮，完成设置。

2.2 任务二 掌握局域网传输协议

一、任务描述

为了帮助公司员工了解更多的网络知识，公司网络中心的小王希望各位同事通过自已亲自组建简单的办公室网络操作，使用局域网实现信息资源共享，并理解局域网的传输协议。

二、任务分析

本单元的任务是通过使用集线器组建完成互联互通的办公网，实现办公网的信息资源共享，理解局域网的传输协议，特别是办公网中使用的 CSMA/CD 广播传输信息机制。

三、知识准备

2.2.1 IEEE 802 局域网协议概述

1. 什么是 IEEE 802 局域网协议

IEEE 是电气和电子工程师协会（Institute of Electrical and Electronics Engineers）的简称，IEEE 组织主要负责有关电子和电气产品的各种标准的制定。IEEE 于 1980 年 2 月成立了 IEEE 802 委员会，专门研究和指定有关局域网的各种标准。

在局域网中，绝大多数标准都属于 IEEE 802 委员会制定的 IEEE 802 系列标准。之所以称为 802，那是因为标准中的大部分是在 20 世纪 80 年代制订的第二个系列标准，当时个人计算机联网刚刚兴起。1985 年 IEEE 公布了 IEEE 802 标准的 5 项标准文本，并于同年被美国国家标准局（ANSI）采纳作为美国国家标准。后来，国际标准化组织（ISO）经过讨论，建议将 802 标准定为局域网国际标准。

2. IEEE 802 局域网协议标准内容

IEEE 委员会为局域网制定了一系列标准，统称为 IEEE 802 标准。其中主要的协议内容包括以下主要协议标准。

- IEEE 802.1——局域网概述、体系结构、网络管理和网络互联。
- IEEE 802.2——逻辑链路控制 LLC。
- IEEE 802.3——CSMA/CD 介质访问控制标准和物理层规范。
- IEEE 802.3u——100Mbit/s 快速以太网标准，现已合并到 802.3 中。
- IEEE 802.3z——光纤介质吉比特以太网标准规范。
- IEEE 802.4——Token Passing BUS（令牌总线）。
- IEEE 802.5——Token Ring（令牌环）访问方法和物理层规范。
- IEEE 802.6——城域网访问方法和物理层规范。
- IEEE 802.7——宽带技术咨询和物理层课题与建议实施。
- IEEE 802.8——光纤技术咨询和物理层课题。
- IEEE 802.9——综合声音 / 数据服务的访问方法和物理层规范。
- IEEE 802.10——安全与加密访问方法和物理层规范。
- IEEE 802.11——无线局域网访问方法和物理层规范。
- IEEE 802.12——100VG-AnyLAN 快速局域网访问方法和物理层规范。

2.2.2 IEEE 802.3 局域网协议介绍

按照 IEEE 802 标准，局域网的体系结构由如图 2-2-1 所示的 3 层协议构成，即物理层（Physical, PHY）、媒体访问控制层（Media Access Control, MAC）和逻辑链路控制层（Logical Link Control, LLC）。媒体访问控制层和逻辑链路控制层，相当于 OSI 七层参考模型中的第二层，即数据链路层。

1. 物理层

局域网体系结构中的物理层和计算机网络 OSI 参考模型中物理层的功能一样，主要处理物理链路上传输的比特流，实现比特流的传输与接收、同步前序的产生和删除，建立、维护、撤销物理连接，处理机械、电气和过程的特性。

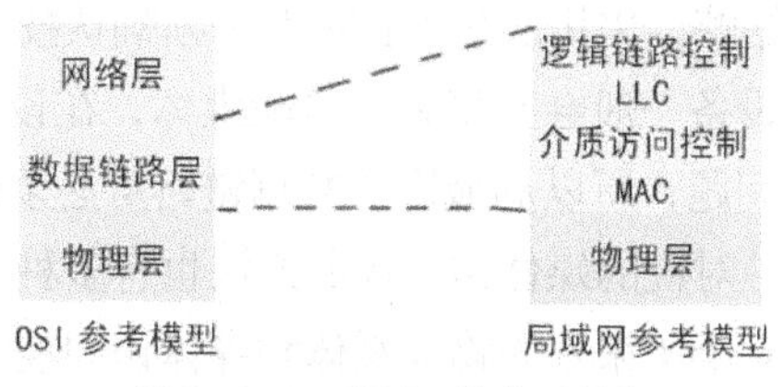

图 2-2-1　局域网的体系结构

物理层规定了所使用的信号、编码、传输媒体、拓扑结构和传输速率。传输媒体多为双绞线、同轴电缆和光缆；拓扑结构多采用总线型、星型、树型和环型；传输速率主要为 10Mbit/s、100Mbit/s 和 1000Mbit/s 等。

2．媒体访问控制 MAC 子层

MAC 子层负责介质访问控制机制的实现，即处理局域网中各站点对共享通信介质的争用问题，不同类型局域网使用不同介质访问控制协议。另外，MAC 子层还涉及局域网中物理寻址。

局域网体系结构中的 LLC 子层和 MAC 子层，共同完成类似于 OSI 参考模型中数据链路层的功能，将数据组成帧进行传输，并对数据帧进行顺序控制、差错控制和流量控制，使不可靠链路变为可靠的链路。但是局域网是共享信道的，帧的传输没有中间交换节点，所以与传统链路有较大区别。

3．逻辑链路控制 LLC 子层

LLC 子层负责屏蔽 MAC 子层的不同实现，将其变成统一的 LLC 界面，从而向网络层提供一致的服务。LLC 子层在 IEEE 802.6 标准中定义，为 IEEE 802 标准系列共用；而 MAC 子层协议则依赖于各标准自己规定的物理层

2.2.3　IEEE 802 局域网协议和 OSI 协议关系

OSI 参考模型的数据链路层功能，在局域网参考模型中被分成“媒体访问控制”（MAC）和“逻辑链路控制”（LLC）两个子层。在 OSI 模型中，物理层、数据链路层和网络层使计算机网络具有报文分组转接的功能，如图 2-2-2 所示。

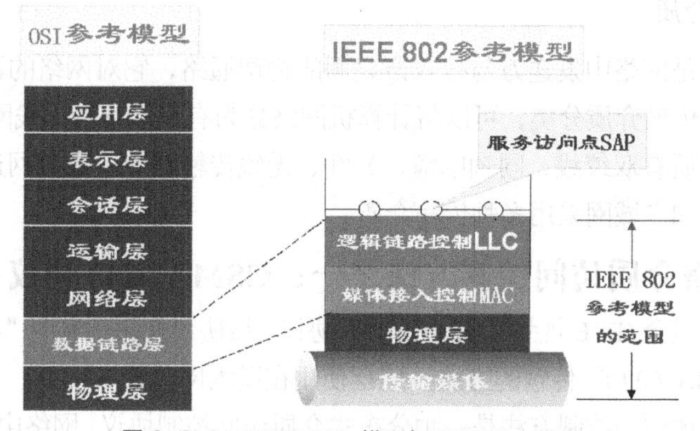

图 2-2-2　IEEE 802 模型与 OSI/RM 关系

对于局域网来说，物理层是必需的，它负责体现机械、电气和过程方面的特性，以建立、维持和拆除物理链路；数据链路层也是必需的，它负责把不可靠的传输信道转换成可靠的传输信道，传送带有校验的数据帧，采用的是差错控制和帧确认技术。

但是，局域网中的多个设备一般会共享公共传输媒体，在设备之间传输数据时，首先要解决由哪些设备占用媒体的问题，所以局域网的数据链路层必须设置媒体访问控制功能。由于局域网采用的媒体有多种，对应的媒体访问控制方法也有多种。

为了使数据帧的传送独立于所采用的物理媒体和媒体访问控制方法，IEEE 802 标准特意把 LLC 独立出来，形成一个单独子层，使 LLC 子层与媒体无关，仅让 MAC 子层依赖于物理媒体和媒体访问控制方法。

为什么没有网络层及网络层以上的各层呢？

首先因为局域网是一种通信网，只涉及有关的通信功能，没有端到端的数据传输需求，所以至多与 OSI 参考模型中的下 3 层有关。

其次，由于局域网基本都采用共享信道的技术，所以也可以不设立单独的网络层。也就是说，不同局域网技术的区别主要在物理层和数据链路层，当这些不同的局域网需要在网络层实现互联时，可以借助其他已有的通用网络层协议（如 IP）实现。

2.2.4　组成局域网的基本要素

在生活中，局域网是最常见的网络类型，应用在我们生活中的多种场合，表现为家庭网、办公网、校园网、企业网等多种不同类型。无论哪种类型的局域网络，都具有共同的组成要素。决定局域网的三要素是网络拓扑、传输介质与介质访问控制方法。

1．网络介质访问控制方法

局域网中网络设备的介质访问控制（Medium Access Control, MAC），用于解决在共用局域网传输介质的信道过程中局域网中组网设备之间产生的竞争以及如何分配信道的使用权问题。

2．网络拓扑

网络拓扑（Topology）结构是指组建局域网时，使用网络传输介质连接各种组网设备的物理布局，从而构成局域网中的网络成员之间的物理或逻辑的排列方式。按照局域网的拓扑结构的不同，可以将网络分为星型网络、环型网络和总线型网络这 3 种基本类型。

3．网络传输介质

网络传输介质是网络中发送方与接收方之间的物理通路，它对网络的数据通信具有一定影响。按照网络的传输介质分类，可以将计算机网络分为有线网络和无线网络两种。

常用的传输介质有双绞线、同轴电缆、光纤、无线传输媒介。局域网通常采用单一的传输介质，而城域网和广域网采用多种传输介质。

2.2.5　网络介质访问控制方法之一：CSMA/CD 协议

局域网组织委员会 IEEE 规划了 IEEE 802.3 协议，该协议使用一种叫“冲突检测的载波监听多路访问（CSMA/CD）”传输的方法，广泛使用在以太网传输环境中。

CSMA/CD 媒体访问控制方法是一种分布式介质访问控制协议，网络中的各台计算机（节点）都能独立地决定数据帧的发送与接收。每个节点在发送数据帧之前，首先要进行载波监听传输介质，只有等待传输介质空闲时，才允许发送数据帧。

1．什么是广播

计算机网络利用共享的通信设备和通信线路把各个站点连接起来，使网上站点共享一条信道，其中任意一个站点输出，其他站点均可接收。

处于同一个网络中的所有设备，位于同一个广播域。也就是说，所有的广播信息会播发到网络的每一个端口，即使交换机、网桥也不能阻止广播信息的传播，因此同一时间只能有一个广播信息在网络中传送，如图 2-2-3 所示。

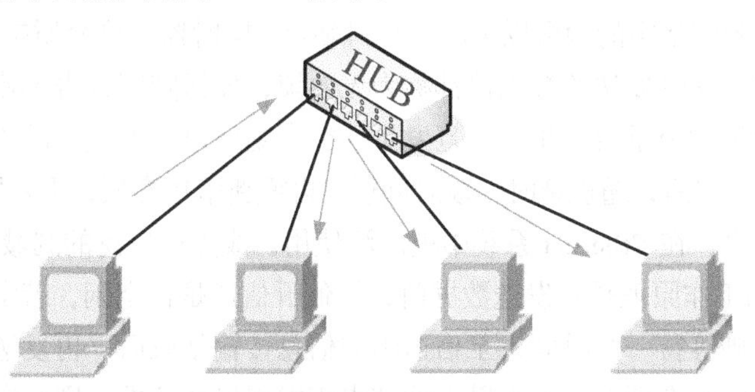

图 2-2-3　集线器广播工作机制

当网络上的设备越来越多时，广播所占用的时间也会越来越多，多到一定程度时，就会对网络上的正常信息传递产生影响，轻则造成传送信息延时，重则造成网络设备从网络上断开，甚至造成整个网络的堵塞、瘫痪，这就是广播风暴，广播风暴会严重影响局域网传输效率。对于广播传输来说，由于广播的传输距离短、广播的安全性差，因此适宜范围较小或保密性要求低的网络。

2．什么是冲突

所谓冲突（Collision），是指若网上有两个或两个以上工作站同时发送数据，在总线上就会产生信号的混合，这样哪个工作站都辨别不出真正的数据是什么。这种情况称为数据冲突，又称为碰撞，如图 2-2-4 所示。

图 2-2-4　CSMA/CD 广播传输及冲突检测机制

为了减少冲突发生后的影响，工作站在发送数据的过程中还要不停地检测自己发送的数据，看有没有在传输过程中与其他工作站的数据发生冲突，这就是冲突检测（Collision Detected）。

3．什么是 CSMA/CD

所谓 CSMA/CD（Carrier Sense Multiple Access with Collision Detection，载波侦听多路访问/冲突检测协议），早期主要是以太网中数据的传输方式，广泛应用于以太网中。

所谓载波侦听（Carrier Sense），意思是网络上各个工作站在发送数据前，都要确认总线上有没有数据传输。若有数据传输（称总线为忙），则不发送数据；若无数据传输（称总线为空），立即发送准备好的数据。

所谓多路访问（Multiple Access），意思是网络上所有工作站收发数据都共同使用同一条总线，且发送数据是广播式。

4．CSMA/CD 工作原理

CSMA/CD 采用 IEEE 802.3 标准，它的主要目的是提供寻址和媒体存取的控制方式，使得不同设备或网络上的节点可以在多点的网络上通信而不相互冲突。

如果连接在一起网络中的两台以上的计算机站点，同时监听到介质空闲，并发送数据帧，则会产生冲突现象。这时发送的数据帧都称为无效帧，发送随即宣告失败。每台计算机节点必须有能力随时检测冲突是否发生，一旦发生冲突，则应停止发送，以免介质带宽因传送无效帧而被白白浪费；然后，随机延时一段时间后，再重新争用介质，重新发送帧。CSMA/CD 协议因为简单、可靠，在 Ethernet 系统中被广泛使用，成为最广泛的局域网信息传输规则。

CSMA/CD 的工作原理是：发送数据前，先侦听信道是否空闲，若空闲，则立即发送数据，若信道忙碌，则等待一段时间，至信道中的信息传输结束后，再发送数据。若在上一段信息发送结束后，同时有两个或两个以上的节点都提出发送请求，则判定为冲突。若侦听到冲突，则立即停止发送数据，等待一段随机时间，再重新尝试。

其原理可简单总结为：先听后发，边发边听，冲突停发，随机延迟后重发。

以太网中通信协议 CSMA/CD 可以形象地描述为如下一个彬彬有礼的晚宴。

在晚宴上，要说话的客人（计算机）并不会打断别人，而是在开口说话之前等待谈话安静下来（在网络电缆上没有通信流量）。

如果两位客人同时开始说话（冲突），那么他们都会停下来，互相道歉，等上一会儿，然后他们其中的某一位再开始说话，这个方案的技术术语就是 CSMA/CD。

载波侦听（Carrier Sense）：能够分辨出是否有人正在讲话。

多路访问（Multiple Access）：每个人都能讲话。

冲突检测（Collision Detection）：知道自己在什么时候打断了别人的讲话。

2.2.6　了解局域网网络拓扑结构

所谓网络拓扑，指用传输介质连接各种网络设备形成的物理布局，即用什么方式把网络中计算机等设备连接起来。

组建局域网的拓扑结构是决定局域网特性的最主要的要素。局域网在组建过程中，选择不同的网络拓扑结构，就会使用不同网络传输规则，使用不用的通信协议标准。

按照网络拓扑结构所呈现的形状，网络大致可分为下列几种。

1．总线型（Bus）拓扑

使用一条同轴电缆连接所有设备，所有的工作点均接到此主缆上，如图 2-2-5 所示。总线型结构的优点：安装容易，扩充或删除一个节点容易，单个节点故障不会殃及系统。总线型结构的缺点：由于信道共享，连接的节点不宜过多，并且总线自身的故障可以导致系统的崩溃。早期以太网采用的就是总线形的拓扑结构。

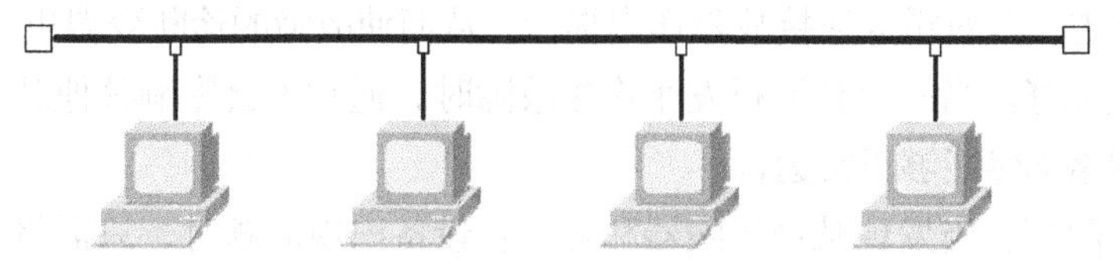

图 2-2-5　总线型拓扑结构

● 总线型拓扑的优点。

架设成本低，每台计算机只需要很短的电缆和连接件就能接入网络。整个网络无需购买专用的集线设备，从而大大降低了设备购置成本。

易安装。总线型拓扑不需要复杂的网络布线，将计算机插上网卡，然后再将其连接到公共电缆上即可实现与网络连接，整个操作过程非常简单。

易扩充。当需要向网络中增加新的计算机时，可以在总线上的任何一点接入。当需要增加缆线长度超过规定的距离（185m）时，可再添加一个中继器，以扩大网络的覆盖范围。

● 总线型拓扑的缺点。

故障后果严重。总线型网络上的每个部件的故障，都可能导致整个网络的瘫痪。当电缆在某处断开时，由于电缆中每个部件都失去了终结点，从断点反射回来的信号会对整个电缆造成干扰。另外，当一个节点出现问题时，它发出的噪音会使整条总线陷于瘫痪。

故障诊断困难。由于缺乏集中控制机制，故障一旦产生很难具体定位，需要对网络上的各站点一一进行检查，给网络维护带来很大麻烦。由于每台计算机的连接处都会至少产生 3 个断点，因此，当用户数量非常多时，网络故障的定位将变得非常困难。

传输效率低。由于所有通信都需借助于一条线路完成，通信速率和效率受到严重影响，因此，不适用于工作繁忙或计算机数量较多的网络。

2．星型（Star）拓扑

星形拓扑网络以一台中央处理设备（通信设备）为核心，其他机器与该中央设备间有直接的物理链路，所有数据都必须经过中央设备进行传输，如图 2-2-6 所示。

这种结构具有便于集中控制、易于维护、网络延迟时间较小、传输误差较低等优点。但这种结构要求中心节点必须具有极高可靠性，因为中心节点一旦损坏，整个系统便趋于瘫痪。

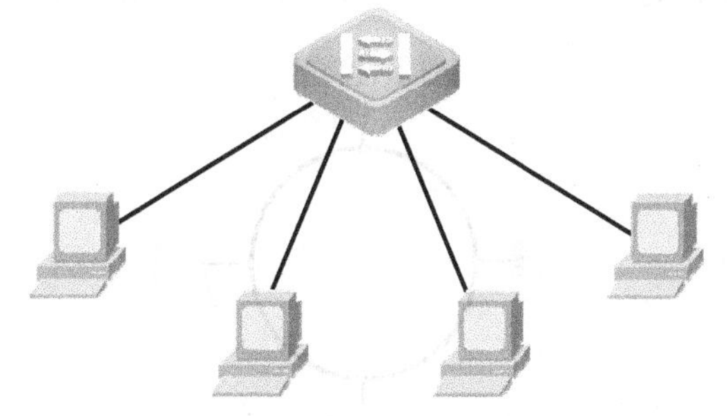

图 2-2-6　星型拓扑结构

● 星型拓扑的优点。

易于故障的诊断。利用附加于集线器中的网络诊断设备，可以使得故障的诊断和定位变得简单而有效。通常情况下，集线设备往往均内置有LED指示灯，可以非常直观地显示每一个端口的连接状态，并对重大连接故障作出提示，从而使故障的诊断变得更加简单。

网络的稳定性好。当一台计算机发生连接故障时，通常不会影响其他计算机与集线设备之间的连接，网络仍然能够正常运行。

易于故障的隔离。当发现某台集线器和计算机设备出现问题时，只需将其网线从集线器相应的端口拔除即可，这一过程对网络中的其他计算机不会产生任何影响。

易于网络的扩展。无论是添加一个节点还是删除一个节点，只要往/从集线器上插上/拔下一个电缆插头即可。当一台集线设备的端口不能满足用户需要时，可以采用级联或堆叠的方式，成倍地增加可供连接的端口。此外，当网络变得太大时，也可以通过添加集线设备的方法，成倍延伸网络的覆盖范围。

易于提高网络传输速率。由于计算机与集线设备之间分别通过各自独立的缆线连接，因此，多台计算机之间可以并行地同时进行通信，互不干扰，从而成倍地提高了网络传输效率。另外，由于网络的带宽主要受集线设备的影响，因此，只需简单地更换高速率的集线设备，即可平滑地将网络从10Mbit/s升级至100Mbit/s，甚至是1000Mbit/s。

● 星型拓扑的缺点。

费用高。由于网络中的每一台计算机都需要有自己的电缆连接到网络集线器，因此，星型拓扑所使用的电缆往往很多。此外，中央集线器也需要花费另一笔费用，而总线型网络却无需这笔费用。所以，一般说来，星型拓扑是费用最高的物理拓扑。

布线难。由于每台计算机都有一条专用的电缆，因此，当计算机数量非常多时，如何布线就成为一个令人头痛的问题。

依赖中央节点。整个网络能否正常运行，在很大程度上取决于集线器是否正常工作，一旦集线器出现故障，整个网络将立即陷于瘫痪。

然而，尽管星型拓扑费用不菲，但其所具有的优点，使得绝大多数网络设计者仍然对之情有独钟、青睐有加，高昂费用与之所提供的高可靠性在某种程度上得到了平衡。应当说，星型拓扑是目前使用最多的拓扑结构。

3．环型（Ring）拓扑

环型拓扑结构中的传输媒体，从一个端用户连接到另一个端用户，直到将所有的端用户连成环型，如图2-2-7所示。

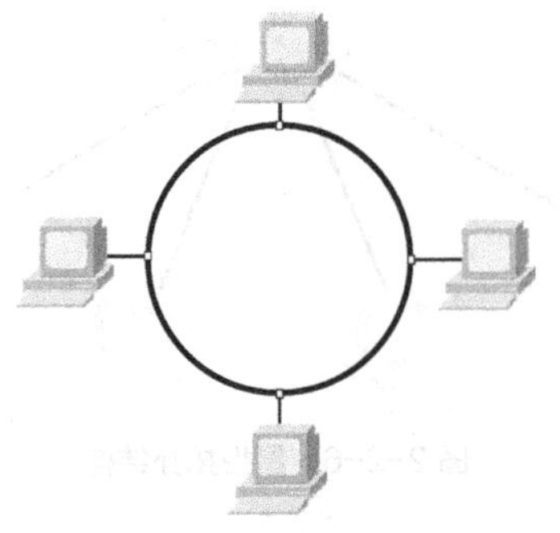

图2-2-7　环型拓扑结构

这种结构有效消除了各个工作点通信时对中心节点的依赖性，但当环中节点过多时，势必会影响信息传输速率，使网络的响应时间延长。另外，环路是封闭，不便于扩充；可靠性低，一个节点出现故障将会造成全网瘫痪；维护难，对分支节点故障的定位较难。

4．网状（Distributed Mesh）拓扑

网状拓扑结构通常利用冗余的设备和线路，可提高网络可靠性，因此节点设备可以根据当前的网络信息流量，有选择地将数据发往不同的线路，如图 2-2-8 所示。

这种连接不经济，只有每个节点都要频繁发送信息时才使用这种方法。网型结构的安装也很复杂，但系统可靠性高，容错能力强。

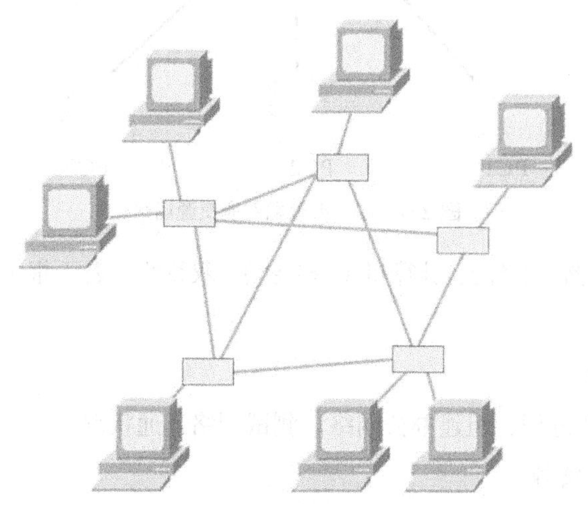

图 2-2-8 网状拓扑结构

5．分层树型（Hierarchical Tree）拓扑

树型拓扑是在星型拓扑基础上的衍生，网络拓扑像树枝一样由根部一直向叶部发展，一层一层类似于阶梯状，如图 2-2-9 所示。

与星型拓扑相比，其节点易于扩充，寻找路径比较方便，但除了叶节点及其相连的线路外，任一节点或其相连的线路故障都会使系统受到影响。

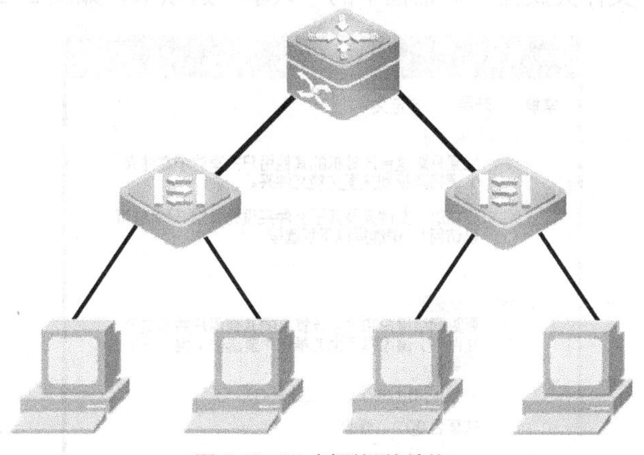

图 2-2-9 树型拓扑结构

现在，一些网络常把主要骨干网络做成网状拓扑结构，而非骨干网络则采用星形拓扑结构。

四、任务实施

【任务名称】共享办公网资源。

【网络拓扑】

如图 2-2-10 所示的网络拓扑，是某公司组建完成的办公网场景。

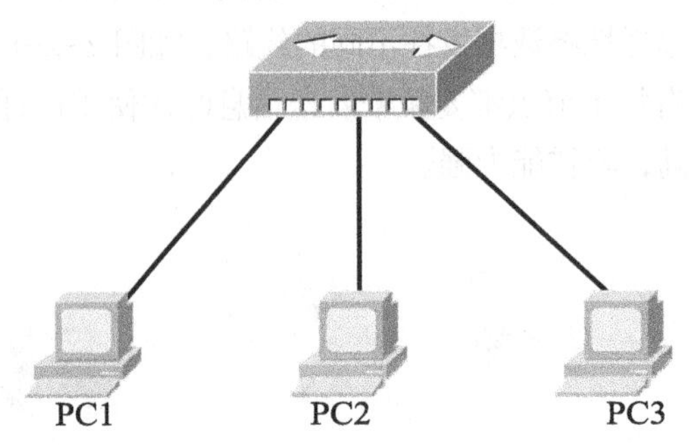

图 2-2-10　办公网共享资源场景

【设备清单】集线器（1 台）、计算机（≥2 台）、双绞线（若干根）。

【工作过程】

1．组建办公网络

按照上述任务工作过程，组建办公网络，测试网络连通状况。

2．共享办公网络资源

在组建完成的办公网环境中，由于是以 Hub 为中心的对等型网络，实现资源共享是其主要目的，设置共享文件夹是实现资源共享的常用方式。

在 Windows 中，设置共享文件夹可执行下列操作。

步骤一：双击“我的电脑”图标，打开“我的电脑”对话框。

步骤二：选择要设置共享的文件夹，用鼠标右键单击要设置共享的文件夹，在弹出快捷菜单中选择“共享和安全”命令。

步骤三：打开“文件夹属性”对话框中的“共享”选项卡，如图 2-2-11 所示。

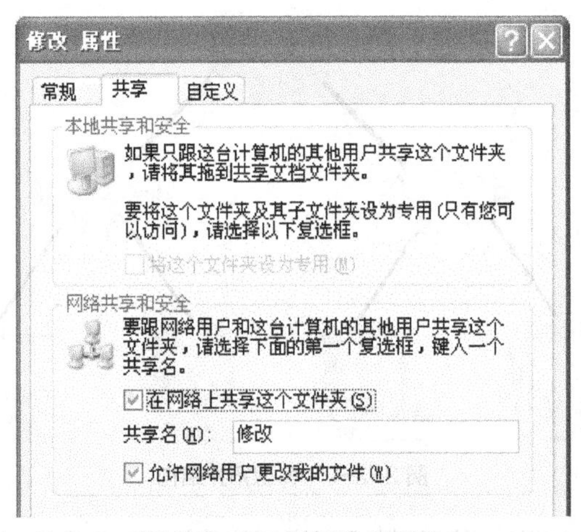

图 2-2-11“共享”选项卡

（1）在“网络共享和安全”选项组中，选中“在网络上共享这个文件夹”复选框，这时“共享名”文本框和“允许网络用户更改我的文件”复选框均变为可用状态。

（2）在“共享名”文本框中，输入共享文件夹在网络上共享名称，也可使用原来的文件夹名称。

（3）若选中“允许网络用户更改我的文件”复选框，则设置该共享文件夹为完全控制属性，任何访问该文件夹的用户都可以对该文件夹进行编辑修改；若清除该复选框，则设置该共享文件夹为只读属性，用户只可访问该共享文件夹，而无法对其进行编辑修改。

（4）设置共享文件夹后，在该文件夹图标中将出现一个托起的小手形状图标，表示该文件夹为共享文件夹，如图 2-2-12 所示。

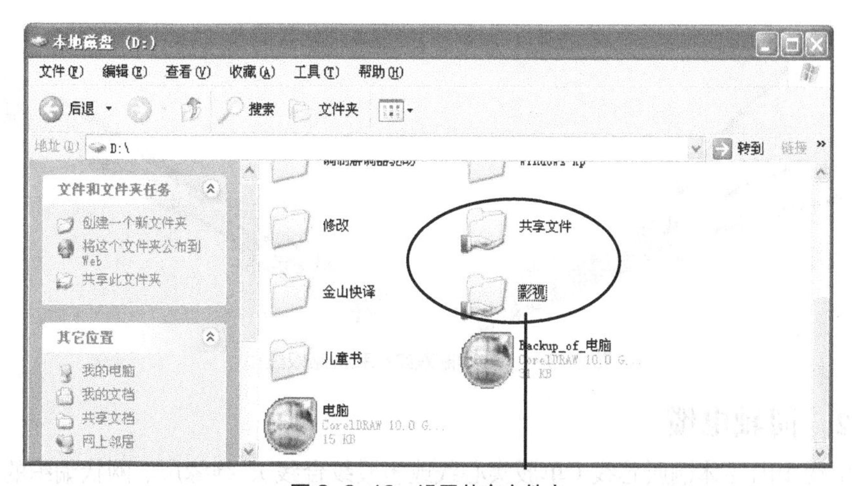

图 2-2-12 设置共享文件夹

2.3 任务三 制作局域网传输介质

一、任务描述

浙江嘉兴民康公司是家纯净水配送公司，公司为了信息化的需求，组建了互联互通的办公网络。

为了帮助公司员工了解更多的网络知识，公司网络中心的小王希望各位同事通过自己亲自制作双绞线、使用集线器设备组建简单的办公室网络操作，理解局域网的基础知识。

二、任务分析

本单元的任务是使用集线器组建办公网，实现办公网的信息资源共享。完成本任务需要制作双绞线传输介质，了解办公网中最常见的双绞线传输介质的基础知识。

三、知识准备

传输介质大致可分为有线介质（双绞线、同轴电缆、光纤等）和无线介质（微波、红外线、激光等）两种类型。

2.3.1 双绞线

双绞线是最常用的传输介质。将两根互相绝缘的铜导线绞合起来就构成了双绞线，这种形式可以减少相邻导线之间的电磁干扰，每一根导线在传输中产生的辐射电磁波会被另一根线上发出的电磁波抵消。如果把一对或多对双绞线放在一个绝缘套管中，便成了双绞线电缆。

目前，双绞线可分为非屏蔽双绞线（Unshilded Twisted Pair, UTP）和屏蔽双绞线（Shielded Twisted Pair, STP）。屏蔽双绞线电缆的外层由铝铂包裹，以减小幅射，但并不能完全消除辐射。屏蔽双绞线的价格相对较高，安装时要比安装非屏蔽双绞线电缆困难。

与其他传输介质相比，双绞线在传输距离、信道宽度和数据传输速率等方面均受到一定的限制，但价格较为低廉，安装与维护比较容易，因此得到了广泛的使用，如图 2-3-1 所示。

图 2-3-1　非屏蔽双绞线和屏蔽双绞线

2.3.2 同轴电缆

同轴电缆由内导体铜质芯线（单股实心线或多股绞合线）、绝缘层、网状编织的外导体屏蔽层（也可是单股）以及保护塑料外层所组成。同轴电缆的这种结构，使它具有高带宽和极好的噪声抑制特性，如图 2-3-2 所示。

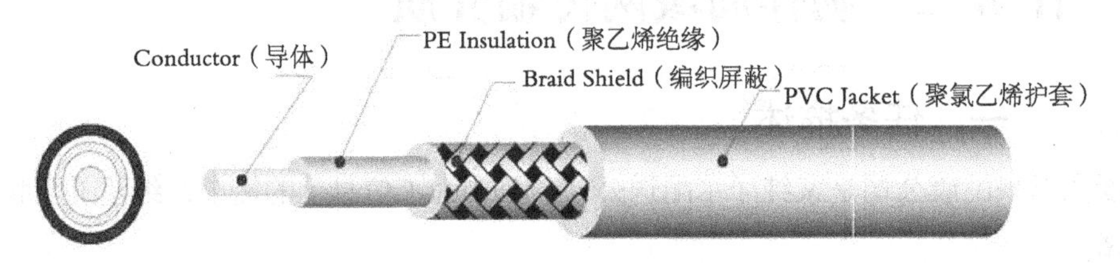

图 2-3-2　同轴电缆内导体铜质芯线

同轴电缆的带宽取决于电缆的长度，1km 的电缆可以达到 1Gbit/s~2Gbit/s 的数据传输速率。若使用更长的电缆，传输速率会降低，中间可以使用放大器来防止传输速率的降低。

有两种广泛使用的同轴电缆。一种是 50Ω同轴电缆，用于数字传输，多用于基带传输。另一种是 75Ω同轴电缆，用于模拟传输系统，它是有线电视系统 CATV 中的标准传输电缆。在这种电缆上传送的信号采用了频分复用的宽带信号，因此，75Ω同轴电缆又称为宽带同轴电缆。宽带同轴电缆用于传送模拟信号时，其频率可高达 300 MHz~450 MHz 或更高，而传输距离可达 100 km。但在传送数字信号时，必须将其转换成模拟信号，而接收时，则要把收到的模拟信号转换成数字信号。

目前，同轴电缆虽然大量被光纤取代，但仍广泛应用于有线电视和某些局域网。

2.3.3 光纤

光纤通信就是利用光导纤维传递光脉冲来进行通信。有光脉冲相当于 1，没有光脉冲相当于 0。光纤通常由透明石英玻璃拉成细丝制成，由纤芯和包层构成双层通信圆柱体。

纤芯用来传导光波，包层较纤芯有较低的折射率。光是光纤通信的传输媒体。在发送端有光源，可以采用发光二极管或半导体激光器，它们在电脉冲的作用下能产生光脉冲。在接收端利用光电二极管做成光检测器，在检测到光脉冲时可还原出电脉冲，如图 2–3–3 所示。

图 2–3–3 光纤芯线

当光线从高折射率的媒体射向低折射率的媒体时，其折射角将大于入射角。因此入射角足够大，就会出现全反射，即光线碰到包层时就会折射回纤芯。这个过程不断重复，光也就沿着光纤传输下去。

根据传输点模数的不同，光纤可分为单模光纤和多模光纤。所谓“模”是指以一定角速度进入光纤的一束光。单模光纤采用固体激光器做光源，多模光纤则采用发光二极管做光源。多模光纤允许多束光在光纤中同时传播，从而形成模分散（每一个“模”进入光纤的角度不同，它们到达另一端点的时间也不同，这种特征称为模分散）。

模分散技术限制了多模光纤的带宽和距离，因此，多模光纤的芯线粗、传输速度低、距离短，整体的传输性能差，但其成本比较低，一般用于建筑物内或地理位置相邻的建筑物间的布线环境。

单模光纤只允许一束光传播，所以单模光纤没有模分散特性，因而单模光纤的纤芯相应较细。单模光纤传输频带宽、容量大、传输距离长，但因其需要激光源，成本较高，通常在建筑物之间或地域分散时使用。单模光纤是当前计算机网络中研究和应用的重点，也是光纤通信与光波技术发展的必然趋势，如图 2–3–4 所示。

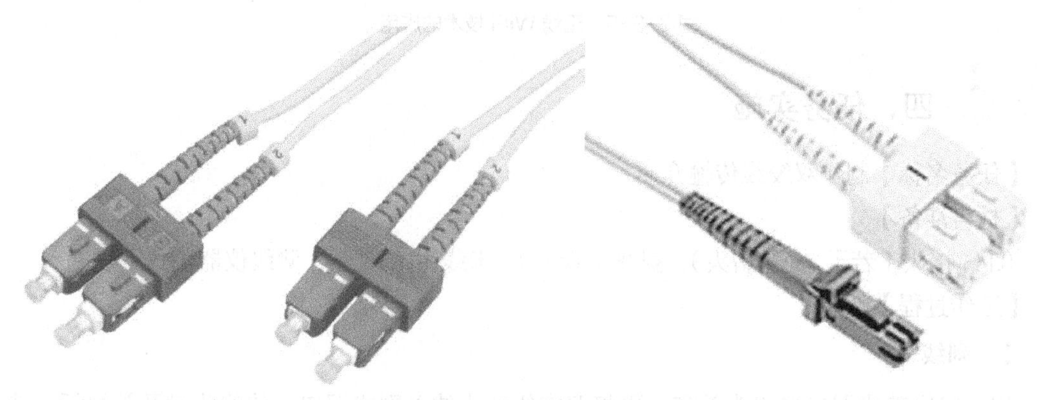

图 2–3–4 单模光纤和多模光纤

2.3.4 无线传输介质

无线通信（Wireless Communication）是利用电磁波信号可以在自由空间中传播的特性进行信息交换的一种通信方式，近年在信息通信领域中发展最快、应用最广的就是无线通信技术，这一应用已深入到人们生活的各个方面。其中无线局域网（Wireless Local Area Network, WLAN）、3G、超宽带无线技术（Ultra Wideband, UWB）、蓝牙、宽带卫星系统都是最热门的无线通信技术应用，如图 2-3-5 所示。

无线传输所使用的频段很广，人们现在已经利用了无线电、微波、红外线以及可见光这几个波段进行通信。国际电信联合会 ITU（International Telecommunication Union）规定了波段的正式名称，例如低频（LF，长波，波长范围 1 km~10 km，对应于 30 kHz~300 kHz）、中频（MF，中波，波长范围 100m~1000 m，对应于 300 kHz~3000 kHz）、高频（HF，短波，波长范围 10 m~100 m，对应于 3 MHz~30 MHz），更高的频段还有甚高频、特高频、超高频、极高频等。

无线电微波通信在数据通信中占有重要地位。微波是一种无线电波，微波的频率范围为 300 MHz~300 GHz，它传送的距离一般只有几十千米，主要使用 2 GHz ~40 GHz 的频率范围。

远距离传输时，微波的频带很宽，通信容量很大，通信每隔几十千米要建一个微波中继站，两个终端之间需要建若干个中继站。微波通信可传输电话、电报、图像、数据等信息。

图 2-3-5　无线 WiFi 技术的应用

四、任务实施

【任务名称】制作双绞线传输介质。

【材料准备】

RJ45 接头（若干）（水晶头）、裸线（若干）、卡线钳（1 把）、测线仪器（1 台）。

【工作过程】

1．剥线

用卡线钳剪线刀口将线头剪齐，再将双绞线端头伸入剥线刀口，使线头触及前挡板，然后适度握紧卡线钳的同时慢慢旋转双绞线（握卡线钳的力度不能过大，否则会剪断芯线；剥线的长度为 15mm 左右，不宜太长或太短），让刀口划开双绞线的保护胶皮，取出端头从而拨下保护胶皮，将双绞线的外套剥离，露出大约 15mm~20mm 左右，如图 2-3-6 所示。

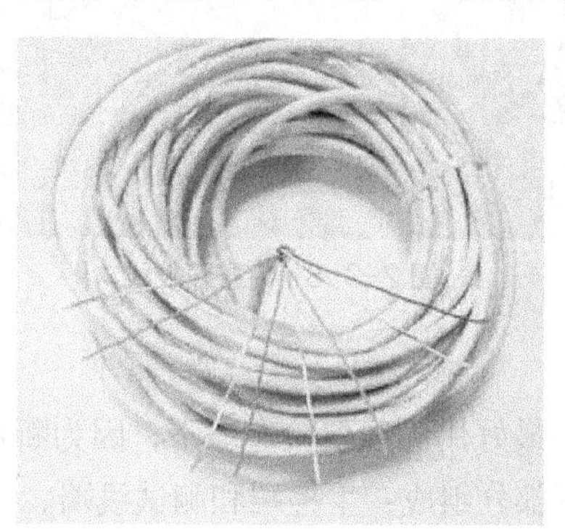

图 2-3-6　剥线

2. 排序

将剥离开的双绞线拆开，拉直，如图 2-3-7 所示，平行排列平整。双绞线由 8 根有色导线两两绞合而成，将其整理为 568A 或 568B 标准平行排列，整理完毕后用剪线刀口将前端修齐，前端露出约 15mm。

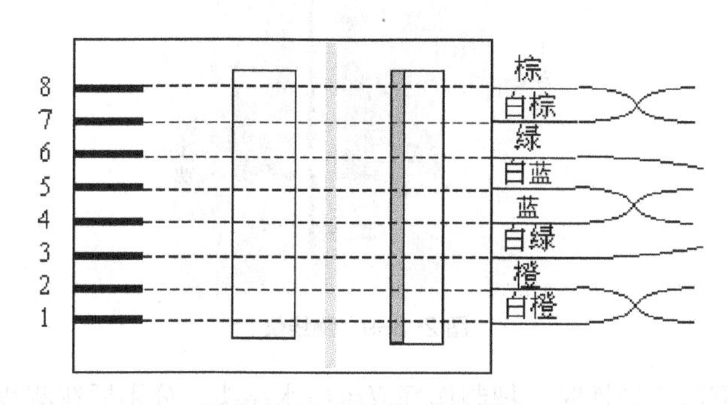

图 2-3-7　双绞线 568B 排序

3. 插入

用一只手捏住水晶头，将水晶头有弹片一侧向下，另一只手捏平双绞线，把修剪整齐的双绞线线头插入到水晶头中插紧，观察 8 根线的金属线芯是否全部顶进水晶头的顶部。稍稍用力将排好的线平行插入水晶头内的线槽中，8 条导线顶端应插入线槽顶端。注意，插入时应使水晶头有金属片的一端对着自己。

4. 压线

确认所有导线都到位后，把插好的水晶头送入压线钳中的压线槽中，合拢钳子，用力捏几下卡线钳，压紧线头即可。

5. 重复

重复以上的步骤，按照需求制作另一个水晶头，形成完整的一根双绞线，如图 2-3-8 所示。

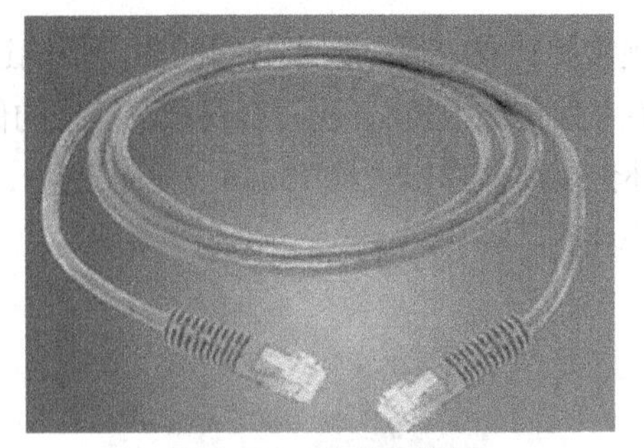

图 2-3-8　完整双绞线

6. 测试

制作好的线路，在使用前最好用测线仪检查一下，因为断路不仅会导致无法通信，而且还可能损坏网卡。测线仪由两部分组成：主控端和测试线端。

- 主控端有开关可以控制测试过程，具有和线序相同的 1~8 指示灯，用来显示被测试线缆的连通情况。
- 测试线端有一个 RJ45 口，用来与主控端线缆连接，如图 2-3-9 所示。

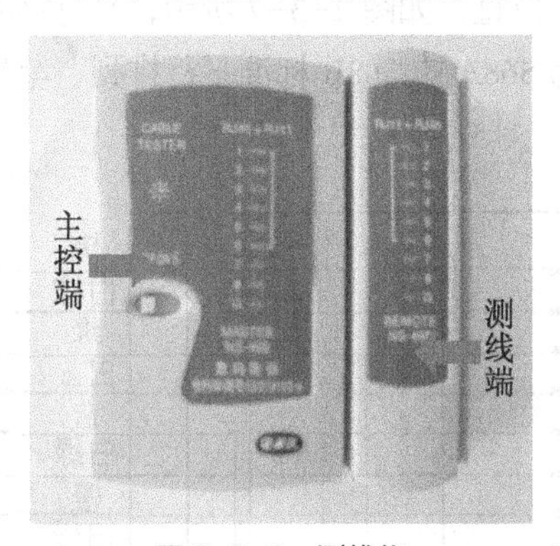

图 2-3-9　测线仪

测试制作好的网线连通性时，把制作好双绞线水晶头，分别插在测线器的两个插口中，确认线路连接固定后，打开测线器主控端的开关，如果看到左右各 8 个指示灯顺序闪亮，则表明网线通信正常，如果有某个指示灯不亮，则表明这条线序有问题，则整根网线就有问题，需要进行更换。对于交叉线测试，方法同上，但 8 个指示灯闪亮的过程和以上有所不同，闪亮的过程如图 2-3-10 所示。也就是说主控端的 1 灯亮的时候，测试端的 3 灯亮。

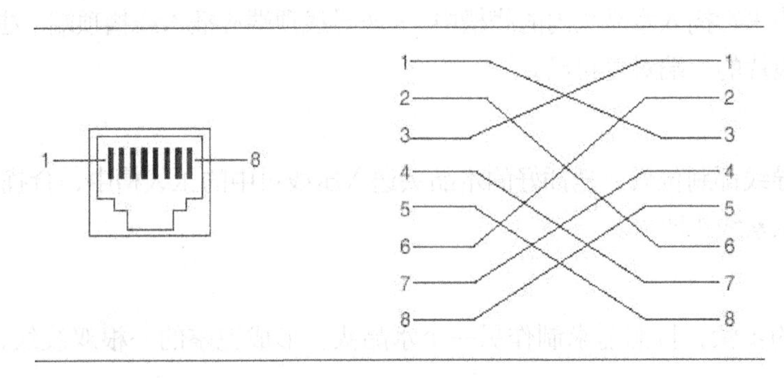

图 2-3-10　双绞线线序信号

任务评价

完成了本项目的基础知识学习和综合实训训练后，下面给自己的学习进行简单的评价。

序　号	任务名称	任务评价
1	认识身边的局域网	
2	掌握局域网传输协议	
3	制作局域网传输介质	
4	组建办公网，共享办公网信息资源	

PART 3 项目三 组建办公网络

项目背景

为了提高办公网的传输速率，提高工作效率，民康公司决定使用交换机设备替代传统的集线器设备改造公司的办公网，优化网络传输效率。

交换机设备在局域网的传输过程中，具有更多的智能化的网络管理功能，通过配置交换机设备，使办公网按照公司网络需要传输信息，在局域网传输的过程中，具有只能通过广播方式传输信息的集线器设备无可比拟的传输优势。

- 任务 3.1　识别局域网组网设备
- 任务 3.2　使用交换机设备组建办公网
- 任务 3.3　配置交换机设备

技术导读

本项目技术重点：交换机设备知识、配置交换机技术。

3.1 任务一　识别局域网组网设备

一、任务描述

为了提供公网办公网的传输速率，提高工作效率，民康公司决定使用交换机设备替代传统的集线器设备改造公司的办公网，优化网络传输效率。

本单元的主要任务是认识交换机设备，了解交换机设备的基础知识。

二、任务分析

交换机是办公网络组网过程中最常见的组网设备。通过交换机设备把办公网中众多的终端设备接入局域网中。和另一种常见的组网设备集线器设备相比，交换机设备具有更多的网络管理和智能化识别的功能，因此也会为办公网提供更优的传输效率。

三、知识准备

从物理结构来看，网络就是由这些网络设备、网络中的节点和传输介质组成的。

网络设备在网络中发挥着极大的作用。在局域网中常见的网络设备有网卡、集线器和交换机等。

3.1.1　认识网卡设备

1．什么是网卡

网卡是网络接口卡（Network Interface Card，NIC）的简称，也叫网络适配器。和声卡、显卡相同，网卡也是一块布满了芯片和电路的电路板，被安装在计算机的扩展槽中，如图3-1-1 所示。局域网内的传输速率越来越快，现在 1Gbit/s 的以太网不难见到，而 100Mbit/s 以太网更是早就成为小型局域网最基本配置。

图 3-1-1　网卡示意图

2．网卡功能

网卡可以将计算机、打印机或其他结点通过网络传输介质接入网络并接收和发送数据，减轻 CPU 的工作压力。网卡在网络数据传输过程中发挥着重要的作用，具体的来说主要有以下几点。

- 接收数据。接收由其他网络设备发送的数据包。经过拆包将其变成计算机可以直接识别的数据，并通过主板上的总线将数据传输到 CPU 中。
- 发送数据。将计算机中要发送的数据封装后发送到其他网络设备中。
- 地址识别。每一块网卡都有一个编号，用来标识这块网卡，这个编号称为 MAC 地址。

3．了解网卡地址

网卡的物理地址有 48 位，由 6 个十六进制数组成，中间用“-”隔开，如“00-1A-A9-23-14-A2”。每一块网卡的 MAC 地址是全球唯一的。网卡在接收数据时，读出数据帧中目标 MAC 地址后，与自身的 MAC 核对，如果目标 MAC 地址和自身的 MAC 地址对应，才允许接收该数据包。

在 Windows 操作系统中，打开“开始”→“运行”，输入“cmd”后命令，在打开的命令提示符中输入“ipconfig/all”命令，可以查看到计算机网卡的 MAC 地址，如图 3-1-2 所示。

```
Ethernet adapter 本地连接:

   Connection-specific DNS Suffix  . :
   Description . . . . . . . . . . . : Realtek RTL8168C(P)/8111C(P) PCI-E Gigabi
t Ethernet NIC
   Physical Address. . . . . . . . . : 00-30-18-A8-43-46
   DHCP Enabled. . . . . . . . . . . : No
   IP Address. . . . . . . . . . . . : 10.0.0.21
   Subnet Mask . . . . . . . . . . . : 255.255.224.0
   Default Gateway . . . . . . . . . : 10.0.0.4
   DNS Servers . . . . . . . . . . . : 61.144.56.100
                                       202.96.128.68
```

图 3-1-2　查看网卡 MAC 地址

3.1.2　认识集线器设备

1．什么是集线器

集线器，英文名称 Hub，也叫多口中继器。像树的主干一样，它是各分枝的汇集点。Hub 是对网络进行集中管理的最小单元，主要是为优化网络布线结构、简化网络管理而设计的网络互连设备。图 3-1-3 所示为集线器。

图 3-1-3　集线器示意图

Hub 源于早期组建的 10Base-T 网络，它是对网络进行集中管理的最小单元。在网络传输过程中，它只是一个信号放大和中转设备，不具备自动寻址能力和交换作用。由于所有传到集线器的数据均被广播到与之相连的各个端口，因而容易形成数据阻塞。

从 Hub 的作用来看，它不属于网间连接设备，而更适合被称为网络连接设备。Hub 不具备协议翻译功能，而只是分配带宽。例如使用一台 N 个端口的 Hub 组建 10Base-T 的 Ethernet，每个端口所分配的带宽是 10/N Mbit/s。

2．集线器工作原理

集线器的工作原理如 3-1-4 所示。如 PC1 给 PC2 发送数据，数据将从 Hub 的 F0/1 口传到 Hub 中。此时 Hub 只知道从 F0/1 口收到一串 0、1 代码，而无法读懂该数据，无法判断该数据要发给哪台 PC。Hub 只能以广播形式传输数据。

在此情况下，Hub 即将从 F0/1 口接收到 0、1 代码，对除接受端口之外的所有端口，原封不动地广播出去。因此 PC1 给 PC2 发的数据 PC2、PC3 和 PC4 都能收到。只是 PC3 和 PC4 的网卡收到该数据后发现目标 MAC 地址不是自己，才会将该数据丢弃。

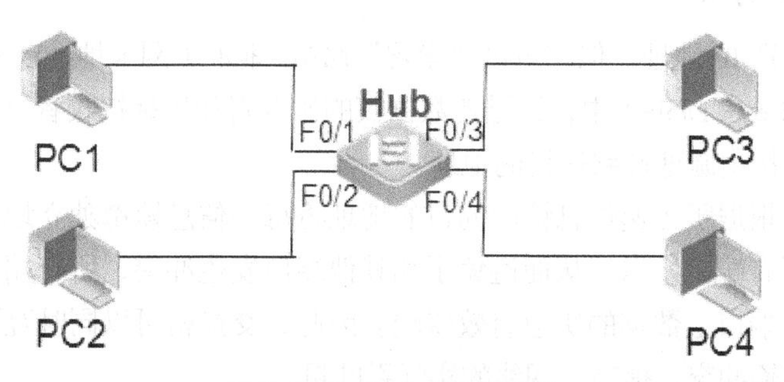

图 3-1-4　Hub 的工作原理

不难理解，在 PC1 给 PC2 发送数据时，PC3 和 PC4 也在发数据，那么 PC2 收到的数据将会是 PC1、PC3 和 PC4 3 台计算机数据的混合体（电磁波叠加），从而可能无法识别。通常把网络传输过程中的这种现象称为“冲突”。冲突会影响网络传输效率，因此 Hub 的传输规则规定：PC1 在发送数据时，其他 PC 都不能发数据，其他 PC 只有等 PC1 发完数据后才能发送数据。

3．集线器组网特点

以集线器为节点中心的网络的优点是：当网络系统中某条线路或某个节点出现故障时，不会影响网上其他节点的正常工作，这就是集线器刚推出时与传统的总线网络的最大区别和优点，因为它提供了多通道通信，大大提高了网络通信速率。

然而随着网络技术的发展，集线器的缺点越来越突出。用户带宽共享，使得带宽受限；其广播方式，易造成网络风暴；其非全双工传输，使网络传输效率低。正因如此，尽管集线器技术也在不断改进，但实质就是加入了一些交换机技术，目前集线器与交换机的区别越来越模糊了。

随着交换机价格的不断下降，集线器仅有的价格优势已不再明显。它的市场越来越小，已处于淘汰的边缘。尽管如此，集线器对于家庭或小型企业来说，在经济上还是有一点诱惑力的，特别是在家庭几台计算机的网络环境中。

3.1.3 认识交换机设备

1．什么是交换机

交换机（Switch)也叫交换式集线器，是一种工作在 OSI 第二层（数据链路层)上、基于 MAC（网卡的介质访问控制地址）识别、能完成封装转发数据包功能的网络设备。

交换机设备在传输信息过程中，通过对信息进行重新生成，并经过内部处理后转发至指定端口，具备自动寻址能力和交换作用，如图 3-1-5 所示。

图 3-1-5 锐捷交换机示意图

2．交换机设备特点

交换机不能识别 IP 地址，但它可以“学习”MAC 地址（网卡地址)，并把其存放在内部地址表（Mac-Address-Table）中，通过在数据帧的始发者和目标接收者之间建立临时的交换路径，使数据帧直接由源地址到达目的地址。

由于交换机是根据所传递信息帧中的目的地址将每一信息帧都独立地从源端口送至目的端口，而不会向所有端口发送，从而避免了和其他端口发生冲突，所有端口均有独享的信道带宽，以保证每个端口上数据的快速有效传输。因此，交换机可以同时互不影响地传送这些信息包，并防止传输冲突，提高了网络的实际吞吐量。

3．交换机和集线器区别

集线器属于物理层设备，因此在以太网中它只是在一个端口收到了 0、1 代码后将这些数据传给其他所有端口，而不关心这些数据真正是发给哪个 PC 的。而交换机就非常智能，常说交换机是数据链路层设备，就是因为它在以太网中能够读懂数据链路层的数据，即以太帧。交换机能根据这些信息了解该数据是从哪儿发到哪儿的，因此能实现“点对点”交换，具有很高的智能化功能。

四、任务实施

【任务名称】认识交换机硬件设备。

【网络拓扑】

图 3-1-6 所示设备为办公网组网使用的交换机设备。

图 3-1-6 办公网组网设备

【设备清单】交换机（1 台）。

【工作过程】

交换机系统和计算机一样，也是由硬件系统和软件系统组成。组成交换机的基本硬件包括 CPU（处理器）、RAM（随机存储器）、ROM（只读存储器）、Flash（可读写存储器）、Interface（接口）基本设备。

1．交换机状态指示灯

中低端的交换机一般都无电源开关，只能通过电源的连通连接或断开的方式完成开关机动作。当交换机加电后，状态指示灯会亮，说明交换机的工作状态是正常或故障。

指示灯灭说明交换机没有上电；绿色闪烁说明交换机正在初始化，若一直闪烁则表示异常；若绿色常亮说明交换机可正常启动；黄色常亮说明交换机温度黄色告警，应及时检查交换机工作环境；红色常亮说明交换机故障。

2．认识交换机型号

如图 3-1-7 所示的 LOGO 以及文字信息，是交换机设备的常见标识信息内容，通过该信息内容可以了解该台交换机的生产厂家以及设备的基本性能信息。RG-S5750P-24GT/12SFP 是锐捷网络生产的“安全智能万兆多层交换机”，该组数字信息如下。

图 3-1-7 RG-S5750P-24GT/12SFP

- 商标 LOGO、“锐捷网络”以及“RG”文字信息，表示该台设备生产厂家信息。
- 大写字母“S”，表示该台设备为交换机，是英语“Switcher”第一个字母简写。
- 数字组合“5750P”的第一个数字“5”，表示该设备为三层以上交换机设备，能识别 IP 数据包信息，常见的数字为“3”、“4”、“5”……如果是数字“2”，表示该设备为二层交换机设备，只能识别 MAC 数据帧。第二个数字“7”，表示该设备为 5 系列的三层交换机中第 7 个序列产品，具有特定的性能；最后的数字“50”表示该交换机理论上具有 50 个外接端口，但实际上只有 24 个端口，由“24GT”数字补充描述。
- “12SFP”表示该型号交换机有 12 个复用的 SFP 接口。

3．认识交换机的接口类型

- RJ-45 接口属于以太网接口，不仅在最基本 10Base-T 以太网中使用，在 100Base-TX 快速以太网和 1000Base-TX 吉比特以太网中都广泛使用，使用的传输介质都是双绞线，如图 3-1-8 所示。

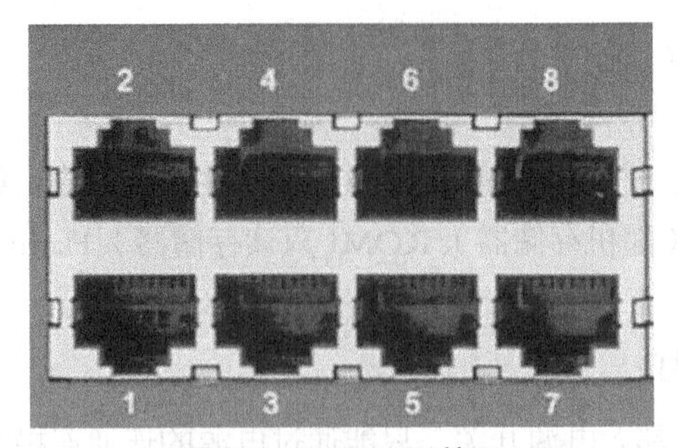

图 3-1-8　RJ-45 接口

- 光纤接口。光纤传输介质虽然早在 100Base 以太网就开始采用，但由于百兆速率，价格比双绞线高许多，所以在 100Mbit/s 时代并没有得到广泛应用。从 1000Base 技术标准实施以来，光纤技术得以全面应用，各种光纤接口也层出不穷，都通过模块形式出现，如图 3-1-9 所示。

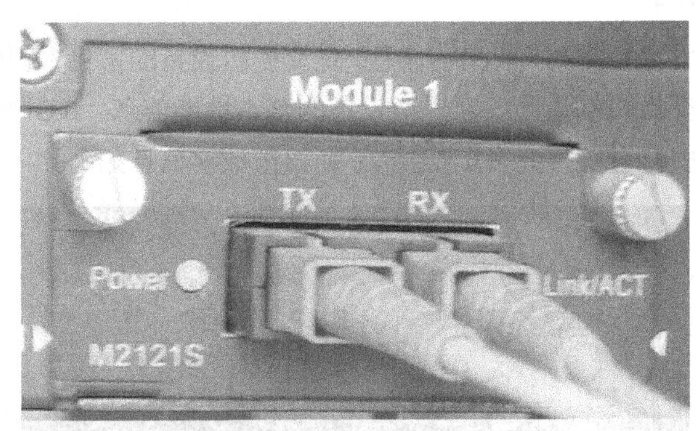

图 3-1-9　光纤接口

- Console 端口。可管理交换机都有一个 Console 口，用于对交换机配置和管理，通过 Console 口和 PC 连接配置管理交换机。Console 口类型如图 3-1-10 所示，但也有串行 Console 口，如图 3-1-11 所示。它们都需要专门的 Console 线连接至配置计算机串行 COM 口，还需要配置 PC 成为其仿真终端。

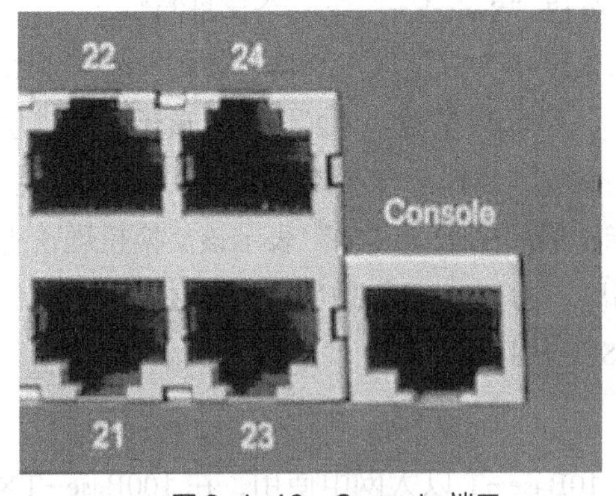

图 3-1-10　Console 端口

图 3-1-11　Console 端口

4．认识交换机的芯片

- CPU 芯片。

交换机的 CPU 主要控制和管理所有网络通信的运行，理论上可以执行任何网络功能，如图 3-1-12 所示，如执行生成树、ARP 等。但在交换机中，CPU 的作用通常没有那么重要。因为大部分交换计算由一种叫作专用集成电路 ASIC 的专用硬件来完成。

图 3-1-12　交换机的 CPU 芯片

● ASIC 芯片。

交换机的 ASIC 芯片，是连接 CPU 和前端接口的专门的硬件集成电路，可并行转发数据，提供高性能的基于硬件的功能特性，主要提供接口数据的解析、缓冲、拥塞避免、链路聚合、VLAN 标记、广播抑制、ACL、QOS 等功能，如图 3-1-13 所示。

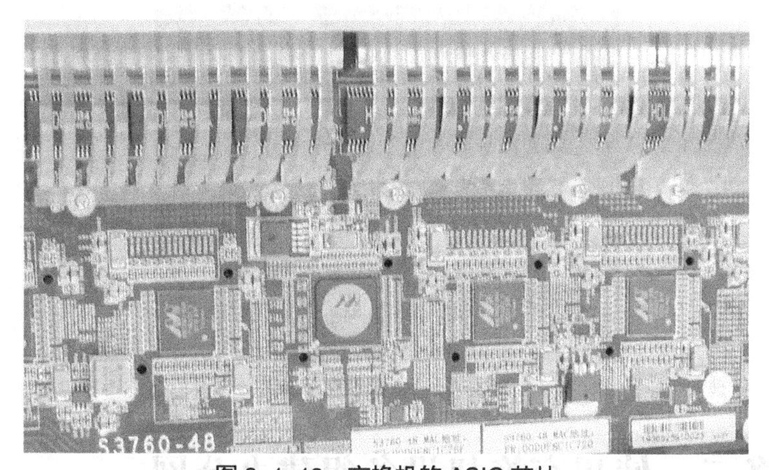

图 3-1-13　交换机的 ASIC 芯片

5．认识交换机存储器

● RAM（随机存储器）。

和计算机一样，交换机随机存储器 RAM 在交换机启动时，按需随意存取，在断电时将丢失存储内容，RAM 主要用于存储交换机正在运行的程序，配置完成没有保存的参数信息。

● Flash（可读写存储器）。

交换机的闪存（Flash）是可读可写的存储器，在系统重新启动或关机之后仍能保存数据。Flash 一般用于保存交换机的操作系统文件和配置文件信息。

● 交换机背板。

交换机背板是交换机最重要的硬件组成之一，背板是交换机高密度端口之间连接通道，类似于 PC 中的主板。交换机背板带宽是交换机接口处理器或接口卡和数据总线间所能吞吐的最大数据量。背板带宽标志着交换机的总数据交换能力，单位为 Gbit/s，也叫交换带宽。

一般的交换机的背板带宽从几 Gbit/s 到上百 Gbit/s 不等。一台交换机的背板带宽越高，所能处理数据的能力就越强，但同时设计成本也会越高。

6．配置交换机线缆

交换机 Console 口与计算机串口间使用一根 9 芯串口线连接，配置计算机超级终端程序，对交换机进行配置和管理，如图 3-1-14、图 3-1-15 所示。

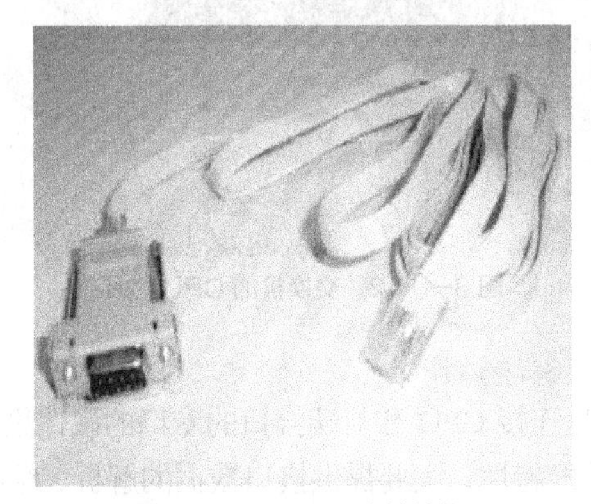

图 3-1-14　配置连接线缆

图 3-1-15　配置连接线缆

3.2　任务二　使用交换机设备组建办公网

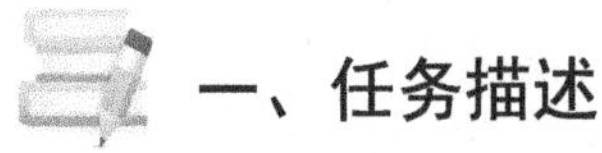

一、任务描述

为了提高办公网的传输速率，提高工作效率，民康公司决定使用交换机设备替代传统的集线器设备改造公司的办公网，优化网络传输效率。

本单元的主要任务是了解交换机设备工作原理，使用交换机设备组建办公网。

二、任务分析

集线器和交换机都是办公网络组网过程中常用的组网设备。

和集线器设备相比，交换机设备具有更多的网络管理和智能化识别的功能，因此也会为办公网提供更优的传输效率。

三、知识准备

3.2.1 交换机工作原理

随着网络技术的不断发展，交换机已成为目前局域网组网过程中首选的设备。

交换机外形虽然与集线器相似，但却有着本质的差别。

1. 交换机的基本功能

具体来说，交换机的基本工作就依赖于一个数据库，称为 MAC 地址表。

MAC 地址表记录了交换机接口上所连接设备的 MAC 地址与交换机端口的对应关系。通过学习完成的地址表，交换机主要的功能有 3 个。

- 地址学习。
- 数据转发/过滤。
- 消除环路。

2. 地址学习

在图 3-2-1 所示的网络中，PC1、PC2、PC3、PC4 分别在交换机的 F0/1、F0/2、F0/3、F0/4 口下连接。因为 MAC 地址表在交换机的内存中，所以交换机刚开机时是空的。

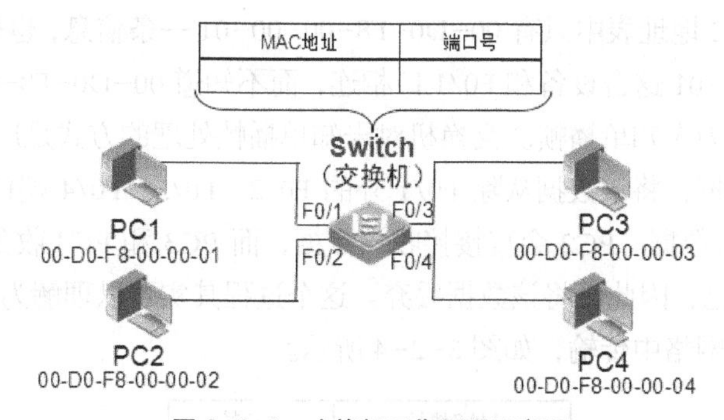

图 3-2-1 交换机工作原理示意图

如果 PC1 给 PC2 发送一个数据包，该数据会被封装在以太帧中，如图 3-2-2 所示。

00-D0-F8-00-00-02	00-D0-F8-00-00-01	0x0800	IP数据	FCS

图 3-2-2 PC1 给 PC2 发送数据帧示意图

该数据帧从 PC1 发到交换机，交换机收到该数据后首先要学习源 MAC 地址。也就是说，交换机从 F0/1 口收到了源 MAC 是 00-D0-F8-00-00-01 的数据帧，数据帧的源 MAC 地址为 00-D0-F8-00-00-01，表示这个数据帧是从 MAC 地址为 00-D0-F8-00-00-01 这个设备发出的。而交换机的 F0/1 口收到了该数据，表示 00-D0-F8-00-00-01 这个设备连在它的 F0/1

口，交换机就会将该信息记录到自己的 MAC 地址表中，如图 3-2-3 所示。

需要注意的是，MAC 地址表中的端口号是交换机自己的端口编号，而 MAC 地址不是交换机自身的 MAC 地址，是交换机端口连接的 PC 等网络设备的 MAC 地址，表示的是这些 MAC 地址的网络设备分别连接在交换机的哪个端口。

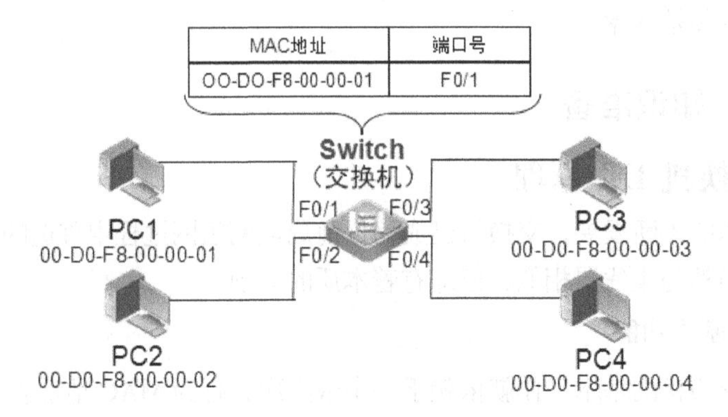

图 3-2-3　MAC 地址表学习

3. 数据过滤式转发

当交换机收到数据帧并学习源 MAC 地址后就转发该数据。数据帧可分为单播帧，即一台设备发给另一台设备的帧；组播帧，即一台设备发给一组设备的；广播帧，即一台设备发给所有设备的帧。对于上述 3 种帧，数据转发的方式是不同的。

如目标 MAC 地址为 00-D0-F8-00-00-02 表示这个单播数据帧是发给 00-D0-F8-00-00-02 这台设备的。交换机会查找自己的 MAC 地址表，看该 MAC 地址和自己的哪个端口连接。以便从该端口将数据发给目标设备。

由于交换机 MAC 地址表中只有 00-D0-F8-00-00-01 一条信息，也就是说，交换机只知道 00-D0-F8-00-00-01 这台设备和 F0/1 口相连，而不知道 00-D0-F8-00-00-02 连在哪个端口。这样的单播帧为未知单播帧。交换机对未知单播帧处理的方式是广播传输。

为了尽量传输数据，将该数据从除 F0/1 外的 F0/2、F0/3、F0/4 端口发出。这样 PC2、PC3 和 PC4 都收到该数据。PC2 会直接接收该数据，而 PC3 和 PC4 收到该数据帧后发现数据目标 MAC 不是自己，因此会将该数据丢弃。这个过程其实可以理解为 PC1 给 PC2 发的单播帧以广播的形式在网络中传输，如图 3-2-4 所示。

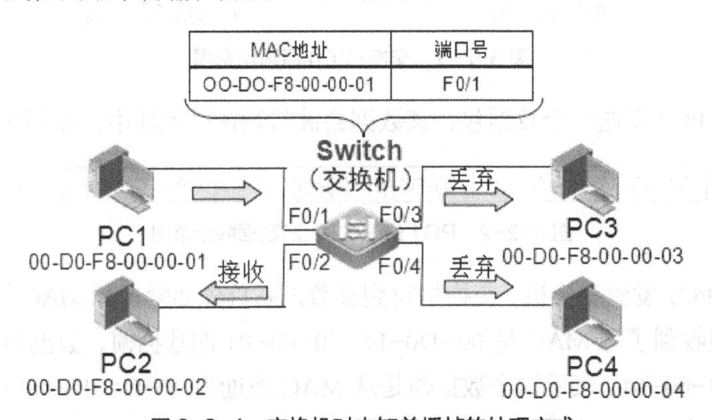

图 3-2-4　交换机对未知单播帧的处理方式

一般来说通信是相互的，也就是说 PC2 在收到了 PC1 的数据后，会给 PC1 回应一个数据，下面来研究这个过程。首先，先明确 PC2 回给 PC1 的报文一般会如图 3-2-5 所示。

00-D0-F8-00-00-01	00-D0-F8-00-00-02	0x0800	IP数据	FCS

图 3-2-5　PC2 回给 PC1 数据帧格式示意图

该报文从 PC2 发出后，交换机的 F0/2 口收到该数据帧。同样，交换机也是先学习源 MAC 地址，再根据目标 MAC 转发数据。此时，数据帧由于是 PC2 发的，因此源 MAC 为 PC2 的 MAC 地址，即 00-D0-F8-00-00-02。交换机的 MAC 地址表也会学到相应信息，如图 3-2-6 所示。

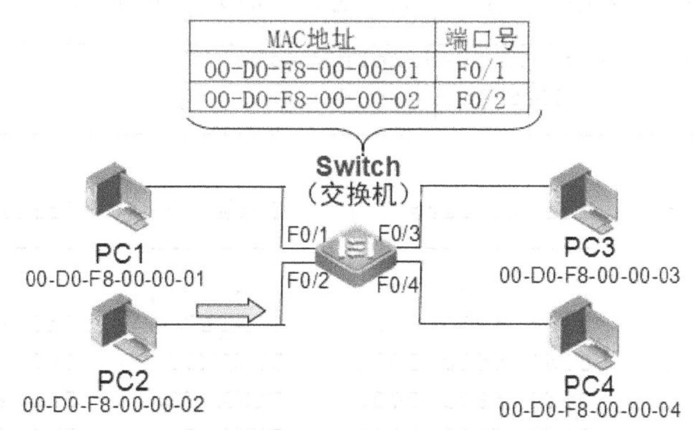

图 3-2-6　交换机 MAC 地址学习示意图

如果数据帧是给 PC1 的，那么目的 MAC 为 PC1 的 MAC 地址，即 00-D0-F8-00-00-01。因为该 MAC 地址已经在交换机的 MAC 地址表中，因此称该单播帧为已知单播帧。交换机会将该数据帧从 MAC 地址对应的端口发出而不从其他端口发送。因此只有 PC1 才能收到该数据帧，PC3 和 PC4 接收不到，如图 3-2-7 所示。

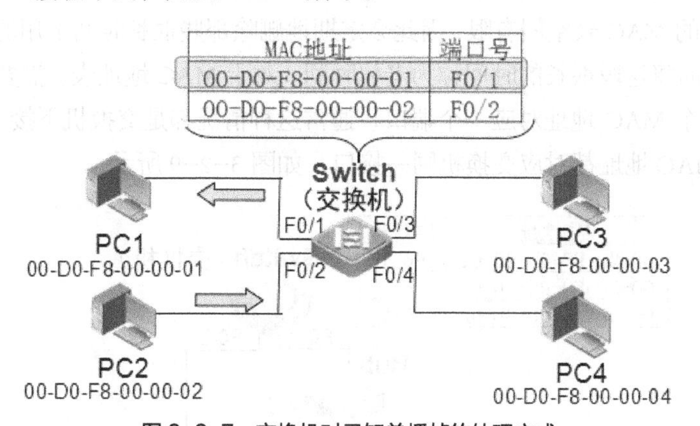

图 3-2-7　交换机对已知单播帧的处理方式

PC1 与 PC2 通信的同时，PC3 和 PC4 也可以通信。这些 PC 之间不会出现冲突，这和集线器不同。因此说集线器所有端口都在一个冲突域中，而交换机的每个端口都是一个单独冲突域。如果交换机收到广播帧，由于该帧本来就是发给所有设备的，因此交换机对该帧就进行广播处理。如果交换机收到的是组播帧，默认情况下，二层交换机对该帧也会做广播处理。

综上所述，交换机对广播帧做广播处理，对组播帧默认也做广播处理，对未知单播帧也做广播处理，只有对已知单播帧会做单播处理。

3.2.2 认识交换机 MAC 地址表

和集线器设备广播式的传输方式不同，交换机具有更高的智能化，能依靠学习到的 MAC 地址表中映射的 MAC 地址和端口信息交换数据信息。

登录交换机后，如果要查看交换机的 MAC 地址表，只需要输入如下命令即可。

```
Switch# show mac-address-table
```

此时将会看到交换机的 MAC 地址表，如图 3-2-8 所示。从图中不难发现交换机 MAC 地址表中共有 4 个条目。其中有一个类型为静态，其他类型为动态。

```
Switch#show mac-address-table
          Mac Address Table
-------------------------------------------

Vlan    Mac Address       Type        Ports
----    -----------       --------    -----

   1    001a.a900.0005    STATIC      Fa0/5
   1    00d0.f800.0001    DYNAMIC     Fa0/1
   1    00d0.f800.0002    DYNAMIC     Fa0/2
   1    00d0.f800.0003    DYNAMIC     Fa0/3
```

图 3-2-8　交换机的 MAC 地址表

从图 3-2-8 所示的结果可以看到，MAC 地址表中的 MAC 地址的来源主要有两个。一是刚才说的自动学习，即有数据来时，会学习它的源地址，这样的 MAC 地址条目称为动态 MAC 地址条目；另一个是手工添加到交换机 MAC 地址表中的条目，称为静态 MAC 地址条目。

由于交换机的 MAC 表空间有限，因此会定期地删除那些很长时间不用的动态的条目，该过程称为老化，而将这段很长的时间称为老化时间。对于 MAC 地址表，需要注意 MAC 地址表中可以出现多个 MAC 地址对应一个端口，通常这种情况都是交换机下接一个 Hub 再接两台 PC，PC 的 MAC 地址都对应交换机同一接口，如图 3-2-9 所示。

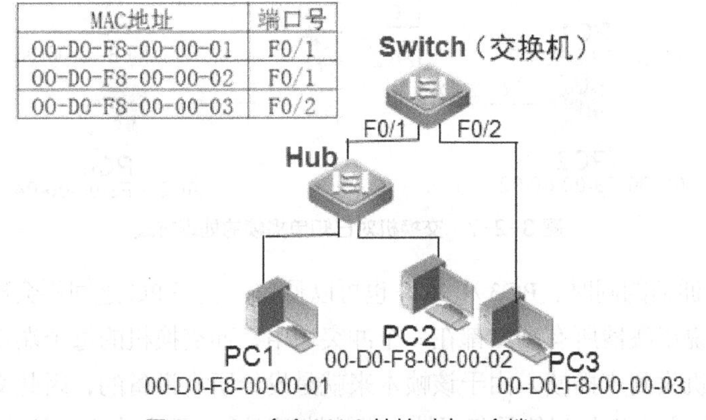

图 3-2-9　多个 MAC 地址对应一个端口

不会出现一个 MAC 地址对应交换机的多个接口的情况，如不可能出现 00-D0-F8-00-00-01 同时对应于 F0/1 口和 F0/2 口。如果交换机先从 F0/1 收到源 MAC 为 00-D0-F8-00-00-01 的数据帧而又从 F0/2 收到了相同源 MAC 地址的数据帧，那么后来的条目会将之前的覆盖，即 MAC 地址表中只会显示 00-D0-F8-00-00-01 对应于 F0/2 口对应。

3.2.3 交换机转发数据方式

过滤式转发数据是交换机最基本的功能之一。交换机在转发数据时，一般主要有 3 种方式：直通转发、存储转发和无碎片直通转发。

1．直通转发

直通转发（Cut Through）也称为快速转发，是指交换机收到帧头，通常只检查前 14Byte 后立刻查看目的 MAC 进行转发。这样可以极大地降低从入站接口到出站接口的延时，交换速度较快且时延是固定的，与帧长无关。这种方式的缺点是冲突产生的碎片和出错的帧也会被转发，如图 3-2-10 所示。

图 3-2-10 直通转发

2．存储转发

存储转发（Store And Forward），是指交换机在收到了完整的数据帧后，读取目的 MAC 和源 MAC 地址，执行循环冗余校验，与帧尾部的 4Byte 校验码进行比对，如果结果不正确，则将帧丢弃。这种方式保证了被转发的帧都是正确的，但这种方式增加了转发延时。帧穿过交换机的延时将随着帧的长度而异，如图 3-2-11 所示。

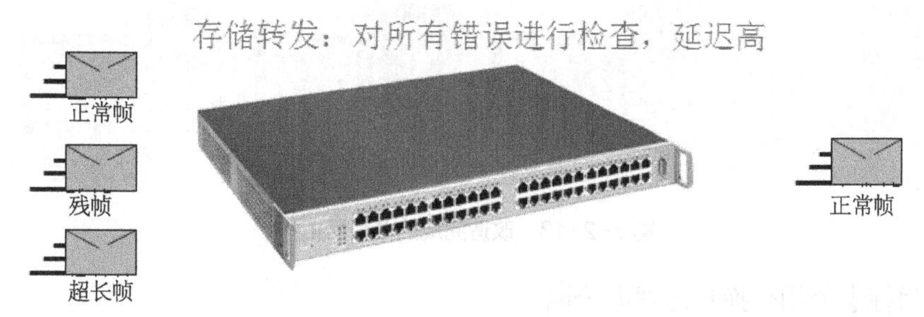

图 3-2-11 存储转发

支持不同速度接口的交换机必须使用存储转发方式，否则就不能保证高速接口和低速接口间正常通信。例如，当需要把 100Mbit/s 接口的数据传到 1000Mbit/s 接口时，就必须缓存来自低速接口的数据包，然后再以 1000Mbit/s 的速率发送数据。

3. 无碎片直通转发

无碎片直通转发（Fragment Free Cut Through）也称为分段过滤。该方式介于前两种方式之间，交换机读取前 64Byte 后开始转发。前面介绍过以太帧，通过计算不难知道，帧最小长度不小于 64Byte，如果比 64Byte 小，一定是碎片，因此会将小于 64Byte 的数据帧丢弃。该方式的转发速率比存储转发快，比直通转发慢，如图 3-2-12 所示。

图 3-2-12　无碎片直通转发

随着网络技术的不断进步，目前大部分交换机都采用存储转发的方式来处理数据。

四、任务实施

【任务名称】使用交换机组建办公网。

【网络拓扑】

图 3-2-13 所示的网络拓扑是使用交换机设备改造完成的办公网拓扑。

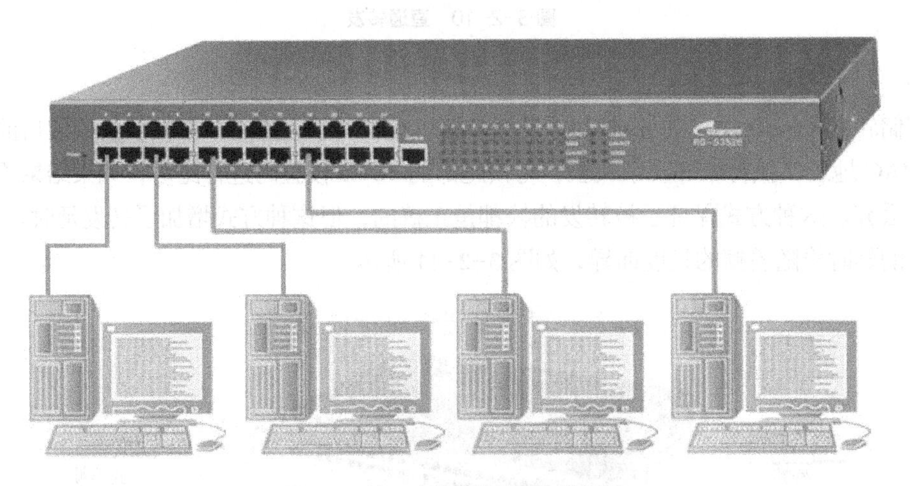

图 3-2-13　改造完成的办公网拓扑

【任务目标】使用交换机组建办公网。

【设备清单】交换机（1 台）、 计算机（≥2 台）、双绞线（若干根）。

【工作过程】

步骤一：制作线缆。

根据办公网组网设备的需要，制作组网所用的网线。

步骤二：搭建环境。

如图 3-2-13 所示，准备连接交换机和计算机，交换机摆放平稳，接口方向正对以方便连接。

步骤三：组网。

把双绞线一端插到计算机网口；另一端插入到交换机接口，注意按住双绞线的上翘环片，插入后能听到清脆的“叭哒”声音，轻轻回抽不松动。组建如图 3-2-13 所示的客户服务部办公网。

步骤四：运行。

给所有设备加电，交换机加电过程中，接口自检，所有接口红灯呈闪烁状态，当设备稳定后，只有连有设备接口绿灯闪烁，表示网络连通状态良好。

步骤五：测试。

1. 规划客户服务部办公网内部的管理地址、办公网内部地址，使用私有 IP 地址段规划设计，规划好的地址如表 3-1 所示。

表 3-1　客户服务部办公网内部网络 IP 规划

设　　备	网络地址	子网络掩码
PC1	172.16.1.2	255.255.255.0
PC2	172.16.1.3	255.255.255.0

2. 打开 PC1 测试计算机的“网络连接”，选择“常规”属性中“Internet 协议（TCP/IP）”项，如图 3-2-14 所示。单击“属性”按钮，设置 TCP/IP 属性，如图 3-2-15 所示。

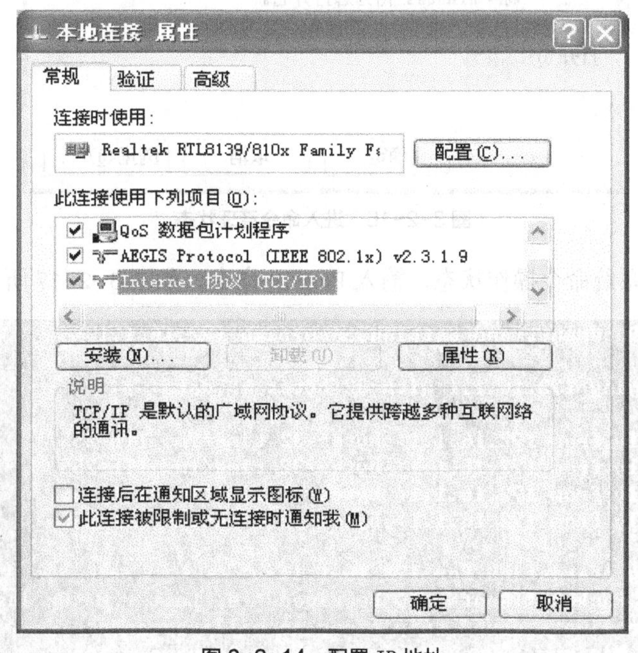

图 3-2-14　配置 IP 地址

Internet 协议 (TCP/IP) 属性
常规
如果网络支持此功能，则可以获取自动指派的 IP 设置。否则，您需要从网络系统管理员处获得适当的 IP 设置。
自动获得 IP 地址(O)
使用下面的 IP 地址(S):
IP 地址(I): 172 . 16 . 1 . 1
子网掩码(U): 255 . 255 . 255 . 0
默认网关(D): 172 . 16 . 1 . 2
自动获得 DNS 服务器地址(B)
使用下面的 DNS 服务器地址(E):
首选 DNS 服务器(P):
备用 DNS 服务器(A):
高级(V)...
确定
取消

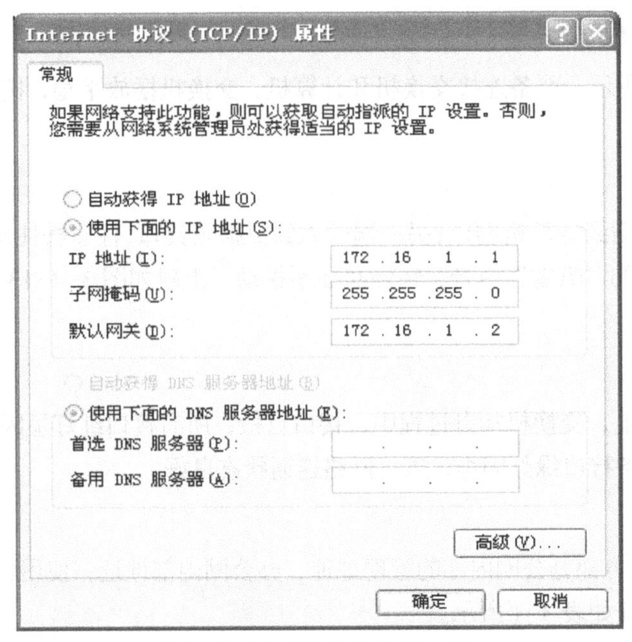

图 3-2-15　配置计算机 IP 地址

3. 测试办公网连通。配置好所有计算机管理 IP 地址后，可以使用“Ping”命令来检查组建客户服务部办公网的连通情况。打开计算机，在“开始→运行”栏中输入“CMD”命令，转到命令操作状态，如图 3-2-16 所示。

运行
请键入程序、文件夹、文档或 Internet 资源的名称，Windows 将为您打开它。
打开(O): cmd
确定
取消
浏览(B)...

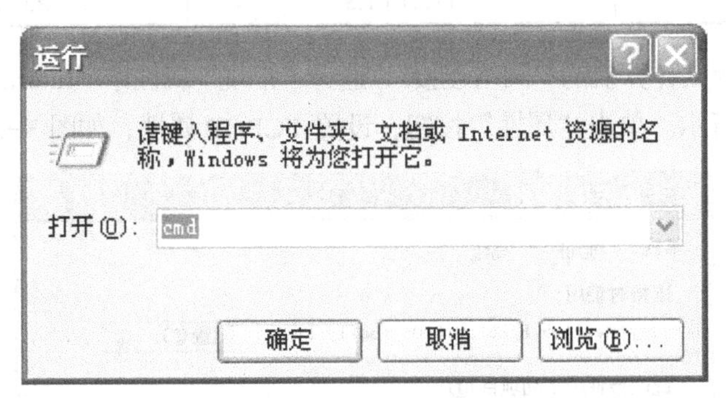

图 3-2-16　进入命令管理状态

在计算机操作系统命令操作状态，输入 Ping IP 命令，如图 3-2-17 所示。

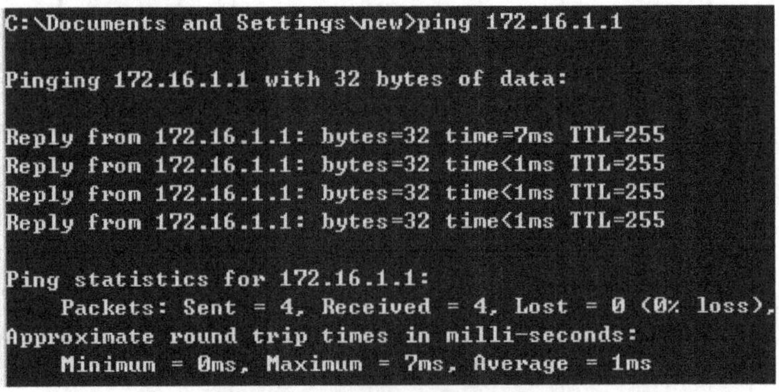

C:\Documents and Settings\new>ping 172.16.1.1
Pinging 172.16.1.1 with 32 bytes of data:
Reply from 172.16.1.1: bytes=32 time=7ms TTL=255
Reply from 172.16.1.1: bytes=32 time<1ms TTL=255
Reply from 172.16.1.1: bytes=32 time<1ms TTL=255
Reply from 172.16.1.1: bytes=32 time<1ms TTL=255
Ping statistics for 172.16.1.1:
Packets: Sent = 4, Received = 4, Lost = 0 (0% loss),
Approximate round trip times in milli-seconds:
Minimum = 0ms, Maximum = 7ms, Average = 1ms

图 3-2-17　测试二台 PC 连通性

结果若如图 3-2-18 所示，则表明组建的网络未通，有故障，需检查网卡、网线和 IP 地址，查找问题出在哪里。

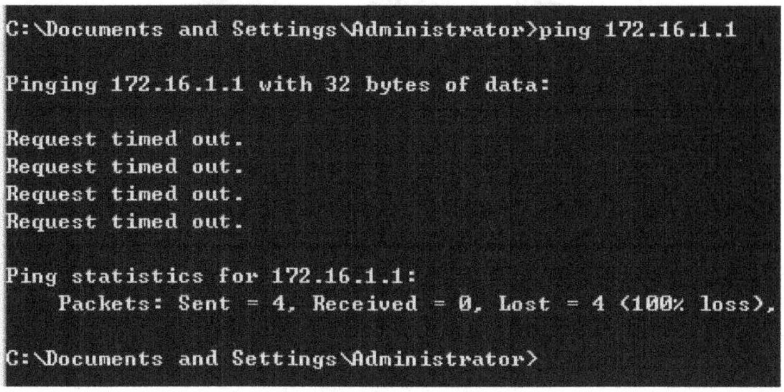

```
C:\Documents and Settings\Administrator>ping 172.16.1.1

Pinging 172.16.1.1 with 32 bytes of data:

Request timed out.
Request timed out.
Request timed out.
Request timed out.

Ping statistics for 172.16.1.1:
    Packets: Sent = 4, Received = 0, Lost = 4 (100% loss),

C:\Documents and Settings\Administrator>
```

图 3-2-18　网络不通

3.3　任务三　配置交换机设备

一、任务描述

浙江嘉兴民康公司为了信息化的需求，使用交换机设备重新改造了办公网，实现了互联互通的办公网络。

为了提高办公网的效率，民康公司决定通过配置交换机设备端口速度，优化办公网传输效率。本单元的主要任务是配置交换机设备，给交换机端口限速。

二、任务分析

安装在办公网中的交换机设备一旦安装完成，马上就会进入工作状态。

但有些时候，为了提高办公网的传输效率，可以利用交换机设备具有的网络管理功能，配置交换机设备，优化办公网的传输效率。

三、知识准备

3.3.1　交换机管理方式

交换机管理方式常见的有如下 4 种。

- 通过带外方式对交换机进行管理。
- 通过 Telnet 对交换机进行远程管理。
- 通过 Web 对交换机进行远程管理。
- 通过 SNMP 管理工作站对交换机进行远程管理。

用计算机的串口直接连接交换机的 Console 口进行配置，不占用网络带宽，因此被称为带外管理。其他方式需要借助于 IP 地址才能实现，因此称为带内管理。

第一次配置交换机时，必须通过 Console 口来配置交换机，只有配置了管理地址后才能通过后三种方式管理设备，图 3-3-1 所示为管理交换机的方式。

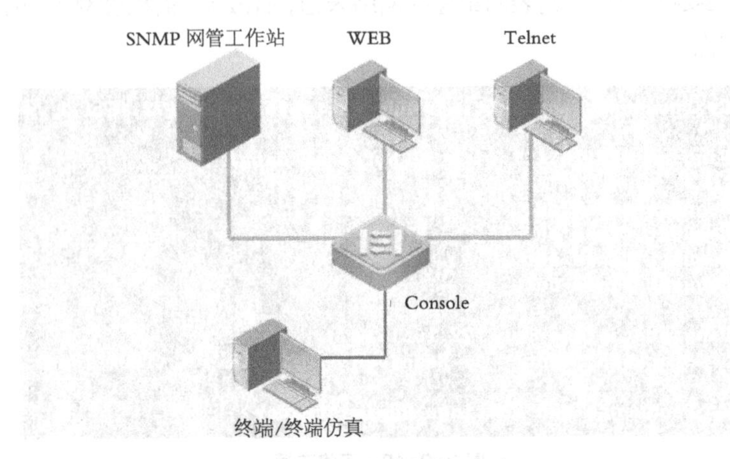

图 3-3-1　交换机管理方式

3.3.2　使用超级终端方式管理交换机

不同类型交换机的 Console 端口，所处位置不同，但端口都有“Console”字样标识，如图 3-3-2 所示。

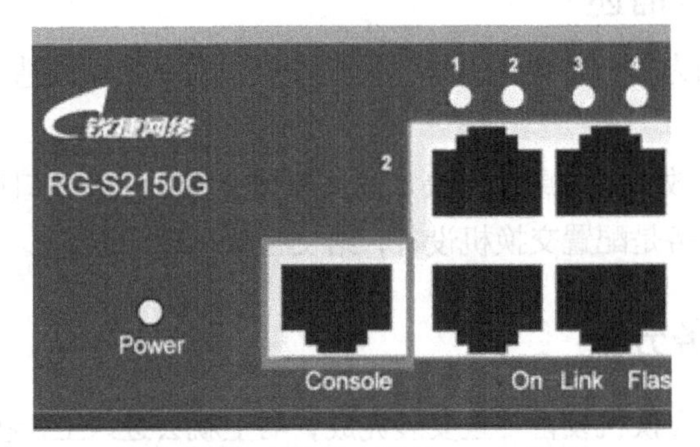

图 3-3-2　交换机上的 Console 端口

利用交换机附带的 Console 线缆，如图 3-3-3 所示，将交换机 Console 口与配置主机串口连接。

图 3-3-3　交换机配置线缆

如果计算机没有 COM 口，则用 DB9 转 USB 的转接线进行转接，如果使用转接头，可能需要安装驱动，如图 3-3-4 所示。

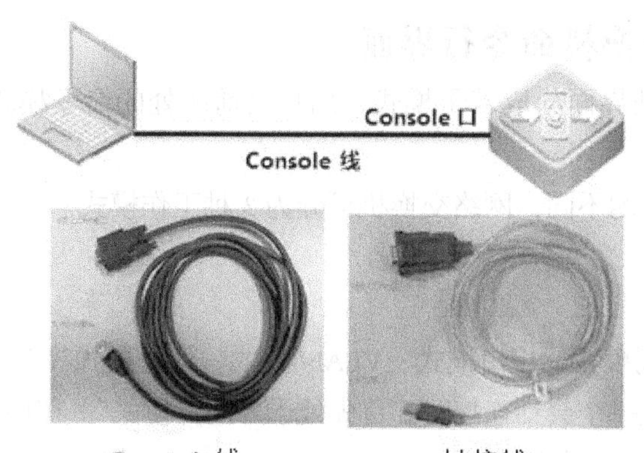

图 3-3-4　用 Console 线管理连接示意图

启动交换机，配置计算机上的终端软件程序，如 Windows 系统自带超级终端程序。选择“开始”→“程序”→“附件”→“超级终端”命令，按提示配置超级终端程序。

其中，在端口设置里面，各项参数如下：每秒位数（波特率）为 9600，数据位为 8，奇偶校验为“无”，停止位为 1，数据流控制为“无”，如图 3-3-5 所示。

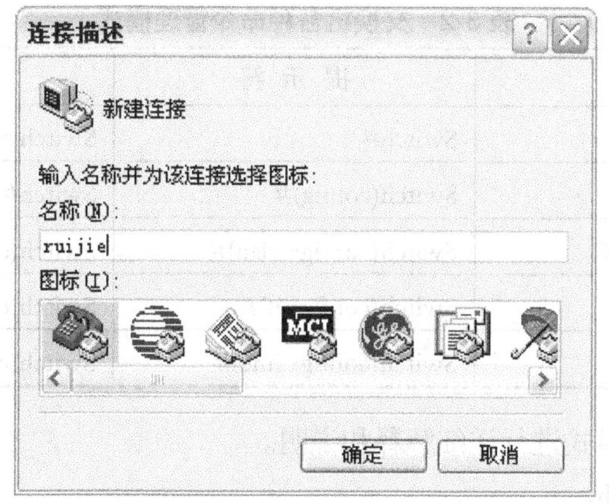

图 3-3-5　配置超级终端的端口参数

3.3.3 区别交换机命令行界面

交换机的配置管理界面分成若干模式，用户当前所处的命令模式，决定了可以使用的命令。

根据配置管理功能的不同，网络交换机可分为 3 种工作模式。

- 用户模式。
- 特权模式。
- 配置模式（全局模式、接口模式、VLAN 模式、线程模式等）。

当用户和设备建立一个会话连接时，首先处于“用户模式”。在用户模式下，只可以使用少量命令，命令的功能也受到限制。

要使用更多配置命令，必须进入“特权模式”。在特权模式下，用户可使用更多的特权命令。

由此进入“全局配置模式”，使用配置模式（全局配置模式、接口配置模式等）命令。如用户保存配置信息，这些命令将被保存下来，并在系统重启时，对当前运行配置产生影响。表 3-2 列出了各种命令模式、如何访问每种模式、每种命令模式提示符。

表 3-2　交换机各种命令管理模式

用户模式		提 示 符	示　　例
特权模式		Switch#	Switch>enable
配置模式	全局模式	Switch(config)#	Switch#configure terminal
	VLAN 模式	Switch(config-vlan)#	Switch(config)#vlan 100
	接口模式	Switch(config-if)#	Switch(config)#interface fa0/0
	线程模式	Switch(config-line)#	Switch(config)#line console 0

下面对每一种工作模式进行详细解释和说明。

（1）用户模式 Switch>。

访问交换机时首先进入模式，使用该模式进行基本测试、显示系统信息。

（2）特权模式 Switch#。

在用户模式下，使用“enable”命令进入该模式。

（3）全局配置模式 Switch(config)#。

在特权模式下，使用“configure”或“configure terminal”命令进入该模式。要返回到特权模式时，输入“exit”命令或“end”命令，或者按 Ctrl+Z 组合键。

（4）接口配置模式 Switch(config-if)#。

在全局配置模式下，使用“interface”命令进入该模式，使用该模式配置接口参数。

（5）VLAN 配置模式 Switch(config-vlan)#。

在全局配置模式下，使用“vlan”命令进入该模式，用时可以配置 VLAN 参数。

3.3.4 交换机基础配置命令

交换机成功引导之后，进入初始配置。使用“enable”命令进入特权模式后，再使用“configure terminal”命令进入全局配置模式，就可以开始配置。

1. 配置主机名

配置交换机名称，帮助管理者区别网络内每一台交换机。

```
Ruijie>                                    ! 普通用户模式
Ruijie>enable                              ! 进入特权模式
Ruijie# configure terminal                 ! 进入全局配置模式
Ruijie(config)# hostname  Switch           ! 设置网络设备名称为
Switch (config)#                           ! 名称已经修改
```

交换机名称长度不能超过255个字符。在全局配置模式下使用“no hostname”命令，将系统名称恢复为默认值。

2. 配置交换机接口速率

快速以太网交换机端口速率默认为100M、全双工。在网络管理工作中，在交换机接口配置模式下，使用以下命令来设置交换机端口速率。

```
Switch# configure terminal
Switch(config)#interface  fastethernet 0/3        ! F0/3 的端口模式
Switch(config-if)#speed  10                       ! 配置端口速率为 10M
        ! 配置端口速率参数有 100 (100M)、10 (10M)、auto(自适应)，默认是 auto。
Switch(config-if)#duplex  half                    !  配置端口的双工模式为半双工
          ! 配置双式模式有 full  (全双工)、half(半双工)、auto (自适应)，默认是 auto。
Switch(config-if)#no shutdown       ! 开启该端口，转发数据
```

3. 配置管理IP地址

二层接口不能配置IP地址，可以给交换虚拟接口SVI（Switch virtual interface）配置IP地址作为交换机的管理地址。管理员通过该管理地址可管理设备。默认交换虚拟接口VLAN1是交换机管理中心，交换机所有的接口都处于此下。给VLAN1配置地址可连通到所有接口，相当于给该台交换机配置管理地址。

二层交换机管理IP只能有一个生效。使用以下命令来配置交换机管理IP地址。

```
Switch> enable
Switch# configure terminal
Switch (config) # interface vlan 1                  !  打开 VLAN1 交换机管理中心
Switch (config-if) # ip address 192.168.1.1 255.255.255.0
                                                    !  给该台交换机配置一个管理地址
Switch (config-if) # no shutdown
Switch (config-if)#end
```

4. 查看并保存配置

在特权模式下，使用“show running-config”命令，查看当前生效配置。如果需要对配置进行保存，可使用“Write”命令保存配置。

```
Switch#show version              ! 查看交换机的系统版本信息
…… ……
```

```
Switch#show running-config        ! 查看交换机的配置文件信息
...... ......
Switch#show vlan 1               ! 查看交换机的管理中心信息
...... ......
Switch#show interfaces fa0/1      ! 查看交换机的 FA0/1 接口信息
...... ......
```

使用以下命令，来保存交换机的配置文件信息。

```
Switch # write memory
或者：
Switch# copy running-config startup-config
```

四、任务实施

【任务名称】配置交换机，给端口限速。

【网络拓扑】

如图 3-3-6 所示的网络拓扑是使用交换机设备改造完成的办公网拓扑。

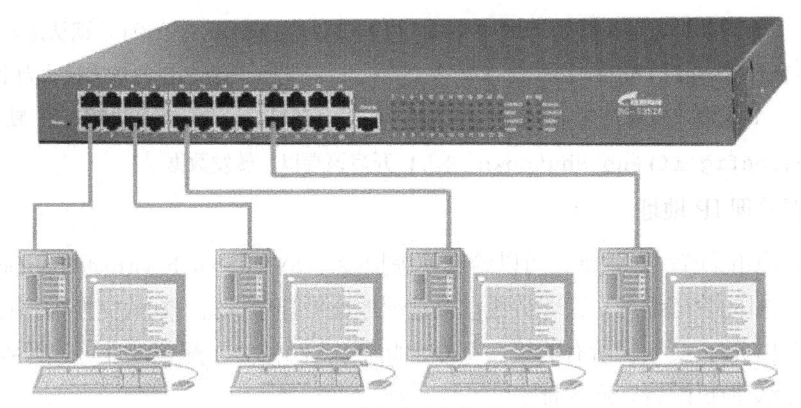

图 3-3-6　改造完成的办公网拓扑

【任务目标】使用交换机组建办公网。

【设备清单】交换机（1 台）、 计算机（≥2 台）、双绞线（若干根）、配置线缆。

【工作过程】

1．进入交换机配置模式

```
Switch> enable                    ! 使用 enable 命令进入特权模式
Switch# configure terminal         ! 使用 configure terminal 命令进入全局模式
Switch(config)#
```

2．配置交换机名称

```
Switch(config)# hostname S2026G        ! 使用 hostname 命令更改交换机名称
S2026G (config)#
```

3．配置交换机管理地址

VLAN1 默认是交换机管理中心，交换机所有接口都默认连接在 VLAN1 广播域中；默认情况下给 VLAN1 配置 IP，就是给交换机配置管理地址。

```
S2026G (config)#
S2026G (config)# interface vlan 1         ！进入交换机管理接口配置模式
S2026G (config-if)# ip address 192.168.0.138 255.255.255.0 ！配置管理 IP 地址
S2026G (config-if)# no shutdown           ！开启交换机管理接口
S2026G (config-if)# exit
```

4．配置交换机的端口

交换机所有端口默认情况下均开启。交换机的 Fastethernet 接口在默认情况下为 10M/100Mbit/s 自适应端口，双工模式也为自适应（端口速率、双工模式可配置）。

为限制端口速率，把连接主机交换机端口速率设为 10Mbit/s。

通过如下配置完成。

```
S2026G (config)# interface fastEthernet 0/1    ！进入端口 F0/1 配置模式
S2026G (config-if)# speed 10                   ！配置端口速率为 10M
S2026G (config-if)# duplex  full               ！配置端口双工模式为全双工
S2026G (config-if)# no shutdown                ！开启端口，使端口转发数据
```

5．查看交换机配置信息

```
S2026G # show interfaces           ！查看交换机接口信息
......
S2026G # show interfaces fa0/1     ！查看交换机接口 fa0/1 信息
......
S2026G # show vlan       ！查看管理 Vlan1 信息
......
S2026G # show running-config       ！查看系统配置信息
```

任务评价

完成了本项目的基础知识学习和综合实训训练后，下面给自己的学习进行简单的评价。

序　　号	任务名称	任务评价
1	识别局域网组网设备	
2	了解交换机设备	
3	使用交换机设备组建办公网	
4	配置交换机设备，给交换机端口限速	

PART 4

项目四 优化办公网络传输效率

项目背景

浙江嘉兴民康公司办公网运行的过程中，网络中心的管理员利用交换机具有的智能化和网络管理的功能，通过配置交换机生成树技术，增强办公网的稳定性；通过配置交换机的虚拟局域网技术，隔离办公网内的广播信息，减少办公网内部的干扰和冲突；通过配置聚合链路，提高网络的传输带宽。

- 任务 4.1　配置生成树、端口聚合技术，增强网络稳定性
- 任务 4.2　使用 VLAN 技术，隔离办公网广播风暴

技术导读

本项目技术重点：生成树技术、虚拟局域网技术、聚合干道技术。

4.1　任务一　配置生成树、端口聚合技术，增强网络稳定性

一、任务描述

浙江嘉兴民康公司为了信息化的需求，组建了互联互通的办公网络。为了提高办公网的传输效率，使用交换机设备改造公司的办公网，优化网络传输效率。

在公司办公网运行的过程中，网络中心的管理员通过配置交换机生成树技术避免骨干网络中环路的存在，并通过端口聚合技术增强网络的稳定性。

二、任务分析

为了增强网络的稳定性，针对办公网中的骨干链路，经常需要增加冗余备份链路，构成环型结构。办公网中环路的存在，增强了网络的稳定性、健壮性，但也给网络带来了广播风暴、地址表的不稳定以及网络中多帧复制现象的出现。交换机自动开启生成树技术以及人工配置的端口聚合技术可有效避免这一现象。

三、知识准备

4.1.1　端口聚合技术

随着办公网的扩展，接入设备的增多、业务量的增长，对网络服务质量要求也日益提高，高可用性也日益成为高性能网络最重要的特征之一。但如果要提高办公网中网络的高可用性，就需要网络系统以有限的代价换取最大运行时间，将办公网故障引起的服务中断损失降到最低。具有高可用性的网络系统，一方面需要尽量减少硬件或软件故障，另一方面必须对办公网络中重要资源作相应备份。

传输链路的备份是提高网络系统可用性的重要方法。在目前的技术中，以生成树协议（STP）和链路聚合（Link Aggregation）技术应用最为广泛。生成树协议提供了链路间的冗余方案，允许交换机间存在多条链路作为主链路的备份；而链路聚合技术则提供了传输线路内部的冗余机制，链路聚合成员彼此互为冗余和动态备份。

由 IEEE 802 委员会制定的 IEEE 802.3ad 链路聚合标准，定义了如何将两个以上的千兆位以太网连接起来，为高带宽网络连接实现负载共享、负载平衡，并提供更好的可伸缩性服务。由于在链路聚合技术的支持下，网络传输的数据流被动态地分布到加入链路的各个端口，因此在聚合链路中自动地完成了对实际流经某个端口的数据管理。

1. 什么是端口聚合技术

在局域网应用中，由于数据通信量的快速增长，千兆位带宽对于交换机到交换机之间的骨干链路连接高可用性往往不够，于是出现了将多条物理链路当作一条逻辑链路使用的链路聚合技术。

链路聚合是将两个或更多数据信道结合成一个单个的信道，该信道以一个单个的更高带宽的逻辑链路出现。链路聚合一般用来连接一个或多个带宽需求大的设备，其实质是将两台

设备间的数条物理链路“组合”成逻辑上的一条数据通路，称为一条聚合链路 AP1。该链路在逻辑上是一个整体，在物理上是由交换机之间的物理链路 Link 1、Link2 和 Link3 聚合而成，内部的组成和传输数据的细节对普通用户来说都是透明。

对于交换机而言，聚合链路是将交换机上的多个物理上连接的端口在逻辑上捆绑在一起，形成一个拥有较大宽带的端口，形成一条干路，可以实现均衡负载，并提供冗余链路。如果说每条链路相当于一条车道的话，聚合端口就是一条 *N* 车道的高速公路。

2．端口聚合方法

通过端口聚合技术，可以把多个物理链接捆绑在一起形成一个逻辑链接，这个逻辑链接称为 Aggregate Port（以下简称 AP），如图 4-1-1 所示。

交换机设备所提供的 AP 功能符合 IEEE 802.3ad 标准，它可以用于扩展链路带宽，提供更高的连接可靠性。以图 4-1-1 所示为例，过去两个交换机之间通信的带宽只有 1000Mbit/s，通过配置骨干链路的聚合技术后，变成了 2000Mbit/s，并且当其中一条链路不工作时，数据还可以从另一条链路传输，具有备份和冗余功能。

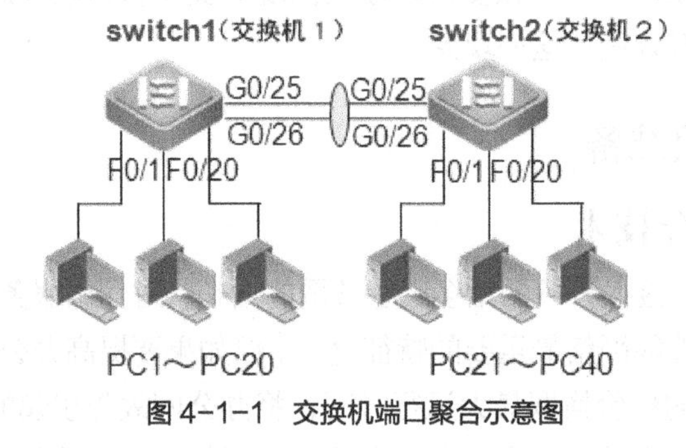

图 4-1-1　交换机端口聚合示意图

3．端口聚合条件

需要注意的是，骨干链路在实施端口聚合技术后，需满足以下条件。

- AP 成员端口的端口速率、双工、光电类型必须一致。
- AP 成员端口的 VLAN 必须相同。
- 二层端口只能加入二层 AP 且包含成员口的 AP 口不允许改变二层属性。
- AP 不能设置端口安全功能。
- 目前锐捷交换机的聚合端口成员最多为 8 个。

还要注意的是，当一个端口加入 AP 后，不能在该端口上进行任何配置，直到该端口退出 AP。一个端口加入 AP，端口的属性将被 AP 的属性所取代，一个端口从 AP 中删除，则端口的属性将恢复为其加入 AP 前的属性。

链路聚合可以把多个端口的带宽叠加起来使用，比如全双工快速以太网端口形成 AP 最大可以达到 800Mbit/s，而吉比特以太网接口形成 AP 最大可以达到 8Gbit/s。

4．端口聚合优点

从上面可以看出，链路聚合具有如下一些显著的优点。

- 提高链路可用性。

链路聚合中，成员互相动态备份。当某一条链路中断时，其他成员能够迅速接替其工作。与生成树协议不同，链路聚合启用备份的过程对聚合之外是不可见的，而且启用备份过程只在聚合链路内，与其他链路无关，切换可在数毫秒内完成。

- 增加链路的容量。

聚合技术另一个明显优点是为用户提供一种经济提高链路传输率的方法。通过捆绑多条物理链路，用户不必升级现有设备就能获得更大带宽数据链路，其容量等于各物理链路容量之和。聚合模块按照一定算法将业务流量分配给不同成员，实现链路级负载分担功能。

- 提高链路可靠性。

链路聚合的另一个主要优点是可靠性。链路聚合技术在点到点链路上提供了固有的、自动的冗余性。如果链路使用的多个端口中的一个出现故障，网络传输的数据流可以动态、快速转向链路中其他工作正常端口进行传输。

5．配置端口聚合技术

配置链路聚合 Aggregate port 的基本命令如下。

```
Switch#configure terminal
Switch(config) # interface  interface-id
Switch(config-if-range)#port-group  port-group-number
说明：上述操作是将该接口加入一个 AP（如果这个 AP 不存在，则同时创建这个 AP）。
在接口配置模式下使用 no port-group 命令删除一个 AP 成员接口。
```

下面的例子是将二层的以太网接口 Fa0/1 和 Fa0/2 配置成二层 AP 5 成员。

```
Switch# configure terminal
Switch(config)# interface range fastethernet 0/1-2
Switch(config-if-range)# port-group 5
Switch(config-if-range)# end
```

4.1.2 生成树技术

传输链路的备份是提高网络系统高可用性的另一重要方法。

在目前常用的技术中，以生成树技术（STP）和链路聚合（Link Aggregation）技术应用最为广泛。链路聚合技术提供了传输线路内部的冗余机制，链路聚合成员彼此互为冗余和动态备份。而生成树协议提供了链路间的冗余方案，允许交换机间存在多条链路作为主链路的备份。

1．冗余链路保证网络通信稳定

在骨干网设备连接中，由于网络中点对点的连接，单一链路的连接很容易出现故障现象，而一个简单的故障就会造成网络的中断，会造成网络的稳定性不高。

在以太网中，为了提高网络连接高可用性、保持网络稳定性，在多台交换机组成的网络环境中，通常都使用一些备份连接，这里的备份连接也称为备份链路或者冗余链路。备份链路之间的交换机，经常互相连接，形成一个环路，通过环路可以在一定程度上实现冗余。以太网链路之间的冗余，可以防止整个交换网络因为单点故障而中断，如图 4-1-2 所示。

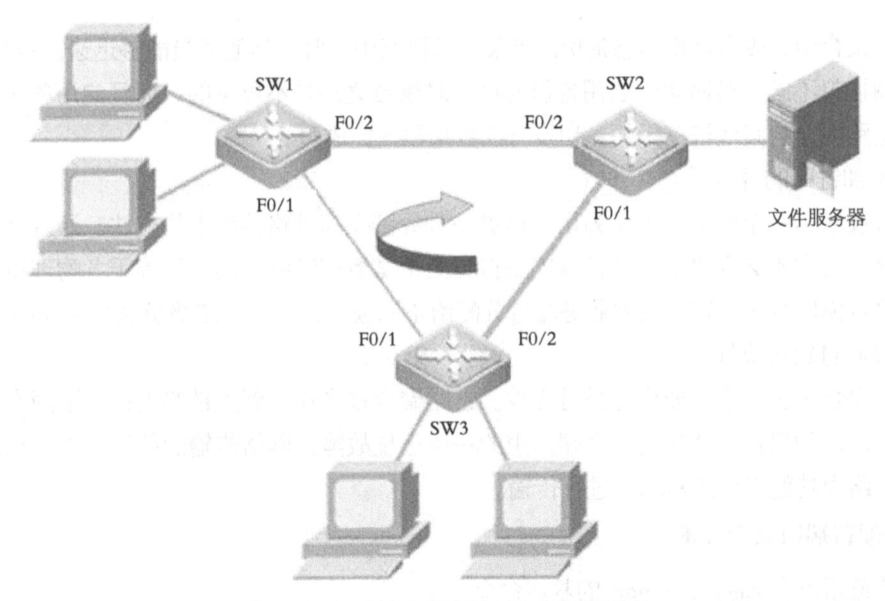

图 4-1-2　冗余给网络带来稳定性和可靠性

2. 冗余链路的危害

链路的冗余备份能为网络带来健壮性、稳定性和可靠性等好处，但备份链路也使网络存在环路。环路问题是备份链路所面临严重的问题，交换机之间的环路将导致网络新问题的发生。

在网络中，一台设备能够将数据包转发给网络中所有其他站点的技术称为广播。因为以太网的广播传输机制，二层交换机在接收广播帧时将执行泛洪，当网络中存在环路时就会产生广播风暴。广播风暴（大量的泛洪帧）可能会迅速导致网络中断，如图 4-1-3 所示。

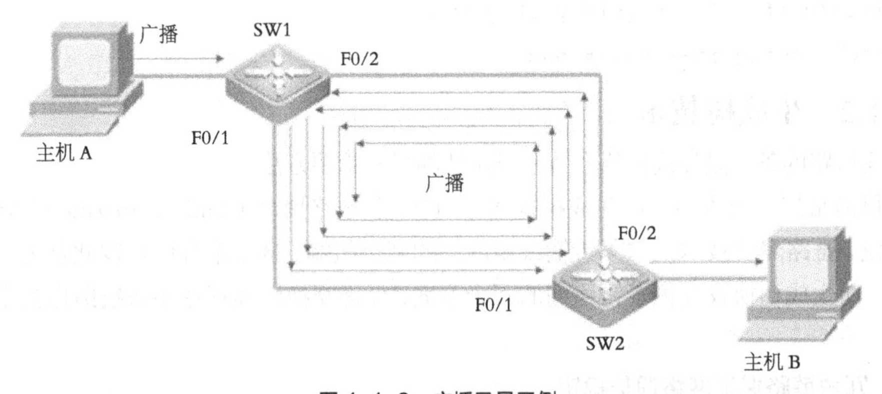

图 4-1-3　广播风暴示例

在一些较大型的网络中，当大量广播流（如 MAC 地址查询信息等）同时在网络中传播时，便会发生数据包的碰撞，而网络会试图缓解这些碰撞并重传更多的数据包，结果导致全网的可用带宽减少，并最终使得网络失去连接而瘫痪，这一过程被称为广播风暴。

3. 生成树协议

为了解决冗余链路引起的以上这些问题，IEEE 通过 IEEE 802.1d 协议生成树协议。

生成树协议很好地解决了以太网由于网络扩展而带来广播风暴。生成树协议的基本思想十分简单，如同自然界中生长的树是不会出现环路一样，网络如果也能够像一棵树一样连接就不会出现环路，如图 4-1-4 所示。

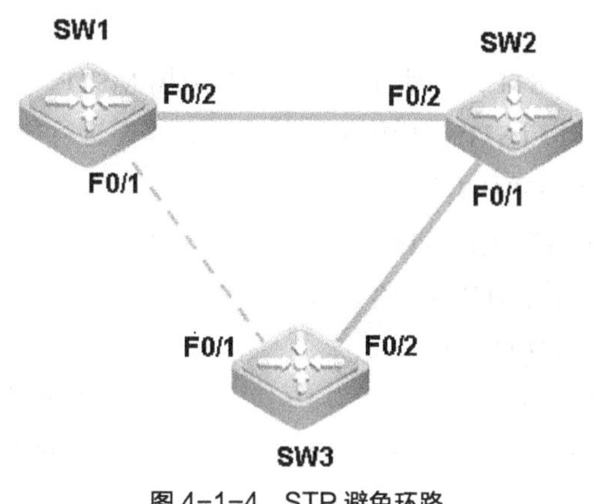

图 4-1-4　STP 避免环路

● STP 生成树协议。

生成树协议 STP 的主要思想就是当网络中存在备份链路时，只允许主链路激活，如果主链路因故障而被断开后，备用链路才会被打开。IEEE 802.1d 生成树协议（Spanning Tree Protocol）检测到网络上存在环路时，自动断开环路链路。当交换机间存在多条链路时，交换机的生成树算法只启动最主要的一条链路，而将其他链路都阻塞掉，将这些链路变为备用链路。当主链路出现问题时，生成树协议将自动启用备用链路接替主链路的工作，不需要任何人工干预。

IEEE 802.1d 协议通过在交换机上运行一套复杂算法，使冗余端口置于“阻塞状态”，只有一条链路生效。而当这条链路出现故障时，IEEE 802.1d 协议将重新计算网络最优链路，将处于“阻塞状态”端口重新打开，从而确保网络连接稳定可靠。

● RSTP 生成树协议。

STP 解决了交换链路冗余问题，随着应用的深入和网络技术的发展，它的缺点在应用中也被暴露了出来。STP 的缺陷主要表现在收敛速度上。

当拓扑发生变化，新的 STP 生成树学习过程，要经过一定的时延才能传播到整个网络，这个时延称为 Forward Delay，协议默认值是 15s。在所有的交换机收到这个变化的消息之前，若旧拓扑结构中处于转发的端口还没有发现自己应该在新拓扑中停止转发，则可能存在临时环路。

IEEE 802.1d 协议虽然解决了链路闭合引起的循环问题，不过生成树的收敛过程需要的时间比较长，约 50s。在今天人们对网络的依赖性越来越强的时代，50s 的网络故障足以带来巨大损失，因此 IEEE 802.1d 协议已经不能适应现代网络的需求。

为了解决 STP 收敛时间过长的缺陷，IEEE 组织推出了快速生成树 802.1w 标准，作为对 802.1d 标准的补充。IEEE 802.1w 在 IEEE 802.1d 基础上做了重要改进，使得收敛速度快得多（最快 1s 以内），因此 IEEE 802.1w 又称为快速生成树协议（Rapid Spanning Tree Protocol，RSTP）。

快速生成树协议 RSTP802.1w 由 802.1d 发展而来该协议在网络结构发生变化时，能更快地收敛网络，收敛时间只需要 1 秒。IEEE 802.1w 协议使收敛过程由原来的 50s 减少为现在的约为 1s，因此 IEEE 802.1w 称为快速生成树协议。

4．配置生成树协议

交换机默认状态是关闭 STP，自动开启第三代生成树 MSTP。

如果需要在交换机上开启 STP 生成树协议的命令，需要进行如下配置。

```
Switch (config)# spanning-Tree
```

执行“no spanning-Tree”关闭 STP。

例如，在 SwitchA 上启用 STP 的命令如下。

```
SwitcA# configure terminal
Switch(config)# spanning-tree                    ! 开启生成树协议
Switch(config)# spanning-tree mode stp           ! 设置生成树为 STP
Switch(config)# end
```

在 Switch 上启用 RSTP 的命令如下。

```
Switch# configure terminal
Switch(config)# spanning-tree                    ! 开启生成树协议
Switch(config)# spanning-tree mode rstp          ! 设置生成树为 RSTP
Switch(config)# end
```

在 Switch 上关闭生成树的命令如下。

```
Switch# configure terminal
Switch(config)# no spanning-tree                     ! 关闭生成树协议
Switch(config)# end
```

交换机的优先级关系到整个网络的根交换机选举，同时也关系到整个网络拓扑结构。通常，把核心交换机优先级设置得高些（数值小），使核心交换机成为根桥，有利于整个网络稳定。

优先级设置值有 16 个，都为 4096 的倍数，分别是 0、4096、8192、12288、16384、20480、24576、28672、32768、36864、40960、45056、49152、53248、57344 和 61440，默认值为 32768。

要配置交换机的优先级需要在全局配置模式下运行下面的命令。

```
Switch(config)#spanning-tree priority < 0 - 61440 >
```

如果要恢复到默认值，可用“no spanning-tree priority”命令设置。

四、任务实施

【任务名称】使用冗余和聚合技术，增强办公网稳定性。

【网络拓扑】

如图 4-1-5 所示的网络拓扑是公司办公网的骨干链路，使用双链路连接，形成网络冗余，保证网络的稳定性和健壮性，并实现链路冗余备份。

图 4-1-5 配置办公网中的骨干链路

【设备清单】交换机（两台）、主机（两台）、网线（若干条）。

【工作过程】

1．组建办公网场景。

如图 4-1-4 所示，组建办公网中骨干交换机之间冗余链路连接场景。

2．配置办公网交换机的基本信息。

配置交换机主机名、管理 IP 地址。

```
Switch#configure terminal
Switch(config)#hostname L2-SW
L2-SW(config)#interface vlan 1
L2-SW(config-if)#ip address 192.168.1.2  255.255.255.0
L2-SW(config-if)#no shutdown
L2-SW(config-if)#exit
```

```
Switch #configure terminal
Switch (config)#hostname L3-SW
L3-SW(config)#interface vlan 1
L3-SW(config-if)#ip address 192.168.1.1  255.255.255.0
L3-SW(config-if)#no shutdown
L3-SW(config-if)#exit
```

3．配置办公网交换机快速生成树协议，保障网络健壮性。

（1）在交换机上启用快速生成树 RSTP。

```
L2-SW(config)#spanning-tree                  ! 启用生成树协议
L2-SW(config)#spanning-tree mode rstp        ! 修改生成树协议的类型为 RSTP
L2-SW(config)#
```

```
L3-SW(config)#spanning-tree                  ! 启用生成树协议
L3-SW(config)#spanning-tree mode rstp        ! 修改生成树协议的类型为 RSTP
L3-SW(config)#
```

（2）查看交换机上配置的快速生成树。

使用默认参数启用了 RSTP 之后，可以使用命令观察两台交换机上生成树工作的状态。

```
L3-SW#show spanning-tree
……
```

通过观察两台交换机上生成树的工作状态，可以看到两台交换机已经正常启用了 RSTP。由于 MAC 地址较小，L3-SW 被选举为根网桥，优先级是 32768。为了未来在网络中加入其他的新的交换机后，L3-SW 还是保证能够被选举为根网桥，需要提高 L3-SW 的网桥优先级。

（3）配置交换机生成树优先级

```
L3-SW(config)#spanning-tree priority ?
  <0-61440>  Bridge priority in increments of 4096
                                   ! 优先级配置范围，在 0~61440 之内，必须是 4096 倍数
L3-SW(config)#spanning-tree priority 4096            ! 配置网桥优先级为 4096
```

4．配置办公网交换机骨干链路的高带宽

（1）配置交换机 L2-SW 上的 AP。

```
Switch#configure terminal
Switch(config)#hostname L2-SW
L2-SW (config)#interface aggregateport 1             ! 创建聚合接口 AG1
L2-SW (config-if)#exit
L2-SW (config)#interface  range fastethernet 0/1-2    ! 同时打开接口 F0/1 和
0/2 端口
L2-SW (config-if-range)#port-group 1                ! 聚合接口 F0/1 和 0/2 属于 AG1
L2-SW(config-if)#exit
```

配置交换机 L3-SW 上的 AP。

```
Switch(config)#hostname L3-SW
L2-SW (config)#interface aggregateport 1             ! 创建聚合接口 AG1
L2-SW (config-if)#exit
L2-SW (config)#interface  range fastethernet 0/1-2    ! 同时打开接口 F0/1 和
0/2 端口
L2-SW (config-if-range)#port-group 1                ! 聚合接口 F0/1 和 0/2 属于 AG1
L2-SW(config-if)#exit
```

（2）分别查看配置完成的 AP。

```
L2-SW #show aggregatePort 1 summary          ! 查看端口聚合组 1 的信息
......
L2-SW #show aggregatePort load-balance       ! 查看端口聚合组 1 的流量平衡信息
......
```

4.2　任务二　使用 VLAN 技术，隔离办公网广播风暴

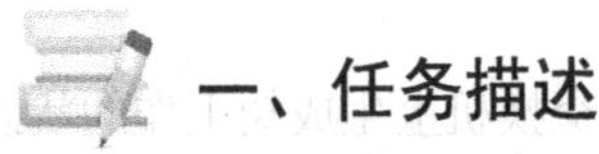

一、任务描述

浙江嘉兴民康公司为了信息化的需求，组建了互联互通的办公网络。为了提高办公网的传输效率，公司使用交换机设备改造办公网，优化网络传输效率。

在公司办公网运行、使用的过程中，经常有网络速度很慢的现象发生，经过网络中心的管理人员检查发现，是因为员工计算机中毒后在网络内部发生广播数据。为避免这种现象的再次发生，网络中心的管理人员按照部门的不同，使用虚拟局域网技术，把原来一个大的办公网分隔成几个小的部门网络，以达到隔离办公网内广播风暴的目的。

二、任务分析

广播是以太网的基础传输机制，但一个办公网中如果充满了广播现象的话，就会造成网络传输效率低下现象的发生。通过三层路由技术可以有效避免二层广播包的传输。如果缺少了三层路由技术，可以尝试通过二层设备上的虚拟局域网技术，实现部门网络内部广播数据包的隔离效果。

三、知识准备

作为一个办公网来说，如果所有部门的用户可能都连在里面，这样很容易形成网络设备之间的广播干扰，不仅对网络资源造成了一定的浪费，而且用户的安全也得不到保障。

所谓广播域是指广播报文能传输的范围。在正常情况下，广播报文能跨过多台交换机。也就是说，交换机所有接口都在一个广播域内，如果交换机和用户数量非常多时，整个广播域就会非常大，造成的危害就非常大。

4.2.1 虚拟局域网技术

传统以共享介质为核心的以太网，所有的用户都在同一个广播域中，通过广播方式传输信息。这样带来的问题是，由于广播到所有机器上，网络内部的计算机安全得不到保障。同时，由于广播会引起网络性能的下降、浪费带宽等问题，因此随着网络规模不断扩展，需要找到新的解决方法。

VLAN 为解决以太网广播问题和安全问题而提出解决方案，它在以太网全网广播基础上，把用户划分到更小工作组中，每个工作组就相当于一个隔离的局域网。这些隔离的局域网的好处是可以限制广播范围，形成虚拟工作组，如图 4-2-1 所示。这些虚拟工作组能够解决传统局域网中出现的冲突、广播、带宽和安全等问题，提高传统局域网性能。

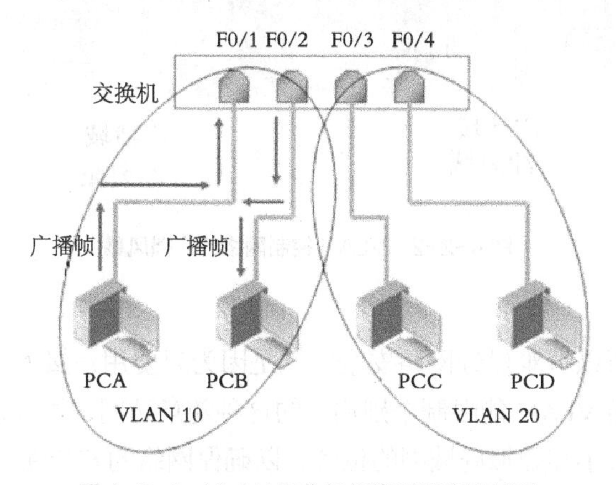

图 4-2-1 VLAN 工作组相当于隔离局域网

1. 什么是虚拟局域网技术

VLAN（Virtual Local Area Network）虚拟局域网技术是一种将局域网内的设备逻辑地而不是物理地划分成一个个网段，如图 4-2-1 所示。这里网段仅仅是逻辑网段概念，而不是真正的物理网段。

这些物理网络上划分出来的逻辑网络，能实现物理网段隔离广播功能。VLAN 相当于 OSI 参考模型中的第二层广播域，能够将广播流量控制在一个 VLAN 内部。划分 VLAN 后，由于广播域缩小，原来网络中的广播包会减少，消耗网络带宽所占比例大大降低，网络性能得到显著提高。

VLAN 有着和普通物理网络同样的属性，除了没有物理位置的限制，它和普通局域网一样。第二层的单播、广播和多播帧在一个 VLAN 内转发、扩散，而不会直接进入其他的 VLAN 之中。所以，如果一个端口所连接的主机想要和其他不在同一个 VLAN 的主机通信，则必须通过一个三层设备。也就是说，不同 VLAN 之间互相不通，不同 VLAN 之间数据如果需要通信，需要通过第三层（网络层）设备来实现。

2. 虚拟局域网技术特点

VLAN 技术实现了 VLAN 中用户并不局限于某一物理范围，可以位于一个园区网络中任意位置，根据网络用户位置或者部门进行分组。网络中，管理人员通过控制交换机的每一个端口，来控制网络用户对网络资源的访问，以减少网络中广播流量、提高网络传输效率。

虚拟局域网 VLAN 技术的主要特点有以下几点。

● 控制网络的广播风暴。

通过将交换机的某个端口划到某个 VLAN 中，实现隔离网络中广播功能，一个 VLAN 广播风暴不会影响其他 VLAN 中的设备，从而提高整网性能，如图 4-2-2 所示。

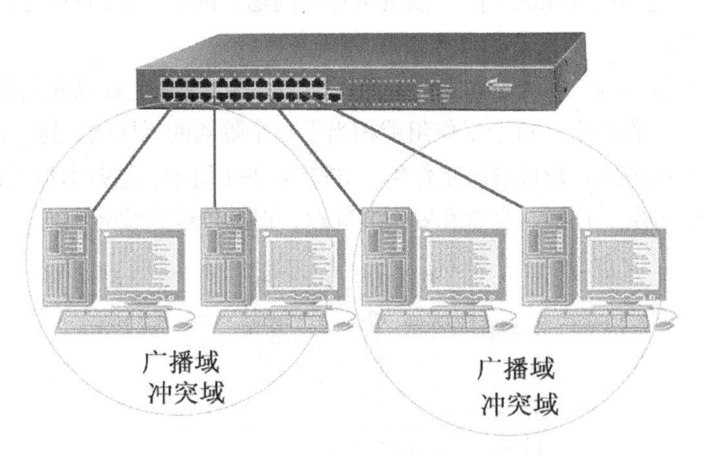

图 4-2-2　VLAN 控制网络的广播风暴

● 确保网络安全。

共享式局域网之所以很难保证网络安全性，是因为只要用户接入交换机中的一个活动端口，就能访问网络。而 VLAN 能限制个别用户的这种随意访问，通过控制交换机的端口，从而实现控制广播组的大小和虚拟局域网的位置，以确保网络的安全性。

● 简化网络管理，提高组网灵活性。

网络管理员能借助 VLAN 技术轻松管理整个网络。网络管理员通过设置 VLAN 命令，就能在很短时间内建立项目工作组，随意更改项目组成员，实现按照不同的项目 VLAN 网络划分项目组中的成员使用 VLAN 网络，就像本地使用局域网中资源一样。

3．VLAN 技术工作原理

在一台未设置任何 VLAN 的二层交换机上，任何广播帧都会被转发给除接收端口外的所有其他端口。交换机收到广播帧后，转发到除接收端口外的其他所有端口。

这时，如果在交换机上生成两个 VLAN（如图 3-4-2 所示 VLAN 10、VLAN20）；设置端口 F0/1、F0/2 属于 VLAN 10；端口 F0/3、F0/4 属于 VLAN 20。从 PCA 发出广播帧，交换机就只会把它转发给同属于一个 VLAN 的其他端口，也就是同属于 VLAN 10 的端口 F0/2，不会再转发给属于 VLAN 20 的端口。同样，PCC 发送的广播，只会被转发给属于 VLAN 20 的端口，不会被转发给属于 VLAN 10 的端口。这样 VLAN 通过限制广播帧转发范围分割广播域。

更为直观描述 VLAN，可以把它理解为将一台交换机在逻辑上分割成数台交换机。在一台交换机上生成两个 VLAN，可以看作将一台交换机换做两台虚拟交换机，如图 4-2-3 所示。

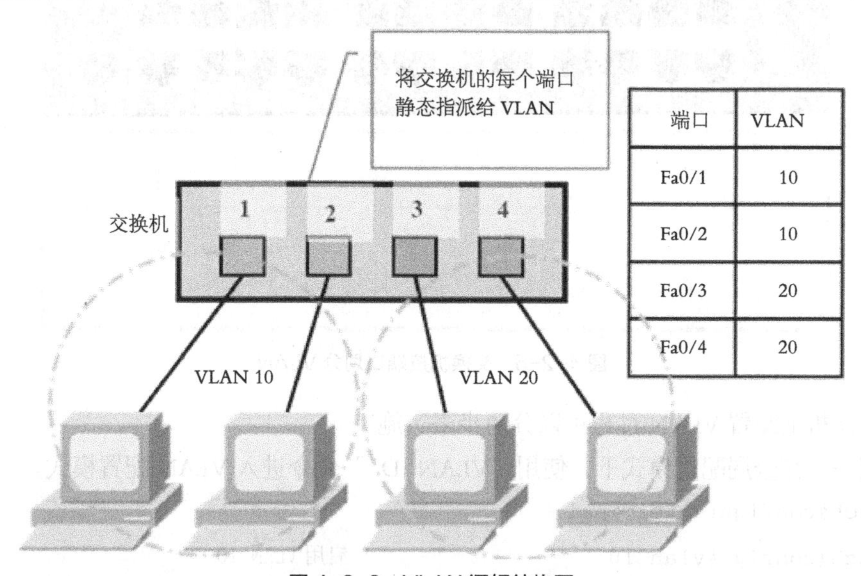

图 4-2-3　VLAN 逻辑结构图

4.2.2　配置虚拟局域网技术

在局域网中划分虚拟局域网的方法很多，但基于端口的 VLAN 划分技术，是划分虚拟局域网最简单也是最有效的方法。

基于端口的划分 VLAN 的方法是根据以太网交换机的端口来划分，如把交换机 3~8 端口划分到 VLAN 10 中，而把交换机的 19~24 端口划分到 VLAN 20 中，实际上组成了一个个交换机端口的集合，如图 4-2-4 所示。这些属于同一 VLAN 的端口可以是连续的，也可以不连续，即连接在同一 VLAN 中的设备，可以跨越多台互相连接交换机，网络管理员只需要管理和配置交换机端口即可。

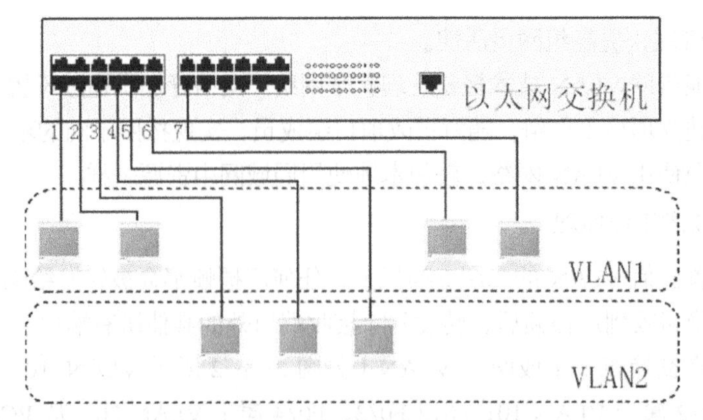

图 4-2-4　基于端口的 VLAN 划分

根据端口划分是目前定义 VLAN 的最广泛方法。这种划分 VLAN 的方法的优点是定义 VLAN 成员非常简单，只要将所连接设备端口定义一下就可以；缺点是如果某 VLAN 用户离开原来端口，接入到了一个新交换机某个端口，就必须重新定义，如图 4-2-5 所示。

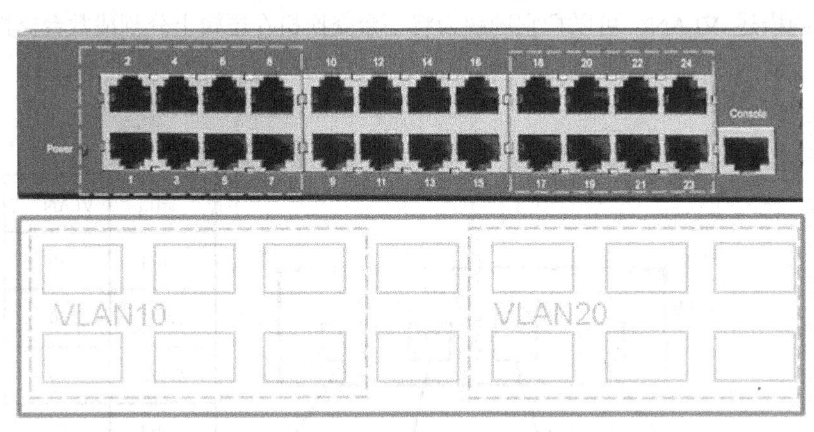

图 4-2-5　交换机按端口划分 VLAN

在交换机上配置 VLAN 过程可以分两步来实施。

步骤一、在全局配置模式下，使用“VLAN ID ”命令进入 VLAN 配置模式。

```
Switch#configure terminal
Switch(config)#vlan 10                    ! 启用 VLAN 10
Switch(config)#name test                  ! 把 VLAN 10 命名为 test
Switch(config-vlan)#
```

使用“no vlan 10 ”命令，删除配置好的 VLAN。需要注意的是，默认 VLAN 1 不允许删除。

所有交换机默认都有一个 VLAN 1，VLAN 1 是交换机的管理中心。在默认情况下，交换机所有的端口都属于 VLAN 1 管理, VLAN 1 不可以被删除。

如下所示查看交换机 VLAN 1 的信息内容（show vlan）。

```
S3760-24#show vlan        ! 查看交换机 VLAN 1 管理中心信息
VLAN  Name                     Status    Ports
```

```
------------------------------------------------------------------
 1  VLAN0001                STATIC    Fa0/1, Fa0/2, Fa0/3, Fa0/4
                                      Fa0/5, Fa0/6, Fa0/7, Fa0/8
                                      Fa0/9, Fa0/10, Fa0/11, Fa0/12
                                      Fa0/13, Fa0/14, Fa0/15, Fa0/16
                                      Fa0/17, Fa0/18, Fa0/19, Fa0/20
                                      Fa0/21, Fa0/22, Fa0/23, Fa0/24
                                      Gi0/25, Gi0/26, Gi0/27, Gi0/28
```

步骤二、指定端口到划分好的 VLAN 中，如将交换机 F0/5 端口指定到 VLAN 10 的配置如下。

```
Switch#
Switch#configure terminal
Switch(config)# interface fastEthernet 0/5      ！打开交换机的接口 5
Switch(config-if)# switchport access vlan 10   ！把该接口分配到 VLAN 10 中
Switch(config-if)#no shutdown
Switch(config-if)#end
Switch# show vlan                               ！查看 VLAN 配置信息
```

4.2.3 虚拟局域网干道技术

1．干道技术出现环境

当同一个 VLAN 中所有成员都位于同一台交换机上时，同一个 VLAN 中所有成员之间的通信十分简单。连接在同一 VLAN 中的设备，还可以跨越多台互相连接的以太网交换机，另外位于在同一 VLAN 中的成员设备跨越任意多台交换机的情况更为常见。

与未划分 VLAN 时一样，从一个端口发出数据帧，直接广播转发到同一 VLAN 内部相应成员端口。由于 VLAN 划分，通常按逻辑功能而非物理位置进行，在没有技术处理的情况下，一台交换机上 VLAN 中的信号无法跨越交换机传递到另一台交换机同一个 VLAN 成员中，如图 4-2-6 所示。

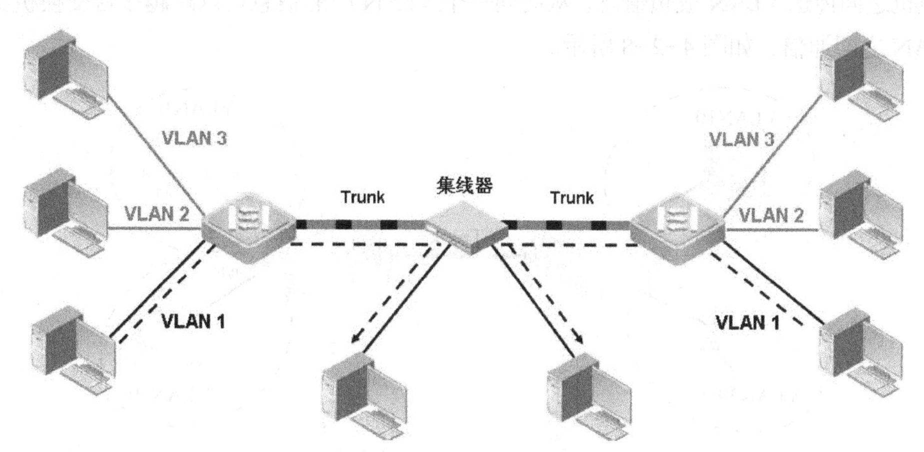

图 4-2-6 跨交换机上的同 VLAN 间无法通信

那么，怎样才能实现跨多台交换机同一 VLAN 的内部成员之间通信呢？IEEE 组织于 1999 年颁布标准化 802.1Q 协议标准草案，定义了跨交换机实现同一 VLAN 内部成员之间的通信规则，解决了跨交换机同一 VLAN 的连通难题。

2. 干道技术 802.1Q 协议介绍

IEEE 组织定义的 802.1Q 协议标准核心是，以太网交换机上定义的两种模式的端口，即 Access 接入端口和 Trunk 干道端口。Access 接入端口一般是交换机接入 PC 的端口，只属于一个 VLAN，是交换机默认工作模式。Trunk 干道端口则属于多个 VLAN，一般用作交换机和交换机之间的连接端口，可以传输交换机上所有 VLAN 信息，实现跨交换机上同一 VLAN 成员之间传输数据，如图 4-2-7 所示。

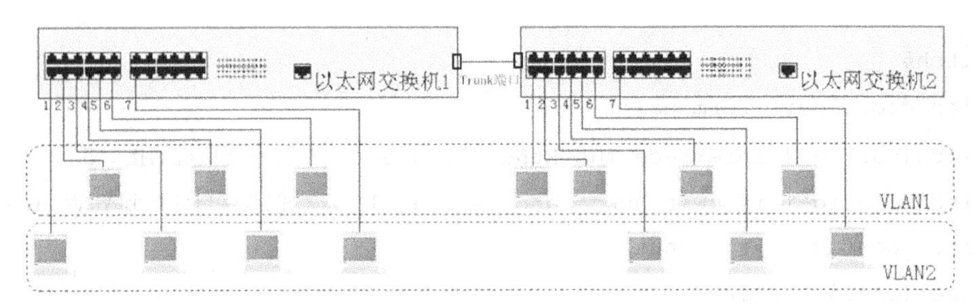

图 4-2-7　跨交换机 VLAN 干道端口通信

IEEE 组织定义的跨交换机 VLAN 802.1Q 协议标准，使得网络管理的逻辑结构可以完全不受实际物理连接的限制，极大地提高了组网的灵活性。

干道协议 IEEE 802.1Q 规范，为标识带有 VLAN 成员信息帧建立一种标准，解决 Trunk 干道接口实现多个 VLAN 通信的方法。IEEE 802.1Q 完成以上功能的关键在于标签（tag），交换机上配置为 Trunk 的干道端口，为每一个通过的数据帧增加和拆除来自 VLAN 的标签信息。

支持 802.1Q 的干道接口，可被配置用来传输标签帧或无标签帧。通过配置完成 IEEE 802.1Q 规范，把一个包含 VLAN 信息标签的字段插入以太网数据帧中，形成新 IEEE 802.1Q 数据帧。

如果对端接口也支持 802.1Q 设备，那么这些带有标签的 IEEE 802.1Q 数据帧，可以在多台交换机之间传送 VLAN 成员信息，从而同一个 VLAN 中的信息可以跨越多台交换机实现同一 VLAN 之间通信，如图 4-2-8 所示。

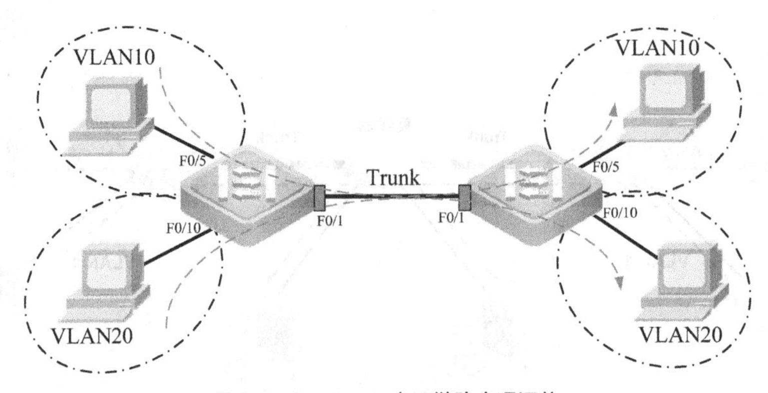

图 4-2-8　Trunk 主干链路实现通信

在 VLAN 技术配置中，使用“switchport mode”命令，来指定一个接口为 access port 或者为 trunk port 模式。

3．配置干道技术方法

在接口模式下，语法格式如下。

```
Switch #
Switch #configure terminal
Switch (config)# interface fastEthernet 0/1       ! 进入 F0/1 接口配置模式
Switch (config-if)# switchport mode trunk         ! 将 F0/1 设置为 Trunk 模式
Switch(config-if)#end
Switch# show vlan     ! 查看 VLAN 配置信息
……
```

如果需要把该端口还原为设备接入端口，可以使用如下命令。

```
Switch #
Switch #configure terminal
Switch (config)# interface fastEthernet 0/1       ! 进入 F0/1 接口配置模式
Switch (config-if)# switchport mode Access    ! 将 F0/1 设置为 Access 模式
Switch(config-if)#end
```

四、任务实施

【任务名称】使用 VLAN 技术，隔离办公网广播风暴。

【网络拓扑】

图 4-2-9 所示的网络拓扑是公司销售部计算机分别位于楼上、楼下二台交换机网络场景。现需要在交换机上配置 IEEE 802.1Q 干道技术，使位于楼上和楼下整个销售部门内，所有计算机之间互相连通，实现部门内的资源共享。

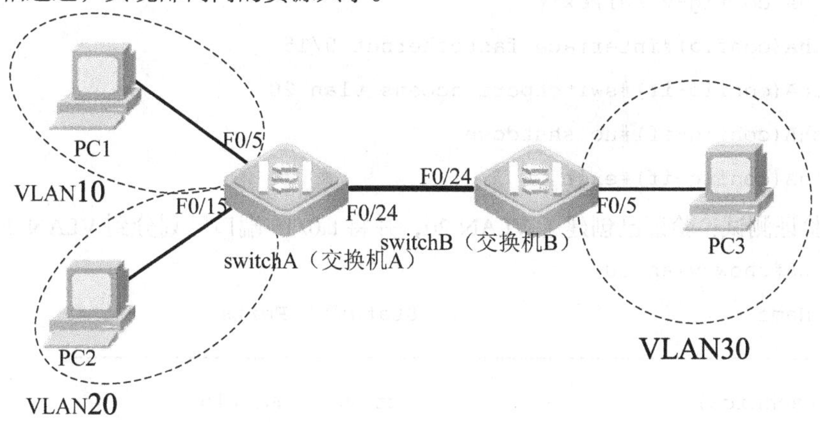

图 4-2-9　配置 IEEE 802.1Q 干道技术场景

【设备清单】交换机（2 台）、 计算机（≥3 台）、网线（若干）。

【工作过程】

1．组网

按图 4-2-9 所示网络拓扑，组建公司楼上和楼下整个销售部办公网络环境，使用 PC2 模拟客户服务部，PC1、PC3 模拟销售部计算机，连接在 2 台互相连接交换机上的网络场景。注意交换机设备连接的接口标识，连接完成开机后，应检查连接线缆指示灯的工作状态。

2．查看交换机配置

在特权模式下，查看交换机配置的方法如下。

```
switch #show running-config          ！查看交换机中配置是否处于初始状态
……
switch #show vlan
……
```

3．配置交换机 VLAN 信息

（1）在交换机 SwitchA 上创建 VLAN 10，并将 0/5 端口划分到 VLAN 10 中。

```
SwitchA # configure terminal                          ！进入全局配置模式
SwitchA(config)# vlan 10                             ！创建 Vlan 10
SwitchA(config-vlan)#exit
SwitchA(config)#interface fastethernet 0/5          ！进入接口配置模式
SwitchA(config-if)#switchport access vlan 10      ！将 0/5 端口划分到 VLAN 10
SwitchA(config-if)#no shutdown
```

（2）在交换机 SwitchA 上创建 VLAN 20，并将 fa0/15 端口划分到 VLAN 20 中。

```
SwitchA # configure terminal
SwitchA(config)# vlan 20
SwitchA(config-vlan)#exit
SwitchA(config)#interface fastethernet 0/15
SwitchA(config-if)#switchport access vlan 20
SwitchA(config-if)#no shutdown
SwitchA(config-if)#exit
```

（3）验证测试：验证已创建了 VLAN 20，并将 fa0/15 端口已划分到 VLAN 20 中。

```
SwitchA#show vlan 20
VLAN Name                               Status    Ports
---- ------------------------ --------- -------------------
20   technical                          active    Fa0/15
```

（4）在交换机 SwitchB 上创建 VLAN 10，并将 fa0/5 端口划分到 VLAN 10 中。

```
SwitchB # configure terminal
SwitchB(config)# vlan 10
SwitchB(config-vlan)#exit
```

```
SwitchB(config)#interface fastethernet 0/5
SwitchB(config-if)#switchport access vlan 10
SwitchB (config-if)#no shutdown
SwitchB (config-if)#exit
```

4. 配置交换机干道技术

（1）将 SwitchA 与 SwitchB 相连端口（假设为 FA0/24）定义为干道模式。

```
SwitchA # configure termina
SwitchA(config)#interface fastethernet 0/24
SwitchA(config-if)#switchport mode trunk     ！将 fa 0/24 端口设为干道模式
SwitchA(config-if)#no shutdown
```

（2）将 SwitchB 与 SwitchA 相连的端口（假设为 FA0/24）定义为干道模式。

```
SwitchB # configure termina
SwitchB(config)#interface fastethernet 0/24
SwitchB(config-if)#switchport mode trunk
SwitchB(config-if)#no shutdown
```

（3）验证测试 ：验证 FastEthernet 0/24 端口已被设置为干道模式。

```
SwitchB#show interfaces fastEthernet 0/24 switchport
Interface Switchport Mode   Access Native  Protected VLAN lists
---------- -------- --------- --------------------------------
Fa0/24    Enabled   Trunk     1       1      Disabled   All
```

任务评价

完成了本项目的基础知识学习和综合实训训练后，下面给自己的学习进行简单的评价。

序　号	任务名称	任务评价
1	配置生成树技术，增强网络稳定性	
2	配置聚合干道技术，提供网络带宽	
3	配置虚拟局域网技术，隔离网络广播	
4	掌握 IEEE802.1Q 干道技术协议	

PART 5

项目五 组建三层交换办公网

项目背景

浙江嘉兴民康公司为了信息化的需求，使用交换机设备改造公司的办公网，组建了互联互通的办公网络，优化网络传输效率。

在尼康公司办公网运行的过程中，网络中心的管理员通过配置交换机的虚拟局域网技术，隔离办公网内的广播信息，减少办公网内部的干扰和冲突。但由于不同的 VLAN 之间不能直接实现通信，造成了公司的网络阻塞，因此决定使用三层交换设备，构建三层交换的办公网。

三层交换技术通过直接划分子网技术，使三层子网技术不仅仅能隔离二层网络上产生的广播信号，而且还通过在三层交换上使用直连路由技术，实现了分散的不同子网间的互连互通。

- 任务 5.1　使用三层交换技术实现不同 VLAN 通信
- 任务 5.2　使用三层交换机构建三层交换办公网

技术导读

本项目技术重点：三层交换机设备、配置三层交换技术。

5.1　任务一　使用三层交换技术实现不同 VLAN 通信

一、任务描述

浙江嘉兴民康公司为减少办公网内部的干扰和冲突，网络中心的管理员通过配置交换机的虚拟局域网技术，隔离办公网内的广播信息。但由于不同的 VLAN 之间不能直接实现通信，造成了公司的网络阻塞，因此决定使用三层交换设备，实现不同 VLAN 之间的直接通信。

二、任务分析

三层交换机是工作在网络层的设备，和同样工作在网路层的设备路由器相比，三层交换机在工作中使用硬件 ASIC 芯片解析信号，提供高于基于软件解析数据包的传统路由器性能。三层交换机使用硬件交换实现 IP 路由，解决传统软件路由速度问题。

三、知识准备

5.1.1　什么是三层交换

计算机网络中常说的第三层指的是 OSI 参考模型中网络层。

OSI 网络体系结构分层模型是计算机网络参考分层典范。该模型简化了两台计算机进行通信所要执行的任务，细分每层使其具有特定功能。OSI 模型定义了这些层之间的交互关系，并依次定义了各个网络中设备的角色，从而决定了这些设备实现网络之间的通信过程。

为了充分认识第三层交换，有必要对三层交换机设备，对照 OSI 模型中的功能进行描述。如图 5-1-1 所示，对网络互联设备(如集线器、二层交换机、路由器和三层交换机)在传统上按 OSI 分层模型对应的功能进行介绍。

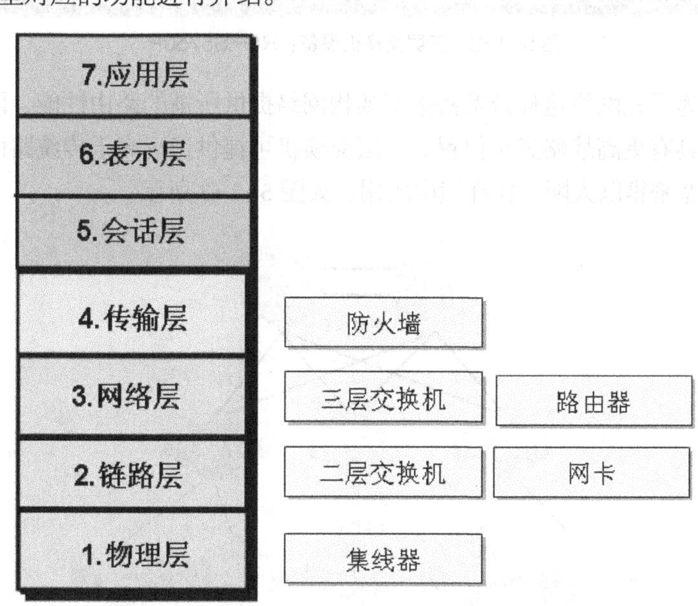

图 5-1-1　网络互联设备和 OSI 分层模型对应关系

● 集线器（第一层）。

集线器是工作在物理层的设备，它不能区别信号中携带的信息，只能使用广播方式实现通信。

● 二层交换机（第二层）。

交换机是数据链路层设备，能识别信号中携带的MAC物理地址信息，能按照学习到的地址信息有针对性地通信，只在无法找到目标地址时，才进行广播方式的通信。此外，交换机在每个端口提供一个独特的网络段，从而分离了冲突域。

● 路由器（第三层）。

路由器是网络层设备，能识别信号中携带的IP地址信息，可分离广播域，并能连接不同的网络，实现不同网络之间的通信。路由器设备在通信过程中，是根据信号中携带的目标网络层的IP地址，而不是数据链路层 MAC 地址，来引导网络信息流。但路由器设备通常采用软件模式解析信号，因此在网络中数据转发的性能比第二层交换相对迟缓。

5.1.2　认识三层交换机

三层交换机也是工作在网络层的设备，和路由器一样可部署在使用路由器的任何网络区域。三层交换机在工作中，使用硬件制作的ASIC芯片来解析传输信号。通过使用先进的ASIC芯片，三层交换机可提供远远高于基于软件的路由器性能，如每秒 4000 万个数据包（三层交换机）对每秒30万个数据包（路由器）。三层交换机设备举例如图5-1-2所示。

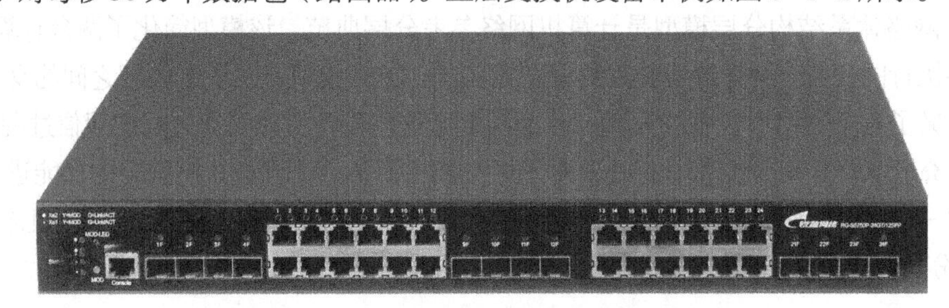

图5-1-2　三层交换机设备：RG-S5750P

三层交换机为千兆网络这样带宽密集型架构网络提供所需的路由性能，因此三层交换机的部署在网络中具有更高战略意义位置。三层交换机可提供远远高于传统路由器的性能，非常适合在网络带宽密集以太网工作环境中应用，如图5-1-3所示。

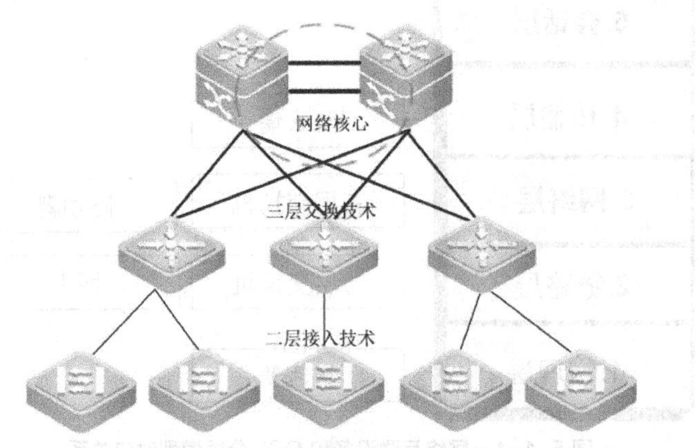

图5-1-3　三层交换机设备工作场景

由于三层交换机合并了典型路由器中相互分离的交换技术（第二层）和路由技术（第三层）。把这些技术有机地结合在一起，从而可大大提高网络速度，优化网络传输环境。

5.1.3 二层交换技术和三层交换技术

三层交换是相对于传统交换概念而提出的。交换是指从一个接口接收，然后通过另一个接口发出的过程。第二层与第三层交换间的区别在于后者用以确定正确输出接口帧内信息类型。

众所周知，传统的交换技术是在 OSI 网络标准模型中的第二层，即数据链路层进行的；而三层交换技术是在网络模型中的第三层实现了数据包高速转发。简单地说，三层交换技术就是：二层交换技术＋三层转发技术。三层交换技术的出现，改变了局域网中网段划分后网段中的子网必须依赖路由器进行管理的局面，解决了传统组网中必须由路由器连接，而造成网络低速、结构复杂等所造成网络瓶颈问题。

1．第二层交换技术

第二层交换是在 OSI 模型中数据链路层进行。在第二层交换中，帧的交换基于 MAC 地址信息。二层交换技术在通信的过程中，通过检查数据帧，并根据数据帧中目标 MAC 地址来转发信息。二层交换设备将收到以太网帧，通过分析收到的数据帧目标 MAC 地址，查询二层交换机中学习到 MAC 地址映射表，把信息转发到适当的接口。如果二层交换机不知道将帧发送到何处，会将该帧广播转发到所有端口。二层交换机在工作过程中，通过建立和维护一个目标 MAC 地址映射表来实现数据通信工作。

2．第三层交换技术

第三层交换技术在网络层进行。在第三层交换中，帧的交换基于网络层信息，即 IP 地址。三层交换技术通过检查网络层收到的数据包信息，并根据网络层目标 IP 地址转发数据包。与固定的第二层 MAC 物理寻址系统不同，第三层 IP 地址由网络管理员配置、管理。

网络管理员在第三层交换技术寻址中，通过规划子网轻松地管理子网成员。 第三层寻址系统还比第二层系统更加动态。如果用户移动到另一个位置，其终端站会收到一个新的第三层地址，但第二层 MAC 地址保持不变。

5.1.4 三层交换 SVI 技术

在以上单元项目学习中，了解到在交换网络中实施 VLAN 的主要目的为了隔离广播，优化网络传输效率，但 VLAN 实施也造成网络中原有互相通信设备之间的隔离，阻碍了网络互联互通的目标。

按照 VLAN 属性，在二层交换机上配置 VLAN，不同 VLAN 内的主机不能互相通信。如果需要实现不同 VLAN 之间的通信，必须使用三层路由设备才能实现。实现不同的 VLAN 之间的通信，需要配置 VLAN 之间的路由，这就需要在网络中启用三层交换机，才能形成路由。

三层交换机，本质上是带有路由功能二层交换机，可以将它看成一台路由器和一台二层交换机叠加。三层交换机将二层交换机和路由器两者的优势结合起来，在各个层次提供线速转发。在一台三层交换机内，安装有交换模块和路由模块。由于内置路由模块与交换模块也使用 ASIC 硬件处理路由，因此与传统路由器相比，三层交换机可以实现高速路由。另外，路由与交换模块在交换机内部汇聚链接，由于是内部连接，可确保相当大的带宽。

三层交换机像路由器一样，具有三层路由功能，因此可以利用三层交换机路由功能，来实现 VLAN 之间的通信。

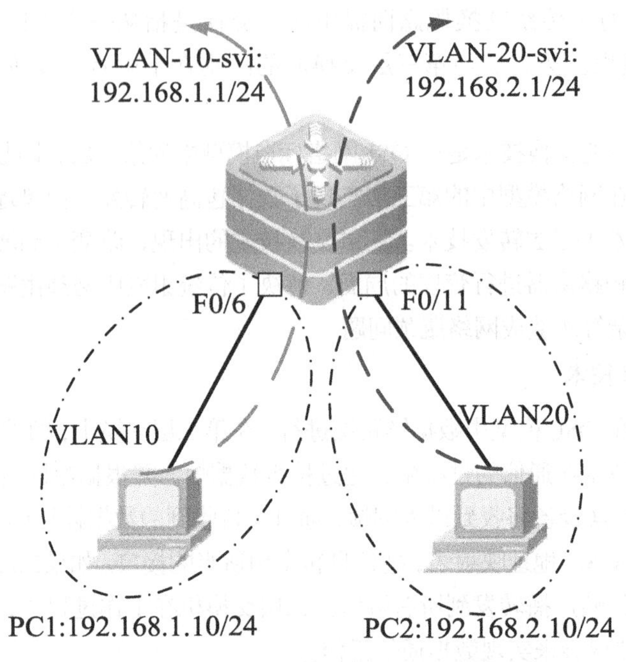

图 5-1-4　利用三层交换机实现 VLAN 间的通信

在图 5-1-4 所示拓扑中，三层交换机上划分 VLAN 10 和 VLAN 20。VLAN 10 内某一台工作站的 IP 地址为 192.168.1.10/24；VLAN 20 内某一台工作站的 IP 地址为 192.168.2.10/24。由于划分二层 VLAN，造成二个不同 VLAN 之间隔离，VLAN 10 和 VLAN 20 内工作站之间不能通信。

如何利用三层路由功能实现 VLAN 之间的互访？

要实现不同 VLAN 间通信，可采用三层交换机设备来解决。在三层交换机上，使用 SVI 技术，可以实现 VLAN 间的路由。若使用单臂路由技术解决，速度慢（受到接口带宽限制）、转发速率低（路由器采用软件转发，转发速率比采用硬件转发方式的交换机慢），容易产生瓶颈。所以在实际网络安装中，一般都采用三层交换机，以三层交换方式来实现 VLAN 间的路由。

具体实现方法是：在三层交换机上，创建各个 VLAN 虚拟接口（Switch virtual interface，SVI），并设置 IP 地址，作为其对应二层 VLAN 内设备的网关。这里的 SVI 接口是一种虚拟接口，作为一个虚拟网关，对应各个 VLAN 虚拟子接口，实现三层设备跨 VLAN 之间的路由。

通过如下步骤配置三层交换机的 SVI 接口，可实现不同的 VLAN 之间互相通信。

- 为 VLAN 10 规划子网段 192.168.1.0/24，其 SVI 虚拟接口 IP 地址为 192.168.1.1/24。
- 为 VLAN 20 规划子网段 192.168.2.0/24，其 SVI 虚拟接口 IP 地址为 192.168.2.1/24。
- 将所有 VLAN 内主机网关，指向对应 SVI 的 IP 地址即可。

四、任务实施

【任务名称】使用 SVI 技术，实现不同的 VLAN 通信。

【网络拓扑】

图 5-1-5 所示的网络拓扑是一台三层交换机，在该设备上配置 VLAN 10、VLAN 20、VLAN 30，将接口 F0/6~F0/10、F0/11~F0/15、F0/16~F0/20 划分到这 3 个 VLAN 中。

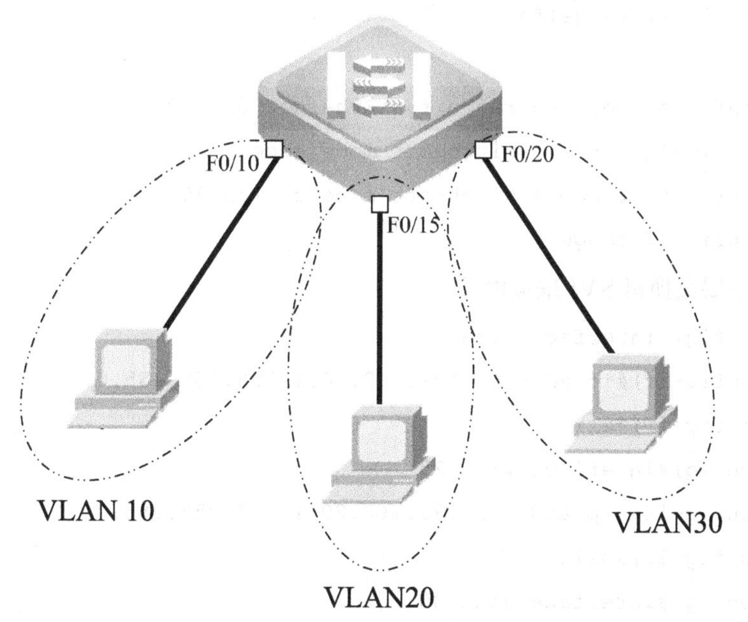

图 5-1-5 办公网多部门网络场景

【设备清单】二层交换机（1 台）、三层交换机（1 台）、 计算机（若干）、双绞线（若干）。

【工作过程】

1．组网

按照图 5-1-5 所示网络规划拓扑，组建多部门办公网交换机网络场景。

2．配置三层交换机 VLAN

```
S3750#configure terminal
S3750(config)#vlan 10
S3750(config-vlan)#name gongcheng
S3750(config-vlan)#vlan 20
S3750(config-vlan)#name xiaoshou
S3750(config-vlan)#vlan 30
S3750(config-vlan)#name caiwu
S3750(config-vlan)#exit
```

```
S3750(config)#interface range fastEthernet 0/6-10
S3750(config-if-range)#switchport mode access
```

```
S3750(config-if-range)#switchport access vlan 10
S3750(config-if-range)#exit
```

```
S3750(config)#interface range fastEthernet 0/11-15
S3750(config-if-range)#switchport mode access
S3750(config-if-range)#switchport access vlan 20
S3750(config-if-range)#exit
```

```
S3750(config)#interface range fastEthernet 0/16-20
S3750(config-if-range)#switchport mode access
S3750(config-if-range)#switchport access vlan 30
S3750(config-if-range)#exit
```

3．配置三层交换机SVI虚拟网关

```
S3750(config)#interface vlan 10
S3750(config-if)#ip address 192.168.10.1 255.255.255.0
S3750(config-if)#exit
S3750(config)#interface vlan 20
S3750(config-if)#ip address 192.168.20.1 255.255.255.0
S3750(config-if)#exit
S3750(config)#interface vlan 30
S3750(config-if)#ip address 192.168.30.1 255.255.255.0
S3750(config-if)#end
```

4．查看配置完成结果

在三层交换机上查看配置完成后的显示结果。

```
S3750#show vlan
VLAN  Name                Status       Ports
---- ------------------ ---------- --------------------------
1    VLAN0001           STATIC      Fa0/1, Fa0/2, Fa0/3, Fa0/4,Fa0/5
                                       Fa0/21, Fa0/22, Fa0/23, Fa0/24
                                      Gi0/25, Gi0/26, Gi0/27 ,Gi0/28
10   gongcheng          STATIC      Fa0/6, Fa0/7, Fa0/8, Fa0/9, Fa0/10
20   xiaoshou           STATIC      Fa0/11, Fa0/12, Fa0/13, Fa0/14, Fa0/15
30   caiwu              STATIC      Fa0/16, Fa0/17, Fa0/18,Fa0/19, Fa0/20
```

在三层交换机上查看配置完成后的显示路由表结果。

```
S3750#show ip route
Codes:  C - connected, S - static,  R - RIP B - BGP
        O - OSPF, IA - OSPF inter area
```

```
        N1 - OSPF NSSA external type 1,N2-OSPF NSSA external type 2
        E1 - OSPF external type 1, E2 - OSPF external type 2
        i - IS-IS, L1 - IS-IS level-1, L2 - IS-IS level-2, ia - IS-IS inter
area
        * - candidate default
   Gateway of last resort is no set
   C    192.168.10.0/24 is directly connected, VLAN 10
   C    192.168.10.1/32 is local host.
   C    192.168.20.0/24 is directly connected, VLAN 20
   C    192.168.20.1/32 is local host.
   C    192.168.30.0/24 is directly connected, VLAN 30
   C    192.168.30.1/32 is local host.
```

配置完成后，各个 VLAN 内主机将以对应子接口的 IP 地址作为网关，就实现互连互通。

5.2　任务二　使用三层交换机构建三层交换办公网

一、任务描述

为减少浙江嘉兴民康公司办公网内部的干扰和冲突，网络中心的管理员通过配置交换机的虚拟局域网技术，隔离办公网内的广播信息，但由于不同的 VLAN 之间不能直接实现通信，因此决定使用三层交换设备，利用三层交换技术，直接构建三层交换办公网。

二、任务分析

三层交换机是工作在网络层的设备，和工作在网路层设备路由器一样，能直接解析接受到 IP 数据包中的 IP 地址，学习、生成路由表，使用硬件交换实现 IP 路由以及选径技术。

三、知识准备

5.2.1　传统二层交换技术

传统的局域网交换机是一台二层网络设备，通过不断收集信息去建立一个 MAC 地址表。当交换机收到数据帧时，便会查看该数据帧目的 MAC 地址，核对 MAC 地址表，确认从哪个端口把帧交换出去。

当交换机收到一个“不认识”帧时，其目的 MAC 地址不在 MAC 地址表中，交换机便会把该帧“扩散”出去，即对除自己之外所有端口广播出去。广播传输特征暴露出传统局域网交换机的弱点：不能有效解决广播、安全性控制等问题。为解决这个难题，产生了二层交换机上的 VLAN（虚拟局域网）技术。图 5-2-1 所示为二层交换网络工作场景。

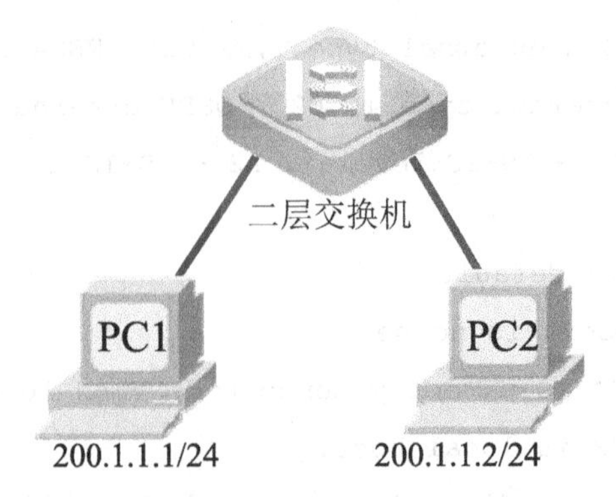

图 5-2-1 二层交换网络拓扑

5.2.2 三层交换技术

三层交换（也称多层交换技术，或 IP 交换技术）是相对于传统交换概念而提出的。

众所周知，传统交换技术在 OSI 网络标准模型中的第二层，即数据链路层；而三层交换技术在网络模型中的第三层实现高速转发。简单地说，三层交换技术就是“二层交换技术+三层转发”。

三层交换技术解决局域网网段划分后，网段中的子网必须依赖路由器管理局面，解决了传统路由器低速、复杂所造成网络瓶颈问题。

一台三层交换设备是一台带有第三层路由功能的交换机。为了实现三层交换技术，交换机将维护一张“MAC 地址表”、一张“IP 路由表”以及一张包括“目的 IP 地址，下一跳 MAC 地址”在内的硬件转发表。

如图 5-2-2 所示，当三层交换机接收到数据包时，首先解析出 IP 数据包中的目的 IP 地址，并根据数据包中的“目的 IP 地址”，查询硬件转发表，根据匹配结果进行相应的数据转发。这种采用硬件芯片或高速缓存支持的转发技术，可以达到线速交换。由于“IP 地址”属于 OSI 网络参考模型中的第三层（网络层），所以称为三层交换技术。

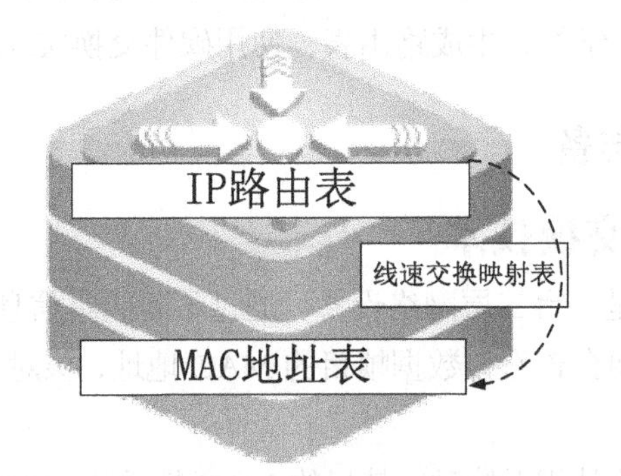

图 5-2-2 三层交换过程

除了二层交换技术外，在三层数据转发技术中使用到了路由技术的概念，该技术在路由器广泛采用。此为，在进行三层交换技术的数据转发时，通过检测 IP 数据包中的“目的 IP 地址”和“目的 MAC 地址”关系，来判断应该如何进行数据包的高速转发，也即采用硬件芯片或高速缓存支持。这解决了传统的路由技术只能通过 CPU 软件计算进行转发的局面。

5.2.3 三层交换传输原理

三层交换技术通过一台具有三层交换功能设备实现。三层交换机是一台带有第三层路由功能的交换机，它把路由设备硬件及性能叠加在局域网交换机上。图 5-2-3 所示场景说明了三层交换的工作工作原理，即二台三层交换机互联二个独立的子网络。

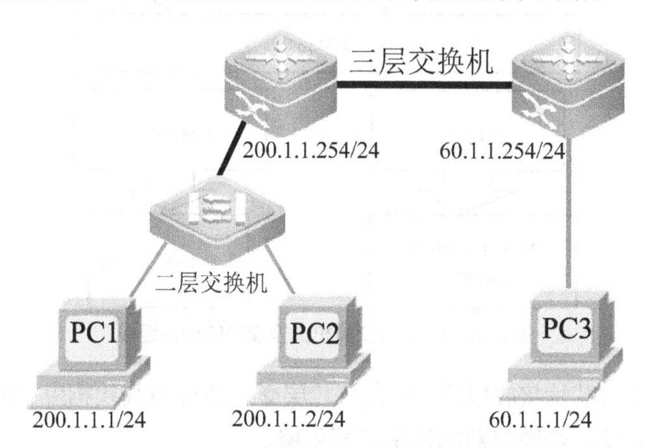

图 5-2-3 三层交换机组建的网络

在图 5-2-3 中 PC1（200.1.1.1/24）和 PC2（200.1.1.2/24）连接在一台二层交换机上，如果 PC1 要向同网中的 PC2 传输信息，可通过广播式传输，执行二层交换。

如果 PC1 要向另外一个子网中的 PC3（60.1.1.1/24）传输信息，由于 PC1、PC3 分别处于两个不同子网（200.1.1.1/24 -> 60.1.1.1/2 ），就需要通过三层交换机转发信息，实现通信。

其通过三层交换设备，信息转发过程如下。

首先，发送站点 PC1 在开始发送前，把自己 IP 地址与目标计算机 PC3 的 IP 地址比较，判断 PC3 是否与自己在同一子网内。若目的站 PC3 与发送站 PC1 在同一子网内，进行二层转发。若目的站 PC3 与发送站 PC1 不在同一子网内，发送站 PC1 要向“缺省网关（200.1.1.254/24）”，发出 ARP 地址解析包。而 PC1 和 PC2 的“缺省网关”，就是连接外网的三层交换机设备（L3-1），其缺省网关 IP 地址就是三层交换机三层交换模块的 IP 地址。

当发送站 PC1 对“缺省网关”IP 地址广播 ARP 请求时，如果三层交换机 L3-1 知道 PC3 的 MAC 地址，则向发送计算机 PC1 回复 PC3 的 MAC 地址。如果三层交换机 L3-1 设备中没有，三层交换机 L3-1 就会按照其路由表信息，根据 PC1 发出数据包目标 IP 地址，把该数据包转发给其直连的三层交换机 L3-2 设备，由其继续处理。

三层交换机 L3-2 收到该数据包后，根据 PC3 的 MAC 地址，直接依据线速交换表（交换引擎），把 PC1 发来的信息转发给 PC3，完成三层交换过程。

5.2.4 三层交换机设备

三层交换机可以根据其处理数据的不同而分为纯硬件和纯软件两大类。

1. 纯硬件的三层交换技术

纯硬件的三层技术相对来说较复杂，成本高，但是速度快，性能好，带负载能力强。其原理是，采用 ASIC 芯片，采用硬件的方式进行路由表的查找和刷新，如图 5-2-4 所示。

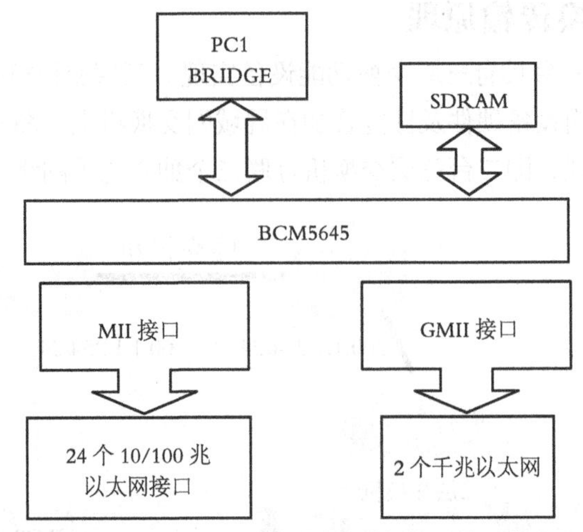

图 5-2-4　三层交换机交换模块的硬件组成

当数据由端口接口芯片接收以后，首先在二层交换芯片中查找相应目的 MAC 地址。如果查到，就进行二层转发，否则将数据送至三层引擎。

在三层引擎中，ASIC 芯片查找相应路由表信息，与数据目的 IP 地址相比对，然后发送 ARP 数据包到目的主机，得到该主机的 MAC 地址，将 MAC 地址发到二层芯片，由二层芯片转发该数据包，如图 5-2-5 所示。

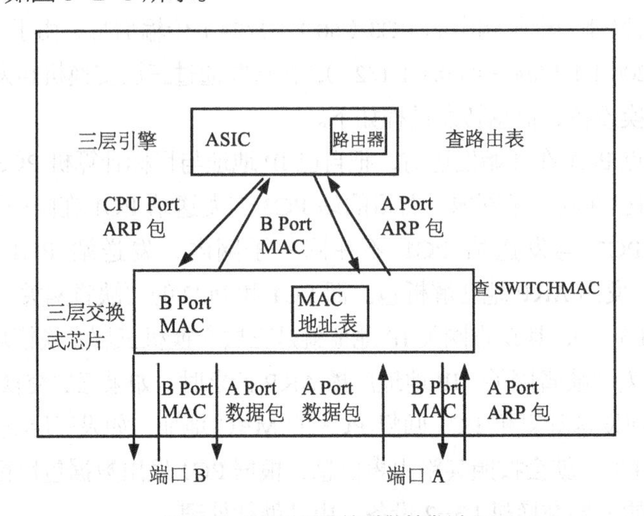

图 5-2-5　三层硬件引擎转发过程

2．基于软件的三层交换技术

基于软件的三层交换机技术较简单，但速度较慢，不适合作为主干。其原理是，采用 CPU 用软件的方式查找路由表，如图 5-2-6 所示。

当数据由端口接口芯片接收进来以后，首先在二层交换芯片中查找相应的目的 MAC 地址，如果查到，就进行二层转发，否则将数据送至 CPU。CPU 查找相应的路由表信息，与数据的目的 IP 地址相比对，然后发送 ARP 数据包到目的主机得到该主机的 MAC 地址，将 MAC 地址发到二层芯片，由二层芯片转发该数据包。因为低价 CPU 处理速度较慢，因此这种三层交换机处理速度较慢。

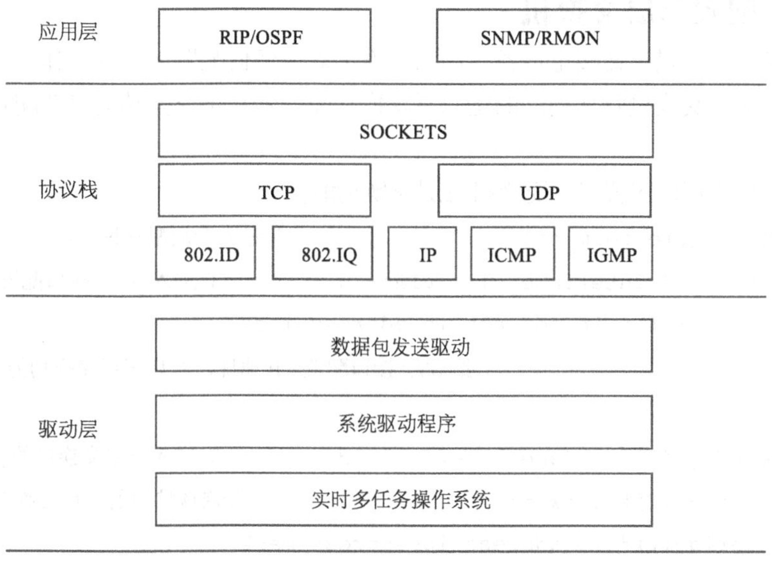

图 5-2-6 软件三层交换机原理

近年来，随着宽带 IP 网络建设成为热点，三层交换机定位于接入层或中小规模汇聚层产品。网络骨干少不了三层交换三层交换机的除了具有优秀的性能之外，还具有一些传统的二层交换机没有的特性，这些特性可以给校园网和城域教育网的建设带来许多好处，在校园网、城域教育网中，从骨干网、城域网骨干、汇聚层都有三层交换机的用武之地，如图 5-2-7 所示。

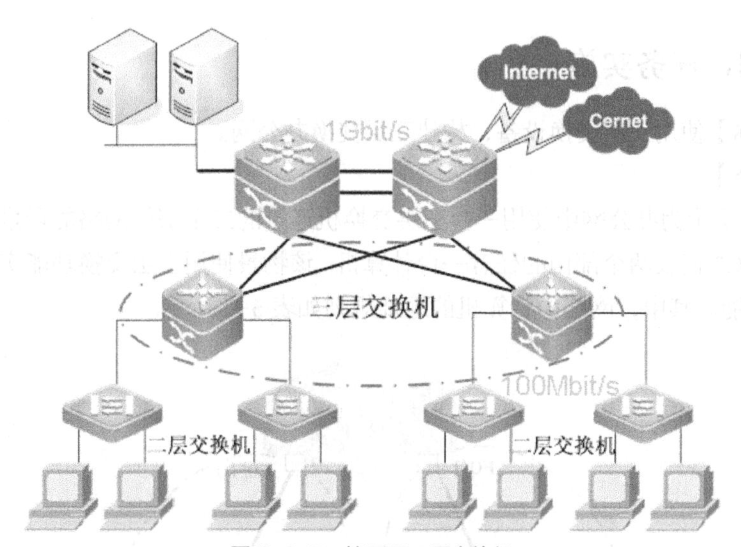

图 5-2-7 校园网三层交换机

核心骨干网一定要用三层交换机，否则整个网络成千上万台的计算机都在一个子网中，不仅毫无安全可言，也会因为无法分割广播域而无法隔离广播风暴。三层交换机通过使用硬件交换机构实现了 IP 的路由功能，其优化的路由软件使得路由过程效率提高，解决了传统路由器软件路由的速度问题。因此可以说，三层交换机具有“路由器的功能、交换机的性能”。

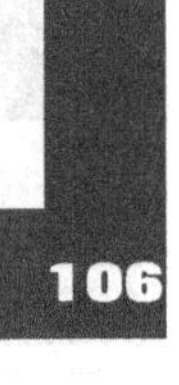

5.2.5 配置三层交换机

二层交换技术，只要连接上设备，启动后就不需要任何配置就可以工作。和二层交换功能不同的是，三层交换机默认启动的是二层交换功能，其三层交换功能需要配置后，才能发挥作用。

通过如下命令可以配置三层交换机三层交换功能。

```
Switch#configure terminal                          ! 进入全局配置模式。
Switch(config)# interface vlan vlan-id                ! 进入 SVI 接口配置模式。
Switch(config-if)# ip address ip-address mask
                                  ! 给 SVI 接口配置 IP 地址，开启三层交换功能。

Switch(config)# interface interface-id               ! 进入三层交换机的接口配置模式。
Switch(config-if)#no switch                        ! 开启该接口的三层交换功能
Switch(config-if)# ip address ip-address mask
                     ! 给指定的接口配置 IP 地址，这些 IP 地址作为各个子网内主机网关。

Switch#show running-config                        ! 检查一下刚才的配置是否正确。
Switch#show ip route                              ! 查看三层设备上的路由表。
```

所有的命令都有“no”功能选项。使用“no”命令选项，可以清除三层接口上的 IP 地址，把三层接口还原为二层交接接口。

四、任务实施

【任务名称】使用三层交换设备，构建三层交换办公网。

【网络拓扑】

图 5-2-8 所示为办公网中使用一台三层交换机连接的二个部门网络的场景，分别使用计算机 PC1 和 PC2 代表两个部门的任意一台计算机。该物景使用三层交换功能实现不同的子网的三层通信功能。其中，网络中计算机的地址规划如表 5-1 所示。

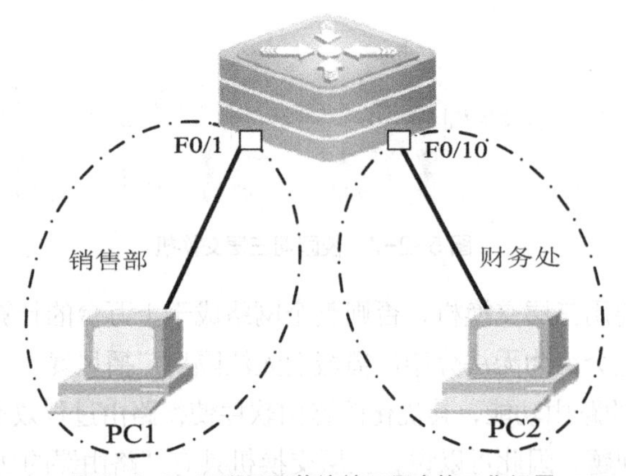

图 5-2-8　不同子网络连接三层交换工作场景

表 5-1 办公网中部门网络子网地址规划

设备名称	IP 地址 / 子网掩码	网 关	DNS	部 门
PC1	172.16.1.2/24	172.16.1.1/24	无	销售部
PC2	172.16.2.2/24		无	财务处
三层交换机 f0/1 接口	172.16.1.1/24	无	无	连接销售部
三层交换机 f0/10 接口	172.16.2.1/24	无	无	连接财务处

【设备清单】三层交换机（1 台）、 计算机（≥2 台）、网线（若干）。

【工作过程】

1．组网

根据图 5-2-8 所示网络拓扑，连接三层交换机和计算机设备，构建三层交换机连接的两个部门子网络的场景。

2．配置三层交换机设备

三层交换机设备加电激活后，自动生成交换网络，但需要配置其连接不同子网接口的路由功能，开启交换机接口路由功能，为所有接口配置所在网络的接口地址。

```
Switch#configure terminal                              ! 进入全局配置模式
Switch (config)#interface fastethernet 0/1
Switch (config-if) #no switching                       ! 开启三层交换机接口的路由功能
Switch (config-if) #ip address 172.16.1.1 255.255.255.0    ! 配置三层交换机
接口地址
Switch (config-if) #no shutdown


Switch (config)#interface fastethernet 0/10
Switch (config-if) #no switching
Switch (config-if) #ip address 172.16.2.1 255.255.255.0
Switch (config-if) #no shutdown
```

三层交换机经过配置如表 5-1 所示的地址信息后，激活端口 IP，即可在三层交换机设备中生成直连路由信息，从而实现直连网段之间的通信。

3．查看三层交换机设备路由表信息

通过以上配置操作以后，三层交换机将为激活的路由接口自动产生直连路由，172.16.1.0 网络被映射到接口 F1/0 上、172.16.2.0 网络被映射到接口 F1/1 上。

三层交换机路由表可以通过“show ip route”命令查询，如下所示。

```
Switch# show ip route                              ! 查看三层交换机路由表信息
…… ……
```

4．配置不同子网中计算机设备 IP 地址

给连接的计算机配置子网 IP 地址、网关地址，并测试网络联通性。分别打开测试计算机的“网络连接”，选择“常规”属性中“Internet 协议（TCP/IP）”项，配置如表 5-1 中地址信息。

5．测试不同部门之间的网络联通性

配置好计算机 IP 地址后，使用“Ping”命令，来检查网络联通情况。

打开计算机，在“开始->运行”栏中输入“CMD”命令，转到命令操作状态，测试办公网的联通性。

通过三层交换机构建办公子网，使用三层交换机设备生成的直连路由，依靠三层交换功能，能直接实现联通。

任务评价

完成了本项目的基础知识学习和综合实训训练后，下面给自己的学习进行简单的评价。

序　　号	任务名称	任务评价
1	使用三层交换 SVI 技术，实现不同 VLAN 通信	
2	使用三层交换机构建三层交换办公网	
3	配置三层交换机子网技术	

PART 6

项目六 组建多园区网络

项目背景

浙江嘉兴技师学院是一所以技能人才培养为主的职业技术学院，学院为了加强信息化的需求，组建了互联互通的校园网络。

随着国家对职业教育的扶持，学校招生规模日益扩大，原有的校园面积已无法容纳日益增多的学生，因此学校决定兼并附近的一所也是以技能人才培养为中心的职业中专学校，两所学校合二为一。

两所学校虽然合并，但教学和行为区域仍旧维持现状。但为加强合并后学校的统一管理，需要重新改造、扩建新校园网络，将两所学校的校园网合二为一，依托信息化教学资源满足合并后学校统一管理的需要。

- 任务 6.1　配置校园网出口路由
- 任务 6.2　使用静态路由实现园区网络联通
- 任务 6.3　使用动态路由实现园区网络联通

技术导读

本项目技术重点：认识路由器设备知识、配置静态路由技术、配置动态路由技术。

6.1 任务一　配置校园网出口路由

一、任务描述

浙江嘉兴技师学院是一所以技能人才培养为主的职业技术学院，学院为了加强信息化的需求，组建了互联互通的校园网络。为了获取更多的互联网上信息化教学资源，网络中心通过配置网络中心路由器设备，把校园内部网络接入外部互联网中。

本单元的主要任务是认识路由器设备，了解直连路由的基础知识。

二、任务分析

路由器设备是校园网络最常见的出口设备，可分别连接内部的办公网和外部的互联网，也即实现局域网和广域网的互联。本任务通过认识路由器设备，了解路由的工作机制，学习直连路由技术。

三、知识准备

6.1.1　什么是路由

网络互联的方式有很多种。如果仅仅是为了实现网络中的设备扩展性质而互联起来，可直接使用二层交换机设备，即可达到网络互联效果；但如果是要把不同子网，或者是把不同类型的网络互联起来，就需要使用三层路由设备，即路由器或三层交换机。

所谓路由就是指通过相互联通的网络，把数据从源地点转发到目标地点的过程，如图 6-1-1 所示。

一般来说，数据在网络中路由的过程中，会经过一个或多个中间节点。路由技术发生在 OSI 模型的第三层（网络层）。路由包含两个基本的动作，即确定最佳路径和通过网络传输信息，后者也称为数据转发。数据转发相对来说比较简单，而选择路径很复杂。

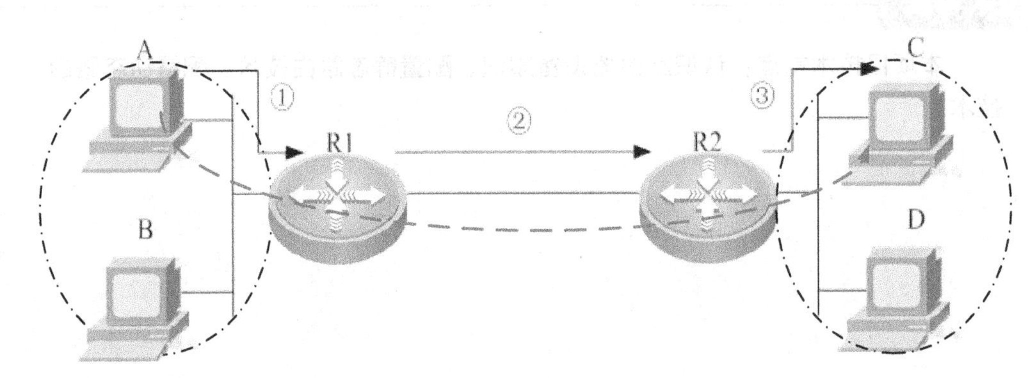

图 6-1-1　路由示例

路由器 R1 将根据接收到的 IP 分组目的地址，选择合适的端口把 IP 分组送出去。同主机一样，路由器也要判定端口所接的是否是目的子网，如果是，就直接把分组通过端口送到网络上，否则，也要选择下一个路由器来传送分组。

通过 R1 路由器中路由表中记载的信息，接收到的 IP 分组包被转发到路由器 R2 上。在互联网络中，路由器通过维护路由表来标记所有目的网络的转发路径，从而实现整个网络中的网间访问。Internet 就是由成千上万个 IP 子网通过路由器互联起来的国际性网络，形成了以路由器为节点的“网间网”。在“网间网”中，路由器不仅负责对 IP 数据包的转发，还要负责与别的路由器进行联络，共同确定数据包在全网络中的路由选择和路由表维护。

6.1.2 认识路由器设备

1．网络互联设备：交换机

交换机工作在 OSI 模型中的第二层，即链路层，负责完成数据帧（Frame）的转发，主要目的是在连接的网络间提供透明的路由通信。交换机的转发依据是查看数据帧中的源 MAC 地址和目的 MAC 地址，判断一个帧应转发到哪个端口。帧中的地址称为“MAC”物理地址或“硬件”地址，一般就是网卡设备上所带的地址。

交换机扩大了网络的规模，提高了网络的性能，给网络应用带来了方便。但交换机互连也带来网络广播风暴。交换机不阻挡网络中的广播消息，当网络的规模较大时（多个交换机，多个以太网段），有可能引起广播风暴，导致整个网络全被广播信息充满，直至瘫痪。

2．连通不同网络设备——路由器

路由器是一种连接多个不同网络或子网段的网络互联设备，如图 6-1-2 所示。

路由器中的“路由”是指在相互连接的多个网络中，信息从源网络移动到目标网络的活动。一般来说，数据包在路由过程中至少会经过一个以上的中间节点设备。路由器为经过其上的每个数据包寻找一条最佳传输路径，以保证该数据有效、快速地传送到目的计算机。

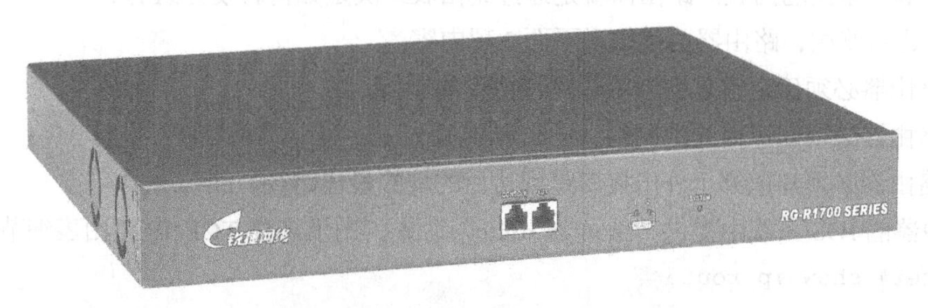

图 6-1-2 网络层的设备——路由器

为了完成这项工作，路由器保存着各种传输路径的地址信息表，即路由表（Routing Table），供数据包路由时选择。路由表中保存着到达各子网的标志信息：路由标识、获得路由方式、目标网络、转发路由器地址和经过路由器的个数等内容，如图 6-1-3 所示。

```
RouterA#show ip route   !! 查看路由器路由表信息
Codes:  C - connected, S - static,  R - RIP
        O - OSPF, IA - OSPF inter area
        N1 - OSPF NSSA external type 1, N2 - OSPF NSSA external type 2
        E1 - OSPF external type 1, E2 - OSPF external type 2
        * - candidate default

Gateway of last resort is no set
C    192.168.1.0/24 is directly connected, FastEthernet 1/0
C    192.168.1.1/32 is local host.
```

图 6-1-3 路由器转发数据路由表信息

路由表可以通过手工添加的方式设置，也可以由路由器动态学习，自动调整。生成的路由信息都保存在路由器的内存中，以供路由器将来作为转发数据信息的依据。路由器在接收到数据包后，提取数据包中携带的 IP 地址信息，通过查找路由表，确定数据包转发的路径，将数据包从一个网络转发到另一个网络。

除连接不同子网外，当数据信息从一种网络传输到另外一种类型网络时，路由器接收来自不同类型网络的数据信息，通过分析数据包中携带的信息，并阅读、翻译，以使它们能够接受到，或者相互“读”懂对方的数据，从而构成所有网络的互联互通。

作为不同网络之间连接的枢纽，路由器的另一个作用是选择信息传送的线路。选择通畅快捷的近路，能大大提高通信速率，减轻网络系统通信负荷，节约网络系统资源，提高网络系统畅通率，从而让网络系统发挥出更大的效益。

6.1.3 认识路由表

在每台路由器的内部都有一个路由表，这个路由表中包含有该路由器知道的目的网络地址以及通过此路由器到达这些网络的最佳路径，如某个接口或下一跳的地址。正是由于路由表的存在，路由器可以依据它进行转发。

当路由器从某个接口中收到一个数据包时，路由器查看数据包中的目的网络地址，如果发现数据包的目的地址不在接口所在的子网中，路由器查看自己的路由表，找到数据包的目的网络所对应的接口，并从相应的接口转发出去。

路由器的主要工作是判断到给定目的地的最佳路径，这些路径的学习可以通过管理员的配置或者通过路由协议实现。路由器在内存（RAM）中保存着一张路由表，该表是关于路由器已知的最佳路由的列表。路由器就是通过路由表来决定如何转发分组的。

为了进行路由，路由器必须知道下面 3 项内容。

- 路由器必须确定它是否激活了对该协议的支持。
- 路由器必须知道目的地网络。
- 路由器必须知道哪个外出接口是到达目的地的最佳路径。

路由器的 IOS 系统中提供“show ip route”命令，用于观察 TCP/IP 路由表细节。

```
Router# show ip route
Codes:  C - connected, S - static,  R - RIP    O - OSPF, IA - OSPF inter area
        N1 - OSPF NSSA external type 1, N2 - OSPF NSSA external type 2
        E1 - OSPF external type 1, E2 - OSPF external type 2
        * - candidate default
Gateway of last resort is no set
C    172.16.1.0/24 is directly connected, FastEthernet1/0
C    172.16.21.0/24 is directly connected, serial 1/2
S    172.16.2.0/24 [1/0] via 172.16.21.2
R    172.16.3.0/24 [120/2] via 172.16.21.2, 00:00:27, serial 1/2
R    172.16.4.0/24 [120/2] via 172.16.21.2, 00:00:27, serial 1/2
```

在显示结果的前几行，列出了路由器用来指明如何学到路由的可能编码。用“C”标注直连网络的 2 条路由、用“S”标注 1 条静态路由、用“R”标注 2 条 RIP 产生的动态路由。路由表中记录执行路由操作所需要的信息，它们由一个或多个路由选择协议进程生成。

6.1.4 认识路由器组成硬件

路由器实际上也是一台特殊的通信计算机，和所有计算机一样，也是由硬件系统和软件系统构成。组成路由器的硬件结构包括：内部的处理器、存储器和各种不同类型接口。操作系统控制软件是控制路由器硬件工作的核心，如锐捷路由器中安装 RGNOS 系统。

1．路由器处理器

路由器也包含有一个中央处理器（CPU），CPU 的能力直接影响路由器传输数据的速率。路由器 CPU 的核心任务是实现路由软件协议运行，提供路由算法，生成、维护和更新路由表功能，交换路由信息、路由表查找以及转发数据包。

图 6-1-4 路由器处理器芯片

随技术的不断更新和发展，目前路由器中的许多工作任务都通过专用硬件芯片来实现。在高端路由器中，通常增加一块负责数据包转发和路由表查询的 ASIC 芯片硬件设备，以提高路由器的工作效率，同时在一定程度上也减轻 CPU 的工作负担，如图 6-1-4 所示。

2．路由器存储器

路由器中使用了多种不同类型存储器，以不同方式协助路由器工作。这些存储器包括只读内存、随机内存、非易失性 RAM、闪存。

● 只读内存 ROM。

ROM 是只读存储器，使用时不能修改其中存放的代码。路由器中 ROM 的功能与计算机中的 ROM 相似，主要用于路由器操作系统初始化，路由器启动时引导操作系统正常工作。

● 随机存储器 RAM（Andom Access Memory）。

RAM 是可读写存储器，在系统重启后将被清除。RAM 运行期间暂时存放操作系统和一些数据信息，包括系统配置文件（Running-config）、正在执行的代码、操作系统程序和一些临时数据，以便让路由器能迅速访问这些信息。

● 非易失性存储器 NVRAM (Non-Volatile Random Access Memory)。

NVRAM 也是可读写存储器，在系统重新启动后仍能保存数据。NVRAM 仅用于保存启动配置文件（Startup-Config），其容量小、速度快、成本比较高。

● 闪存 Flash。

闪存是可读写存储器，在系统重新启动后仍能保存数据。Flash 中存放着运行操作系统。

3．路由器接口

接口是路由器连接链路的物理接口，接口通常由线卡提供，一块线卡一般能支持 4、8 或 16 个接口。接口具有的功能有：进行数据链路层的数据的封装和解封装；在路由表中查找输入数据包的目的 IP 地址，以转发到目的接口。

路由器具有强大的网络连接功能，可以与各种不同网络进行物理连接，这就决定了路由器的接口非常复杂，越高档的路由器接口种类越多，所能连接的网络类型也越丰富。路由器的接口主要分为局域网接口、广域网接口和配置接口三类，如图 6-1-5 所示。

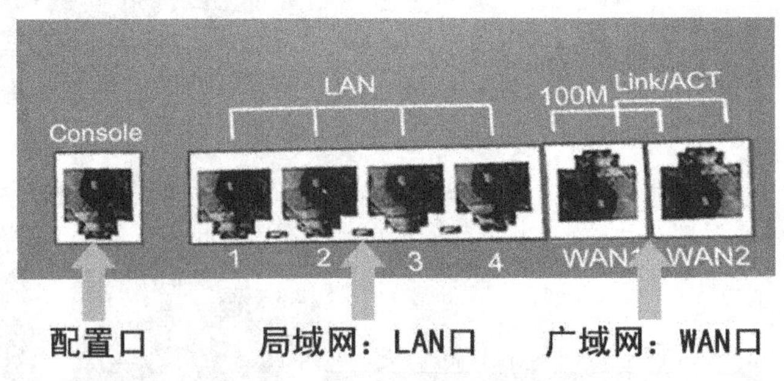

图 6-1-5 路由器的三类接口

局域网接口主要用于路由器与局域网的连接，主要为常见以太网 RJ-45 接口。如图 6-1-6 所示，该接口采用双绞线作为传输介质连接网络。

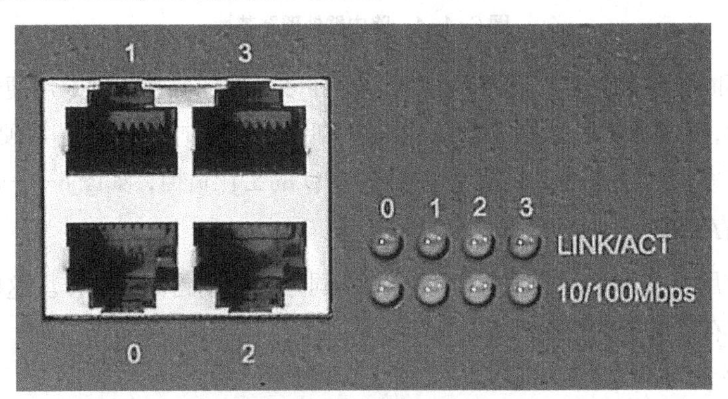

图 6-1-6 路由器和以太网连接 RJ-45 接口

路由器与广域网连接的接口称为广域网接口（也称 WAN 口）。路由器更重要的应用是提供局域网与广域网、广域网与广域网间连接，常见的广域网接口有如下几类。

（1）SC 接口：SC 接口也就是常说的光纤接口。该类接口一般固化在高档路由器上，普通路由器需要配置光纤模块才具有，如图 6-1-7 所示。

图 6-1-7　路由器光纤模块

（2）高速同步串口（Serial）：在和广域网的连接中，应用最多的是高速同步串口，如图 6-1-8 所示。同步串口通信速率高，要求所连接网络的两端执行同样技术标准。

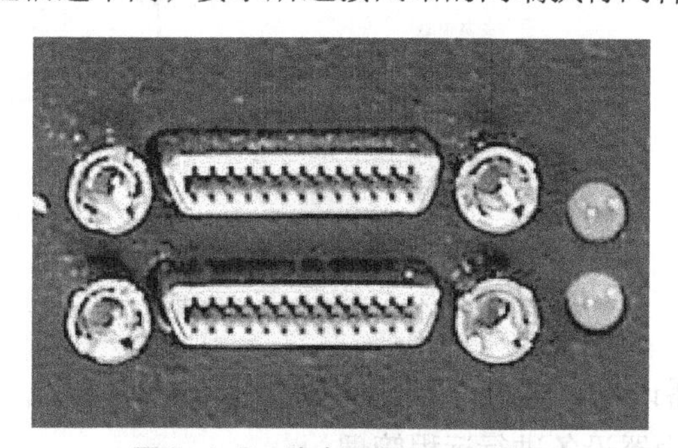

图 6-1-8　路由器的 Serial 接口

路由器的配置接口一般有两种类型，分别是 Console 类型和 AUX 类型，如图 6-1-9 所示，用来和计算机连接对路由器进行配置。其中，AUX 口为异步接口，与调制解调器进行连接，用于远程拨号连接配置路由器。路由器会同时提供 AUX 与 Console 两个配置接口，以适用不同配置方式。

图 6-1-9　配置接口 Console 和 AUX

6.1.5　配置路由器设备

1．配置路由器的模式

安装在网络中的路由器必须进行初始配置，才能正常工作。对路由器设备配置需要借助计算机，如图 6-1-10 所示。和配置交换机设备一样，一般配置过程有以下 5 种方式。

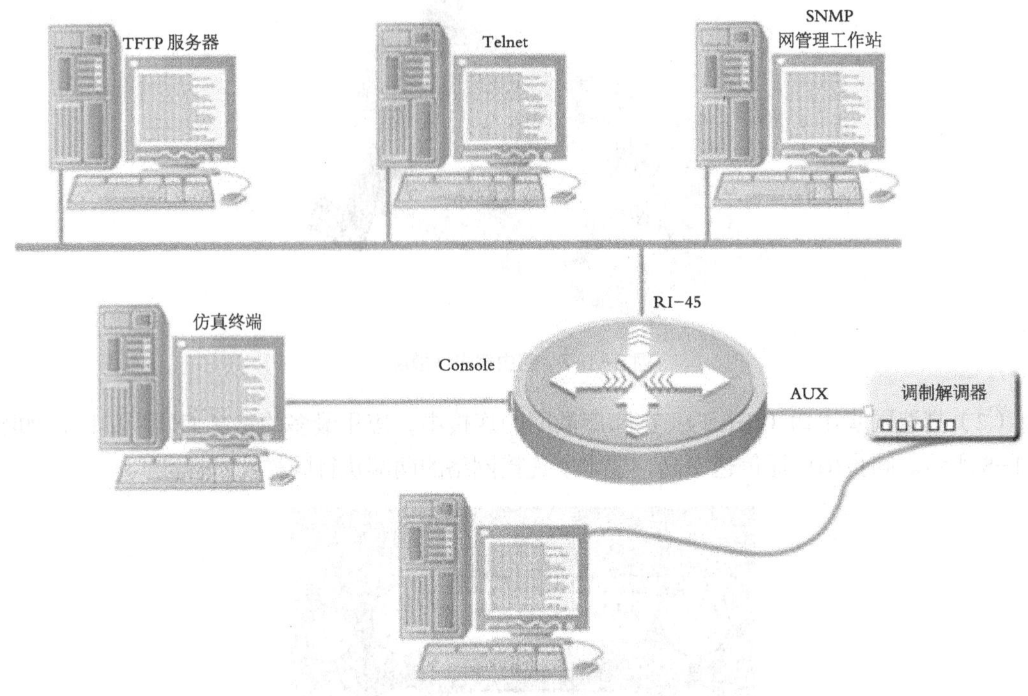

图 6-1-10　配置路由器的模式

- 通过 PC 与路由器设备 Console 口直接相连。
- 通过 Telnet 对路由器设备进行远程管理。
- 通过 Web 对路由器设备进行远程管理。
- 通过 SNMP 管理工作站对路由器设备进行管理。
- 通过路由器 AUX 接口连接调制解调器远程配置管理模式。

2．通过带外方式管理路由器

第一次使用路由器时，必须通过 Console 口方式对路由器进行配置。具体的连接过程、启用仿真终端的方法、操作步骤和项目三中通过 Console 口配置交换机相同。由于该种配置方式不占用设备的资源，因此又称为带外管理设备方式。

3．路由器命令模式

在进行路由器配置时，也有多种不同的配置模式。不同的命令对应不同的配置模式，不同配置模式也代表着不同的配置权限。和交换机设备一样，路由器也同样具有 3 种配置模式。

（1）用户模式：Router >

在该模式下用户只具有最低权限，可以查看路由器的当前连接状态，访问其他网络和主机，但不能看到和转发路由器的设置内容。

（2）特权模式：Router #

在用户模式的提示符下，输入“enable”命令即可进入特权模式。该模式下用户命令常用来查看配置内容和测试，输入“exit”或“end”即返回到用户模式。

（3）配置模式：Router（config）#

在特权模式 Router # 提示符下输入“configure terminal”命令，便出现全局模式提示符。用户可以配置路由器的全局参数。在全局配置模式下产生的其他几种子模式分别如下。

```
Router (config-if) #              ! 接口配置模式。
Router (config-line) #            ! 线路配置模式。
Router (config-router) #          ! 路由配置模式。
```

正确理解不同的命令配置模式状态，对正确配置路由器非常重要。在任何一级模式下都可以用“exit”命令返回到上一级模式，输入“end”命令直接返回到特权模式。

4．配置路由器命令

路由器的 IOS 是一个功能强大的操作系统，特别在一些高档路由器中，更具有相当丰富的操作命令，下面介绍路由器常用操作命令。

● 配置路由器命令行操作模式转换。

```
Red-Giant>enable                                        ! 进入特权模式
Red-Giant#
Red-Giant#configure terminal                            ! 进入全局配置模式
Red-Giant(config)#
Red-Giant(config)#interface fastethernet 1/0      !  进入路由器 F1/0 接口模式
Red-Giant(config-if) #
Red-Giant(config-if)#exit                               ! 退回到上一级操作模式
Red-Giant(config-if)#end                                ! 直接退回到特权模式
```

● 配置路由器设备名称。

```
Red-Giant(config)#hostname RouterA                      ! 把设备的名称修改为 RouterA
RouterA(config)#
```

● 显示命令。

显示命令就是用于显示某些特定需要的命令，以方便用户查看某些特定设置信息。

```
Router # show version                         !  查看版本及引导信息
Router # show running-config                  !  查看运行配置
Router # show interface type number           !  查看接口信息
Router # show ip route                        !  查看路由信息
Red-Giant#copy running-config startup-config
                               !  保存配置，将当前配置文件拷贝到初始配置文件中
```

● 路由器 A 端口参数的配置。

```
Ra(config)#interface serial 1/2                    ! 进行 s1/2 的端口模式
Ra(config-if)#ip address 1.1.1.1 255.255.255.0     ! 配置端口的 IP 地址
Ra(config-if)#clock rate 64000                  ! 在 DCE 接口上配置时钟频率 64000
Ra(config-if)#bandwidth 512                       ! 配置端口的带宽速率为 512KB
Ra(config-if)#no shutdown                         ! 开启该端口，使端口转发数据
```

四、任务实施

【任务名称】配置校园网出口路由。

【网络拓扑】

如图 6-1-11 所示的网络拓扑是学院网络中心出口路由器设备工作场景。该结构通过直连路由技术，实现左右连接的内网和外网之间、不同子网络系统之间的互联互通。

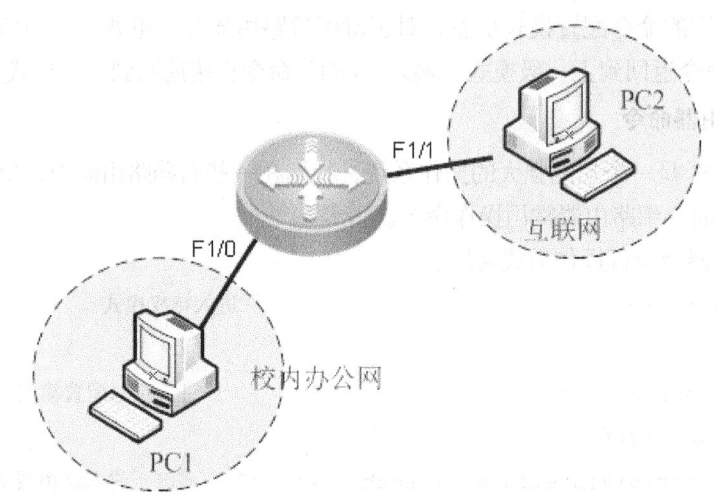

图 6-1-11　不同子网络工作场景

【设备清单】路由器（1 台）；网线（若干根）；测试 PC（2 台）。

【工作过程】

1．连接设备

使用准备好网线，按照如图 6-1-11 所示网络拓扑，在工作现场连接好设备，注意接口信息。

2．配置路由器接口地址信息

根据如图 6-1-11 所示的不同子网连接场景，路由器每个接口都必须单独占用一个网段。

路由器经过配置如表 6-1 所示的地址信息后，即可生成直连路由信息，实现直连网段之间的通信。

表 6-1　路由器接口所连接网络地址

接　口	IP 地址	目标网段
Fastethernet 1/0	172.16.1.1	172.16.1.0
Fastethernet 1/1	172.16.2.1	172.16.2.0
PC1	172.16.1.2/24	172.16.1.1（网关）
PC2	172.16.2.2/24	172.16.2.1（网关）

为所有接口配置所在网络的接口地址。

```
Red-Giant#configure terminal                          ! 进入全局配置模式
```

```
Red-Giant(config)#hostname Router
Router (config)#interface fastethernet 1/0              ! 进入F1/0接口模式
Router (config-if) #ip address 172.16.1.1 255.255.255.0    ! 配置接口地址
Router (config-if) #no shutdown
```

```
Router (config)#interface fastethernet 1/1              ! 进入F1/1接口模式
Router (config-if) #ip address 172.16.2.1 255.255.255.0    ! 配置接口地址
Router (config-if) #no shutdown
Router (config-if)#end                              ! 退回到特权模式
```

3．查看路由表

路由器经过配置如表 6-1 所示的地址信息后，即可在互连设备中生成直连路由信息，从而实现直连网段之间的通信。路由表通过“show ip route”命令查询的结果如下所示。

```
Router# show ip route                               ! 查看路由表信息
Codes:  C - connected, S - static,  R - RIP
       O - OSPF, IA - OSPF inter area
       N1 - OSPF NSSA external type 1, N2 - OSPF NSSA external type 2
       E1 - OSPF external type 1, E2 - OSPF external type 2
       * - candidate default
Gateway of last resort is no set
C    172.16.1.0/24  is directly connected, FastEthernet1/0     ! 生成直连路由
C    172.16.2.0/24  is directly connected, FastEthernet1/1
```

4．测试网络联通性

分别给代表校园网络内外网中的计算机 PC1 和 PC2 设备配置如表 6-1 所示的地址信息，之后，通过“ping” 测试命令，可以获得不同区域子网络之间的联通情况。

6.2 任务二 使用静态路由实现园区网络联通

一、任务描述

浙江嘉兴技师学院兼并附近一所职业中专学校，为加强合并后学校的统一管理，需要重新改造、扩建新校园网络，使两所学校的校园网合二为一，以便依托信息化教学资源达到合并后学校统一管理的需要。为此，需要分别在两所学校的网络中心校园网的出口设备上配置静态路由技术，实现两所学校校园的互联互通。

二、任务分析

路由器是最常见的网络出口设备，可实现内部的办公网接入到外部的互联网。通过配置路由器设备连接内、外网的接口，可以生成直连路由，实现直接连接网络的联通。但如果需

要实现非直接连接网络之间的联通，就需要配置路由器的静态路由技术。

三、知识准备

6.2.1 什么是直连路由

和交换机工作模式不同的是，路由器设备必须经过配置以后才能开始工作，即需要赋予路由器设备的初始配置、其连接网络接口地址，才能保证所连接网络正常通信。

路由器各接口直接连接的子网，称为直连网络。直连网络之间使用路由器自动产生的直连路由实现通信。路由表中直连路由信息，在配置完路由器接口 IP 地址后，自动生成。如果没有对路由器接口进行特殊限制，这些接口所直连的网络之间，在配置完成地址之后就可以直接通信。

一般把这种在路由器接口所连接的子网，直接配置地址的生成的路由方式称为直连路由。直连路由的基本功能就是实现邻居网络之间的互通。图 6-2-1 所示为直连路由场景。

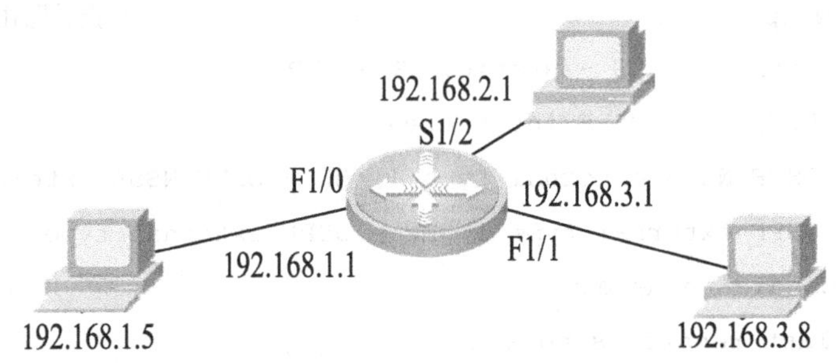

图 6-2-1 路由器接口所连接直连网络

在如图 6-2-1 所示的直连网络场景中，路由器每个接口单独占用一个子网段地址，生成如表 6-2 所示的直连路由表，实现这些直接连接的网段之间的连通。

表 6-2 路由器接口生成的直连路由表信息

接　　口	IP 地址	目标网段
Fastethernet 1/0（F1/0）	192.168.1.1	192.168.1.0
Serial 1/2（S1/2）	192.168.2.1	192.168.2.0
Fastethernet 1/1（F1/1）	192.168.3.1	192.168.3.0

6.2.2 什么是静态路由

静态路由是指由网络管理员手动配置的路由信息。当网络的拓扑结构或链路的状态发生变化时，网络管理员需要用手动方式去修改路由表中相关的静态路由信息。

静态路由信息在默认情况下是私有，不会传递给其他路由器。静态路由适用于比较简单的网络环境，在这样的环境中，网络管理员易于清楚地了解网络的拓扑结构，便于设置正确的路由信息。静态路由由于需要用户或网络管理员手动配置，因此一般用在小型网络或拓扑相对固定网络中。

静态路由具有特点如下。

- 静态路由允许对网络中的路由行为进行精确的定向传输和控制。
- 静态路由信息不在网络中广播，减少了网络流量。
- 静态路由是单向的，配置简单。

静态路由除了具有简单、高效、可靠的优点外，另一个优点是网络安全保密性高。静态路由信息在缺省情况下是私有的，不会传递给其他的路由器。

动态路由因为需要路由器之间频繁地交换各自的路由表，而对路由表的分析可以揭示网络的拓扑结构和网络地址等信息，因此存在一定的不安全性；而静态路由不存在这样的问题，因此，出于安全方面的考虑，可以采用静态路由以减少路由表广播危险。

但在大型和复杂的网络环境中，通常不宜采用静态路由。其原因有以下两方面。一方面，网络管理员难以全面地了解整个网络的拓扑结构；另一方面，当网络的拓扑结构和链路状态发生变化时，路由器中的静态路由信息需要大范围调整，这一工作的难度和复杂程度非常高。

6.2.3 配置静态路由技术

在一个安装完毕的网络中，静态路由需要网络管理员手动配置路由信息，才能获取路由表信息。

以下是路由器配置静态路由命令格式。

```
ip  route   目标网络/子网掩码  本地接口/下一跳设备地址
```

在配置静态路由时，“ip route”后面输入到目标网络路由地址及直接连接下一跳路由器的接口地址。需要注意的是，配置静态路由时，可以选择“本地接口”或“下一跳设备地址”两种配置方案之一。选择“本地接口”时，直接输入本路由器接口名称即可；选择“下一跳设备地址”时，必须输入连接的路由器接口的 IP 地址。

如果静态下一跳指定是下一个路由器的 IP 地址，则路由器认为产生了一条管理距离为 1、开销为 0 的静态路由。如果下一跳指定是本路由器出站接口，则路由器认为产生的是一条管理距离为 0、和直连的路由等价的路由。

可以使用该命令的“no” 选项删除静态路由表信息，如下所示。

```
Router-B (config)#no ip route  192.168.1.0 255.255.255.0 fastethernet 0/1
```

四、任务实施

【任务名称】使用静态路由实现园区网络联通。

【网络拓扑】

图 6-2-2 所示为嘉兴技师学院两个校区的非直连网络拓扑，使用 2 台路由器设备连接东、西校园园区不同子网络。由于有多个非直连网络，因此每台路由器无法通过直连路由学习到全网的拓扑信息，必须通过人工配置静态路由的方式，才能了解全网的路由信息。

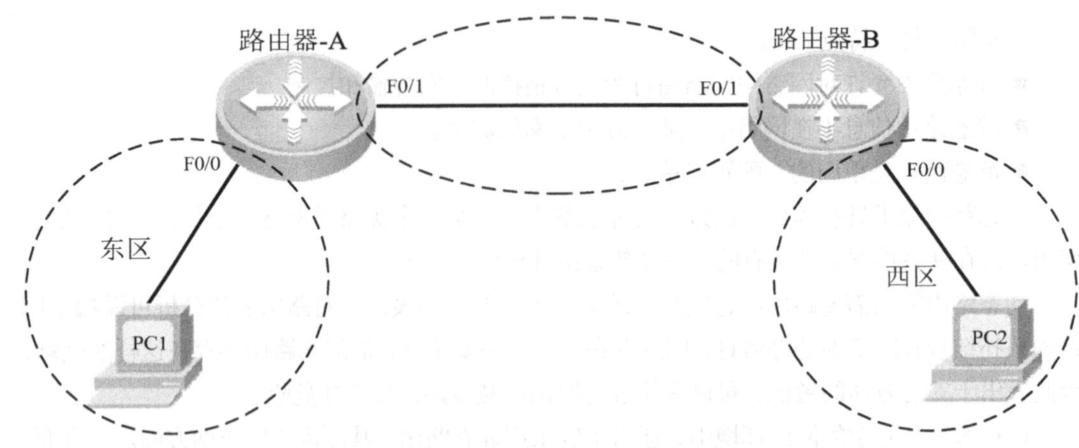

图 6-2-2　配置非直连网络的静态路由信息

表 6-3 为嘉兴技师学院两个校区重新规划的全网 IP 地址规划信息。

表 6-3　嘉兴技师学院两个校区网络地址规划

设　备	接　口	IP 地址/子网掩码	所在网段	备　注
路由器-A	Fastethernet 0/0	192.168.1.1/24	192.168.1.0/24	连接东校区网络
	Fastethernet 0/1	192.168.2.1/24	192.168.2.0/24	连接骨干网
路由器-B	Fastethernet 0/1	192.168.2.2/24	192.168.2.0/24	连接骨干网
	Fastethernet 0/0	192.168.3.1/24	192.168.3.0/24	连接校西区网络
PC1		192.168.1.2/24	192.168.1.0/24	东校区网络中设备
PC2		192.168.3.2/24	192.168.3.0/24	西校区网络中设备

【设备清单】路由器（2 台）、测试 PC（2 台）

【工作过程】

1．组网

如图 6-2-2 所示，组建嘉兴技师学院两个校区的非直连网络拓扑，再现真实的工作场景。

2．配置校区路由器 A 出口路由信息

在路由器 A 上配置直连路由以及静态路由过程。

```
Router#configure terminal                        ！进入全局配置模式
Router(config)#hostname Router-A
Router-A (config)#interface fastethernet 0/0         ！ 进入路由器 F0/0 接口模式
Router-A (config-if) #ip address 192.168.1.1 255.255.255.0       ！配置接口地址
Router-A (config-if) #no shutdown
Router-A (config-if) #exit

Router-A (config)#interface fastethernet 0/1        ！ 进入路由器 F1/1 接口模式
Router-A (config-if) #ip address 192.168.2.1 255.255.255.0       ！配置接口地址
Router-A (config-if) #no shutdown
```

```
Router-A (config-if) #exit

Router-A (config)#ip route 192.168.3.0 255.255.255.0 fastethernet 0/1
                              ! 配置路由器 A 到达西区网络（192.168.3.0/24）经过的路径

Router-A #show ip route                    ! 查看配置完成的路由表信息
...... ......
```

3. **配置校区路由器 B 出口路由信息**

以下示例为在路由器 B 上的配置静态路由命令。

```
Router#configure terminal                       ! 进入全局配置模式
Router(config)#hostname Router-B
Router-B (config)#interface fastethernet 0/0        ! 进入路由器 F0/0 接口模式
Router-B (config-if) #ip address 192.168.2.2 255.255.255.0      ! 配置接口地址
Router-B (config-if) #no shutdown
Router-B (config-if) #exit

Router-B (config)#interface fastethernet 0/1      ! 进入路由器 F1/1 接口模式
Router-B (config-if) #ip address 192.168.3.1 255.255.255.0      ! 配置接口地址
Router-B (config-if) #no shutdown
Router-B (config-if) #exit

Router-B (config)#ip route 192.168.1.0 255.255.255.0 fastethernet 0/1
                              ! 配置路由器 B 到达东区网络（192.168.1.0/24）经过的路径

Router-B #show ip route                    ! 查看配置完成的路由表信息
...... ......
```

4. **测试东、西校区路由器网络联通性**

按照表 6-3 规划的地址，分别配置东、西校区网络中测试计算机 PC1 和 PC2 的地址、子网掩码以及对应的网关信息，分别测试到对端网络的联通情况，要求全网能实现联通。

```
Ping 192.168.1.1
......(!!!!! Ok )
Ping 192.168.2.1
......(!!!!! Ok )
Ping 192.168.3.1
......(!!!!! Ok )
Ping 192.168.3.2
......(!!!!! Ok )
```

如果有不能联通的情况，需要及时排除网络中的故障。

6.3 任务三　使用动态路由实现园区网络联通

一、任务描述

浙江嘉兴技师学院兼并附近一所职业中专学校，为加强合并后学校的统一管理，需要重新改造、扩建新校园网络，使两所学校的校园网合二为一，以便依托信息化教学资源达到合并后学校统一管理的需要。为此，需要分别在两所学校的网络中心校园网的出口设备上，配置动态路由技术，实现两所学校校园的互联互通。

二、任务分析

路由器是最常见的网络出口设备，可实现内部的办公网接入到外部的互联网。通过配置路由器设备连接内、外网的接口，可以生成直连路由，实现直接连接网络的联通。但如果需要实现非直接连接网络之间的联通，就需要配置路由器的动态路由技术。和静态路由技术相比，动态路由具有更高的工作效率。

三、知识准备

6.3.1　什么是动态路由

根据路由获取方式的不同，路由分为直连路由、静态路由和动态路由 3 种类型。

动态路由协议（Routing Protocol）是用于路由器之间交换路由信息的协议，动态寻找网络最佳路径。通过路由协议，可以保证所有路由器拥有相同的路由表，动态共享有关远程网络的信息。动态路由协议可以帮助路由器自动地发现远程网络、确定到达各个网络的最佳路径、将路径添加到路由表中、动态更新路由表信息，并决定数据包在网络上传输路径。

路由选择协议消息在路由器之间传送。路由选择协议允许路由器与其他路由器通信来修改和维护路由选择表，如图 6-3-1 所示。

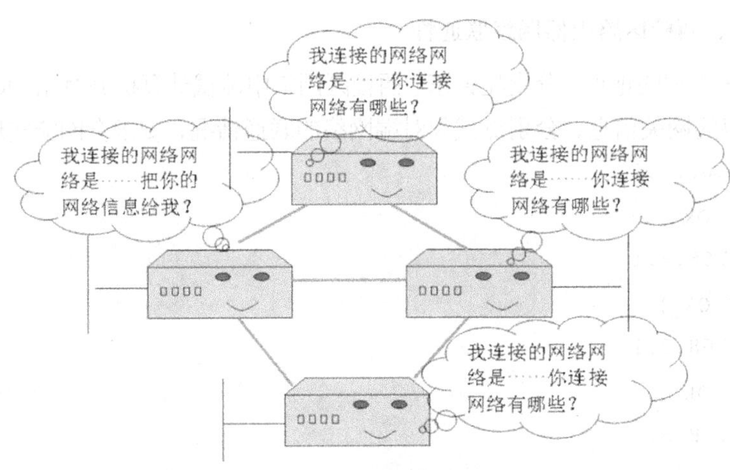

图 6-3-1　动态路由学习方式

在网络中配置动态路由协议主要的好处是：只要网络拓扑结构发生了变化，路由器会主动了解和熟悉网络的变化。配置动态路由的路由器会相互交换路由信息，不仅能够自动获知新增加网络，还可以在当前网络连接失败时找出备用路径。

6.3.2 动态路由的类型

在共同管理域下，一组运行相同路由选择协议的路由器称为一个自主系统。根据路由选择协议的算法不同，动态路由协议可划分为如下两类。

距离矢量（Distance Vector）：根据距离矢量算法，确定网络中节点的方向与距离，如RIP路由协议路由协议。

链路状态（Link-state）：根据链路状态算法，计算生成网络的拓扑，如OSPF路由协议。

1．距离矢量路由协议

距离矢量名称的由来，是因为路由是以矢量（距离、方向）的方式被通告出去，其中距离根据度量定义，方向根据下一跳路由器定义。例如，“某一路由器X方向，可以到达目标Y，距此5跳距离”。每台路由器都向邻接路由器学习路由信息，然后再向外通告自己学习到的路由信息。简单地说就是，往某个方向上的距离。

运行距离矢量路由协议的每台路由器在信息上都依赖于自己的相邻路由器，而它的相邻路由器又从自己相邻路由器那里学习路由，依此类推。就好象流传在街边巷尾的小新闻一传十、十传百，很快就能达到家喻户晓的效果。正因为如此，一般把距离矢量路由协议称为“依照传闻的路由协议”。

距离矢量路由算法是动态路由算法的一种。其工作原理是：每个路由器维护一张矢量表，表中列出了当前已知的到每个目标的最佳距离以及所使用的线路。通过在邻居路由器之间相互交换信息，路由器不断地更新它们各自内部的路由表。

常见的属于距离矢量路由选择协议有RIP、RIPV2、IGRP 、EIGRP。

2．链路状态路由协议

链路状态路由协议，又叫最短路径优先协议或分布式数据库协议。与距离矢量路由协议相比，链路状态协议对路由的计算方法有本质的差别。链路状态路由协议是层次式学习路由，网络中的路由器并不向邻居路由器传递“路由项”，而是通告给邻居路由器一些链路状态，最后在网络中形成总的链路状态数据库。

常见的链路状态路由协议有OSPF、IS-IS。

距离矢量协议是平面式的，所有的路由学习完全依靠邻居路由器，交换的是路由项。链路状态协议只通告给邻居路由器一些链路状态。运行链路状态路由协议的路由器，不是简单地从相邻路由器学习路由，而是把路由器分成区域，收集区域所有路由器链路状态信息，然后根据状态信息，生成网络拓扑结构，每一台路由器再根据拓扑结构计算出路由。

6.3.3 动态路由管理距离

路由表中显示的管理距离信息，是路由信息可信度等级，用0～255之间的数值表示，该值越高其可信度越低。不同路由信息默认的管理距离如表6-4所示。

表 6-4 默认的管理距离

路 由 源	缺省管理距离
Connected interface	0
Static route out an interface	0
Static route to a next hop	1
OSPF	110
IS-IS	115
RIP v1, v2	120
Unknown	255

在一台路由器中，可能同时配置了静态路由或多种动态路由。它们各自维护自己的路由表信息，提供 IP 数据包转发，但这些路由表的表项之间可能会发生冲突。这种冲突可通过配置各路由表的优先级来解决。管理距离提供了路由选择优先等级。

6.3.4 RIP 动态路由技术

路由信息协议（Routing information Protocol, RIP）动态路由协议，由施乐（Xerox）公司在 20 世纪 70 年代开发，是应用较早、使用较普遍的内部网关协议(Interior Gateway Protocol, IGP)，适用于在一个小型的自治系统（AS）内传递路由信息。

RIP 动态路由协协议基于距离矢量算法（Distance Vector Algorithms，DVA），是典型的距离矢量（distance-vector）路由协议。它使用“跳数”，即 metric 来衡量到达目标地址的路由距离。

1．什么是 RIP 动态路由协议

RIP 协议被称为距离矢量路由协议，这意味着它使用距离矢量算法来决定最佳路径，具体来说是通过路由跳数来衡量。安装 RIP 路由协议的路由器，每 30s 相互发送广播信息，收到广播信息的每台路由器对从邻居路由器学习到的新网络路由，每学习到一个，就增加一个跳数。如果广播信息被多台路由器收到，具有最低跳数的路径将被选中。如果首选的路径不能正常工作，那么其他具有次低跳数的路径（备份路径）将被启用。

RIP 路由通过计算抵达目的地的最少跳数来选取最佳路径。在 RIP 中，规定了最大跳级数为 15，如果从网络的一个终端到另一个终端的路由跳数超过 15 个，就被认为牵涉到了循环，因此当一条路径跳数值达到 16 跳，将被认为是达不到，按照规则将会从路由表中删除。

如果到达相同的目标有两个不等速或不同带宽的路由器，但跳数相同，则 RIP 路由协议仍然认为到达目标网络的两条路由是等距离。RIP 最多支持跳数为 15，即在源和目的网间所要经过的最多路由器的数目为 15，跳数 16 表示不可达。这样，对于超过 15 跳的网络来说，RIP 就有局限性，如图 6-3-2 所示。

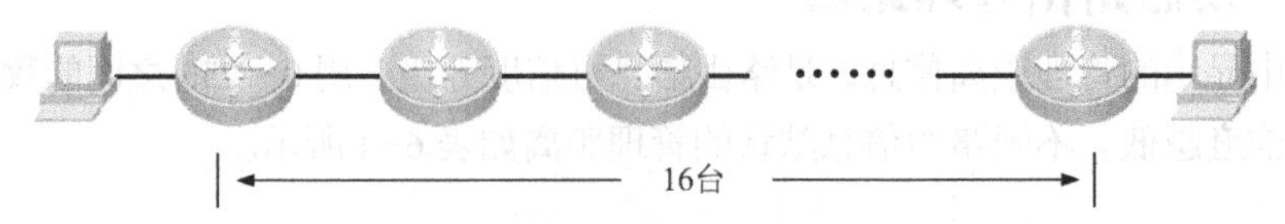

图 6-3-2 RIP 支持 16 跳网络

2．RIP 动态路由协议的工作原理

在一个工作稳定的 RIP 网络中，所有启用 RIP 路由协议的路由器接口，都周期性发送全部路由更新。周期性发送路由更新时间，由更新计时器（Update Timer）控制，更新计时器的超时时间是 30s。图 6-3-3 所示为一个 RIP 网络，每台路由器初始路由表，只有直连路由。

当路由器 A 的更新计时器超时之后，即更新周期到达时，路由器 A 向外广播自己的路由表。这时路由器 A 发出的路由更新信息中只有直连网段的路由，其跳数在到达邻居路由表时，其跳数的记录会在此基础上增加 1，也就是到达网段 1.0.0.0/8 和 2.0.0.0/8 的跳数为 1。

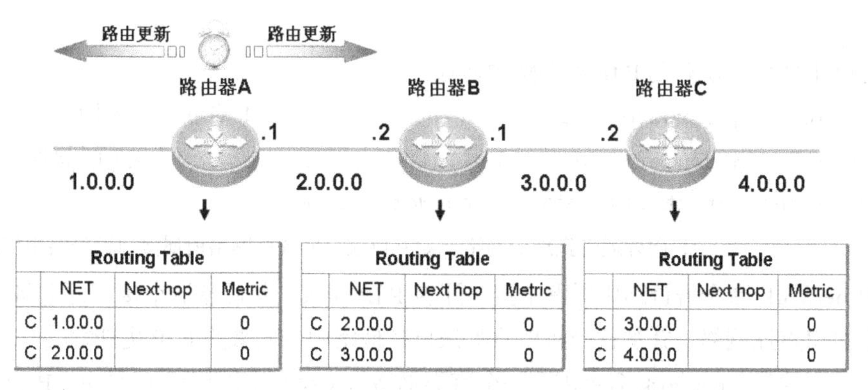

图 6-3-3　RIP 路由器 A 发送路由更新

路由器 B 收到来自邻居路由器 A 的路由更新后，会把新的 1.0.0.0/8 网络添加到自己的路由表中，修改跳数为 1。随后更新时间，路由器 B 也会同样把自己的路由表向路由器 A 和 C 广播，直到最后每台路由器都学习到全网的路由信息。

3．RIP 动态路由协议的版本

在 TCP/IP 发展的历史上，第一个 IP 网络使用的动态路由协议就是 RIP 版本 1，即 RIPv1。RIPv1 是第一个动态路由协议。随着时间推移，增强 RIP 的标准 RIP 版本 2（RIPv2）也相继推出。

（1）RIP 版本 1。

RIPv1 使用广播的方式（255.255.255.255）发送路由更新，而且不支持 VLSM，因为它的路由更新信息中不携带子网掩码，RIPv1 没有办法来传达不同网络中变长子网掩码的详细信息。所以 RIPv1 是一个只能在有类网络运行的路由协议。

RIPv1 每 30s 发送一次更新分组，分组中不包含子网掩码信息，不支持 VLSM，默认进行边界自动路由汇总，且不可关闭。所以该路由不能支持非连续网络，不支持身份验证，使用跳数作为度量，管理距离 120，每个分组中最多只能包含 25 条路由信息，使用广播进行路由更新。

（2）RIP 版本 2。

RIPv2 没有完全更改版本 1 的内容，只是增加了一些高级功能，这些新特性使得 RIPv2 可以将更多的网络信息加入路由更新表中。RIP 版本 1 不支持 VLSM，使得用户不能通过划分更小网络地址的方法，来更高效地使用有限的 IP 地址空间。在 RIPv2 版本中对此做了改进，每一条路由信息中加入了子网掩码，所以 RIPv2 是无类的路由协议。

此外，RIPv2 发送更新报文的方式为组播，组播地址为 224.0.0.9（代表所有 RIPv2 路由器）。RIPv2 还支持认证，这可以让路由器确认它所学到路由信息，来自于合法邻居路由器。RIPv2 是无类路由，因此发送的分组中还包含有子网掩码信息。RIPv2 支持 VLSM 技术，但默认该协议开启自动汇总功能，所以如果需要向不同主类网络发送子网信息，需要手工关闭自动汇总功能(no auto-summary)。

4．配置 RIP 动态路由协议

运行 RIP 路由协议，首先需要创建 RIP 路由进程，并定义与 RIP 路由进程相关联的网络。

执行以下命令可以启动 RIP 动态路由协议。

```
Router(config)# router  rip                              ! 启用 RIP 路由协议
Router(config-router)# version  {1 | 2}                   ! 定义 RIP 协议版本
Router(config-router)# network  network-number
                    ! 向外通告直连的网络，RIP 协议只向关联网络所属接口通告路由信息
```

其中.network 命令告诉路由器哪个接口开启 RIP 协议，然后从这个接口发送路由更新，通告这个接口直连网络，并从这个接口监听来自其他路由器发来的 RIP 更新。

需要注意的是，network 命令需要一个有类网络号（没有子网掩码），即 A、B、C 三类网络（版本 1 和 2 都是如此）。如果在 network 命令中使用一个带子网的 IP 地址，路由器也会接受这个命令，但会修改 network 命令，自动匹配为 A、B、C 有类网络。

要配置路由自动汇总，在 RIP 路由进程模式中执行以下命令。

```
Router(config)# router rip
Router(config-router)# no auto-summary                  ! 关闭路由自动汇总
```

RIP 路由自动汇总是当子网路由穿越有类网络边界时，将自动汇总成有类网络路由。RIPv2 默认情况下进行路由自动汇聚，RIPv1 不支持该功能。

6.3.5 OSPF 动态路由技术

和 RIP 动态路由协议一样，OSPF 路由协议也是内部网关协议 IGP（Interior Gateway Protocol）。OSPF 路由协议采用链路状态技术，路由器之间互相发送直接相连的链路信息以及它所拥有的到其他路由器的链路信息，通过这些学习到的信息构成一个完整数据库，并从这个数据库里，构造出最短路径树来计算出路由表。

1．什么是 OSPF 路由协议

OSPF 路由协议是一种典型的链路状态（Link-state）路由协议，可维护工作在同一个路由域内网络的联通。这里的路由域是指一个自治系统（Autonomous System，AS），即一组通过统一的路由政策或路由协议，互相交换路由信息的网络。在自治系统 AS 中，所有 OSPF 路由器都维护一个具有相同描述结构的 AS 结构数据库，该数据库中存放路由域中相应链路的状态信息，如图 6-3-4 所示。

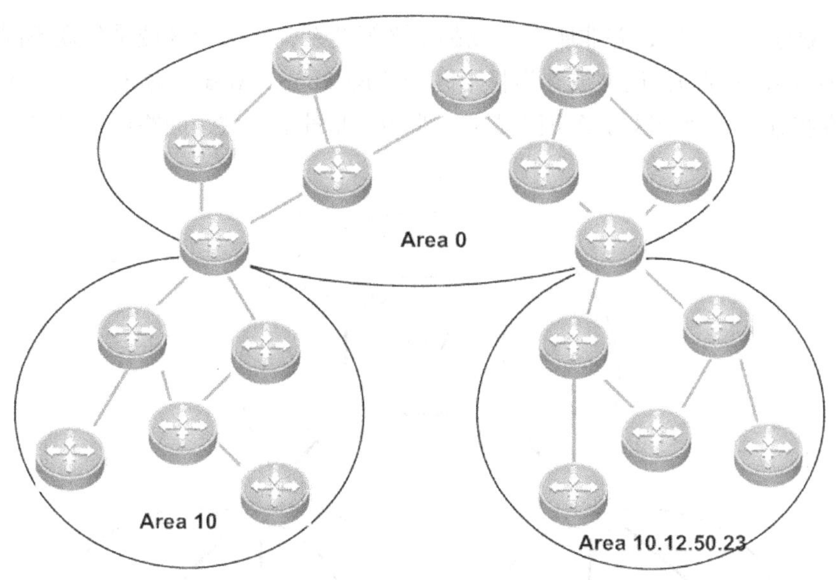

图 6-3-4 具有独立自治系统 AS 网络环境

2. OSPF 路由协议工作机制

每台 OSPF 路由器维护相同自治系统拓扑结构数据库，OSPF 路由器通过这个数据库计算出其 OSPF 路由表。当拓扑发生变化时，OSPF 能迅速重新计算出路径，只产生少量路由协议流量。作为一种经典的链路状态的路由协议，OSPF 将链路状态广播数据包 LSA（Link State Advertisement）传送给在指定区域内的所有路由器。这一点与距离矢量路由协议不同，运行距离矢量路由协议的路由器是将部分或全部的路由表传递给与其相邻的路由器。

OSPF 动态路由协议不再采用跳数的概念，而是根据网络中接口的吞吐率、拥塞状况、往返时间、可靠性等实际链路的负载能力，来决定路由选择的代价，同时选择最短、最优路由作为数据包传输路径，并允许保持到达同一目标地址的多条路由存在，从而平衡网络负荷。此外，OSPF 路由协议还支持不同服务类型不同代价，从而实现不同 QoS 路由服务；OSPF 路由器不再交换路由表，而是同步各路由器对网络状态的认识。

3. OSPF 路由协议区域概念

随着网络的规模扩大，当大型网络中的路由器都运行 OSPF 路由协议时，路由器的数量增多会导致 LSDB 非常庞大，占用大量存储空间，使得运行 SPF 算法复杂度增加，导致 CPU 负担很重。

OSPF 协议通过将自治系统划分成不同区域（Area）来解决上述问题。区域是指从逻辑上将路由器划分为不同组，每个组用区域号（Area ID）来标识，如图 6-3-5 所示。

区域的边界是路由器，这样有一些路由器会属于不同区域（称为区域边界路由器，ABR）。一台路由器可以属于不同区域，但一个网段（链路）只能属于一个区域，或者说每个运行 OSPF 的接口必须指明属于哪一个区域。划分区域后，可以在区域边界路由器上进行路由聚合，以减少通告到其他区域 LSA 的数量，还可以将网络拓扑变化带来的影响最小化。

OSPF 划分区域之后，并非所有区域都是平等关系，有一个区域是与众不同的，它的区域号（Area ID）是 0，通常被称为骨干区域（Backbone Area）。所有非骨干区域必须与骨干区域保持连通；骨干区域负责区域之间路由，非骨干区域之间路由信息必须通过骨干区域转发。

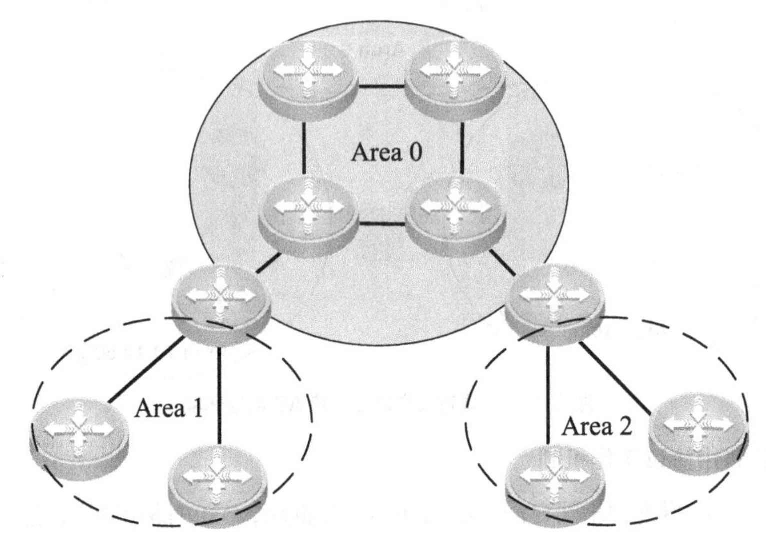

图 6-3-5　OSPF 路由区域

4．配置 OSPF 路由协议

在局配置模式下，执行如下所示命令。

```
Router(config)#router ospf (process-id)    ! 创建 OSPF 路由进程
```

如果未配置 router-id，则路由器选择环回接口最高 IP 地址。

启动完成 OSPF 路由协议后，发布接口直连的网络，执行如表下所示的命令。

```
Router(config)#router ospf process-id
Router(config-router)# network [network- address ] [Wildcard-mask ] area
[ area-id ]
                                              ! 发布接口网络以及所属区域
```

配置 OSPF 路由进程，并定义与该 OSPF 路由进程关联的 IP 地址范围以及该 IP 地址所属的 OSPF 区域，对外通告该接口的链路状态。

四、任务实施

【任务名称】使用动态路由实现园区网络联通。

【网络拓扑】

图 6-3-6 所示为嘉兴技师学院两个校区的非直连网络拓扑，使用 2 台路由器设备连接东、西校园园区不同子网络。由于有多个非直连网络，因此每台路由器无法通过直连路由学习到全网的拓扑信息，需要通过配置 OSPF 态路由的方式，才能了解全网的路由信息。

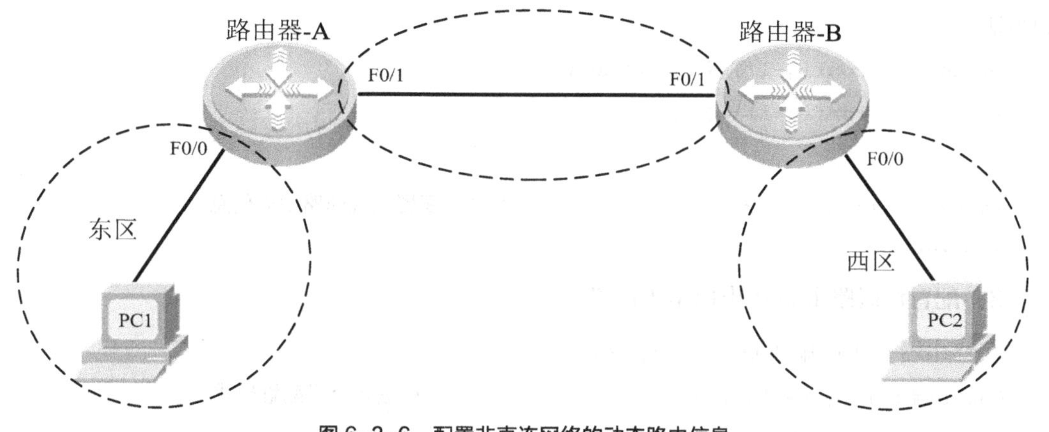

图 6-3-6 配置非直连网络的动态路由信息

表 6-5 所示为嘉兴技师学院两个校区重新规划的全网 IP 地址规划信息。

表 6-5 嘉兴技师学院两个校区网络地址规划

设 备	接 口	IP 地址/子网掩码	所在网段	备 注
路由器-A	Fastethernet 0/0	192.168.1.1/24	192.168.1.0/24	连接东校区网络
	Fastethernet 0/1	192.168.2.1/24	192.168.2.0/24	连接骨干网
路由器-B	Fastethernet 0/1	192.168.2.2/24	192.168.2.0/24	连接骨干网
	Fastethernet 0/0	192.168.3.1/24	192.168.3.0/24	连接校西区网络
PC1		192.168.1.2/24	192.168.1.0/24	东校区网络中设备
PC2		192.168.3.2/24	192.168.3.0/24	西校区网络中设备

【设备清单】路由器（2 台）、测试 PC（2 台）。

【工作过程】

1．组网

如图 6-3-6 所示，组建嘉兴技师学院两个校区的非直连网络拓扑，再现真实的工作场景。

2．配置校区路由器 A 出口路由信息

在路由器 A 上配置直连路由。

```
Router#configure terminal                              ! 进入全局配置模式
Router(config)#hostname Router-A
Router-A (config)#interface fastethernet 0/0           ! 进入路由器 F0/0 接口模式
Router-A (config-if) #ip address 192.168.1.1 255.255.255.0        ! 配置接
口地址
Router-A (config-if) #no shutdown
Router-A (config-if) #exit
```

```
Router-A (config)#interface fastethernet 0/1       ! 进入路由器 F1/1 接口模式
Router-A (config-if) #ip address 192.168.2.1 255.255.255.0        ! 配置接
```

口地址

```
Router-A (config-if) #no shutdown
Router-A (config-if) #exit
```

```
Router-A #show ip route                    ! 查看配置完成的路由表信息
...... ......
```

3．配置校区路由器 B 出口路由信息

在路由器 B 上的配置直连路由命令。

```
Router#configure terminal                        ! 进入全局配置模式
Router(config)#hostname Router-B
Router-B (config)#interface fastethernet 0/0      ! 进入路由器 F0/0 接口模式
Router-B (config-if) #ip address 192.168.2.2 255.255.255.0      ! 配置接
```

口地址

```
Router-B (config-if) #no shutdown
Router-B (config-if) #exit
```

```
Router-B (config)#interface fastethernet 0/1     ! 进入路由器 F1/1 接口模式
Router-B (config-if) #ip address 192.168.3.1 255.255.255.0      ! 配置接
```

口地址

```
Router-B (config-if) #no shutdown
Router-B (config-if) #exit
```

```
Router-B #show ip route                    ! 查看配置完成的路由表信息
...... ......
```

4．配置校区路由器 AOSPF 动态路由信息

```
Router-A (config)#Router OSPF       ! 启动 OSPF 动态路由协议
Router-A (config-router)# network 192.168.1.0  0.0.0.255  area 0    !发布接
```

口直连路由

```
Router-A (config-router)# network 192.168.2.0  0.0.0.255  area 0    !发布接
```

口直连路由

```
Router-A #show ip route                    ! 查看配置完成的路由表信息
...... ......
```

5．配置校区路由器 BOSPF 动态路由信息

```
Router-B (config)#Router OSPF       ! 启动 OSPF 动态路由协议
Router-B (config-router)# network 192.168.2.0   0.0.0.255  area 0    !发布
```

接口直连路由

```
Router-B (config-router)# network 192.168.3.0  0.0.0.255  area 0   !发布
接口直连路由

Router-B #show ip route              ! 查看配置完成的路由表信息
…… ……
```

6．测试东、西校区路由器连接的网络联通性

按照表 6-5 规划的地址，分别配置东、西校区网络中测试计算机 PC1 和 PC2 的地址、子网掩码以及对应的网关信息，分别测试到对端网络的联通情况，要求全网能实现联通。

```
Ping 192.168.1.1
……(!!!!! Ok )
Ping 192.168.2.1
……(!!!!! Ok )
Ping 192.168.3.1
……(!!!!! Ok )
Ping 192.168.3.2
……(!!!!! Ok )
```

如果有不能联通的情况，需要及时排除网络中的故障。

任务评价

完成了本项目的基础知识学习和综合实训训练后，下面给自己的学习进行简单的评价。

序 号	任务名称	任务评价
1	配置校园网出口路由	
2	使用静态路由实现园区网络联通	
3	使用 RIPV2 动态路由实现园区网络联通	
3	使用 OSPF 动态路由实现园区网络联通	

PART 7

项目七 校园网接入互联网

项目背景

浙江嘉兴技师学院是一所以技能人才培养为主的职业技术学院，学院为了加强信息化的需求，组建了互联互通的校园网络。

随着国家对职业教育的扶持，学校进行数字化校园的建设需要，需要重新规划校园网络，把更多的设备接入到校园网中，并依托校园网接入互联网。为此，学校重新寻找了网络接入服务商，使用更大容量的光纤技术配置校园网的出口设备，通过校园网络动态 NAT 技术接入到互联网中。

- 任务 7.1　家庭宽带 ADSL 技术接入互联网
- 任务 7.2　校园网 NAT 技术接入互联网
- 任务 7.3　中小企业网 NAPT 技术接入互联网

技术导读

本项目技术重点：NAT 地址转换技术、NAPT 地址转换技术。

7.1 任务一 家庭宽带ADSL技术接入互联网

一、任务描述

浙江嘉兴技师学院是一所以技能人才培养为主的职业技术学院，学院为了加强信息化的需求，组建了互联互通的校园网络。为了获取更多的互联网信息化教学资源，网络中心通过配置网络中心路由器设备，把校园内部网络接入外部互联网中。

本单元的主要任务是认识接入互联网的常见知识和技术。

二、任务分析

家庭或者企业网络接入互联网的技术有很多种，有通过宽带（ADSL）技术接入互联网、通过Cable Modem技术接入互联网、通过局域网技术接入互联网。通常，家庭网络接入互联网多使用前面两种技术，而企业、学校由于用户众多，多使用最后一种技术。

三、知识准备

7.1.1 通过宽带技术接入互联网

1．什么是ADSL宽带接入技术

ADSL（Asymmetric Digital Subscriber Line ，非对称数字用户环路）是一种新的数据传输方式，因为上行和下行带宽不对称，因此被称为非对称数字用户线环路。它采用频分复用技术把普通的电话线分成了电话、上行和下行3个相对独立的信道，从而避免了相互之间的干扰。即使边打电话边上网，也不会发生上网速率和通话质量下降的情况。通常，ADSL在不影响正常电话通信的情况下可以提供最高3.5Mbit/s的上行速率和最高24Mbit/s的下行速率。

ADSL通常提供3种网络登录方式：桥接、PPPoA（PPPoverATM，基于ATM的端对端协议）、PPPoE（PPPoverEthernet，基于以太网的端对端协议）。桥接直接提供静态IP，后两种通常不提供静态IP，而是动态地给用户分配网络地址。目前，我们家庭用户的登录标准基本上都是第三种登录方式，即PPPoE登录。

2．ADSL宽带接入技术的主要特点

（1）一条电话线可同时接听、拨打电话并进行数据传输，两者互不影响。

（2）虽然使用的还是原来的电话线，但ADSL传输的数据并不通过电话交换机，所以ADSL上网不需要缴付额外的电话费，节省了费用。

（3）ADSL数据传输速率会根据线路情况自动调整，它以“尽力而为”的方式进行数据传输。

3．ADSL宽带接入技术硬件设备

为了能够正确地连接和使用ADSL宽带上网，除了计算机之外还需要准备以下硬件设备。

● 网卡。

这是ADSL上网所必需的设备，在保证网卡安装正确的前提下，还要确定TCP/IP安装正

确，并使用 TCP/IP 的默认配置，不要设置固定的 IP 地址。

● ADSL　Modem。

ADSL 调制解调器，如图 7-1-1 所示。它是计算机与电话线之间进行信号转换的装置，能将计算机的数字信号转换成模拟信号在电话线上传送，又能将电话线上传来的模拟信号转换成计算机接收的数字信号，是通过 ADSL 方式上网的必选设备。

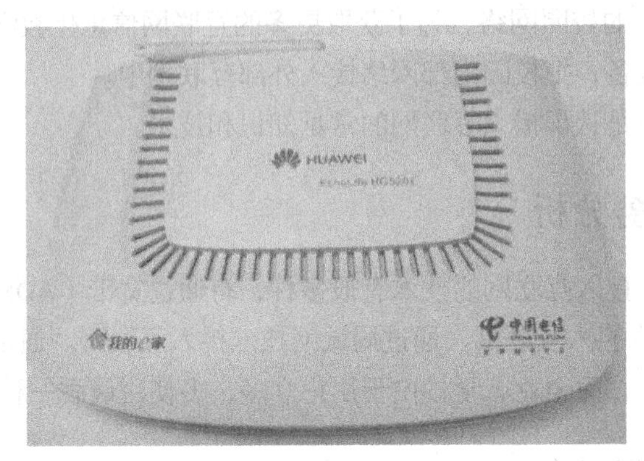

图 7-1-1　ADSL Modem

ADSL Modem 前面板上一般有 Power（电源指示）、ADSL（ADSL 连接状态和数据流量指示）、LAN（局域网连接状态和数据流量指示）等几个 LED 指示灯用于标明设备运行的状态。后面板主要有 ADSL（接电话线）口、Ethernet（接网线）口、电源接口以及电源开关。此外，有的设备上还有一个用于设备复位的 Reset 按钮，如图 7-1-2 所示。

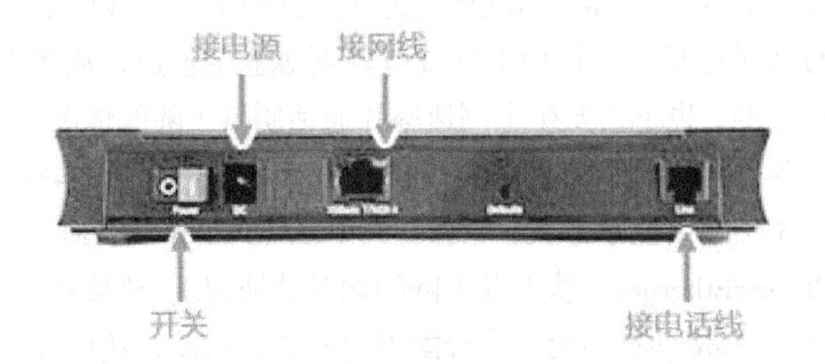

图 7-1-2　ADSL Modem 上的接口

购买 ADSL Modem 时要注意：在产品包装中除说明书、电源等附件之外，还包括两根做好的 RJ-11 接头电话线和一根用于连接计算机网卡两端的 RJ-45 接头网线，这几根线是安装时必需。

● 滤波器。

滤波器又称信号分离器，如图 7-1-3 所示，其作用是分离电话线路上的高频数字信号和低频语音信号。滤波器上一共有 3 个接口，其中一个标识为“Line”，用于连接入户的电话线；一个接口标识为“Phone”，输出低频语音信号，用于连接电话机来传输普通的语音信息；还有一个标识为“Modem”接口，输出高频数字信号，用于连接 Modem 来传输普通的上网数据信息。这样就不会因为信号的干扰而影响通话质量和上网的速度，能在上网的同时接听和拨打电话了。现在大多数 ADSL 调制解调器都内置了信号分离器，不需要另外购买。

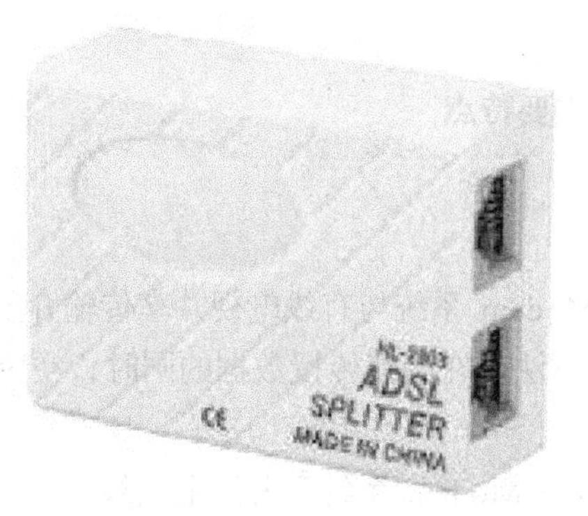

图 7-1-3 ADSL 滤波器

4. ADSL 的硬件设备连接

在 ISP 处办理好入网手续后，余下的工作就是用户端的 ADSL 安装了，操作也非常简便。只需要将电话线连上滤波器、滤波器与 ADSL Modem 之间用一条两芯电话线连上、ADSL Modem 与计算机的网卡之间用网线连通，如图 7-1-4 所示，便可完成硬件安装工作。

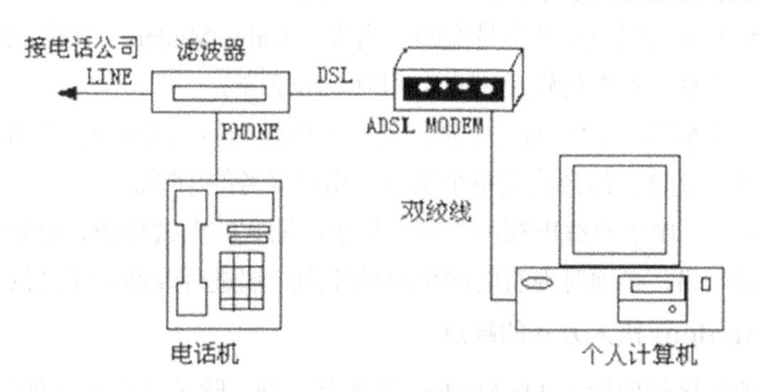

图 7-1-4 ADSL 连接示意图

当连接完成后，打开计算机和 ADSL Modem 的电源开关。如果连通正常，网卡和 ADSL Modem 前面板上的信号灯会正常闪亮。ADSL LINK 灯亮表示外网已经连通；ADSL ACK 灯亮表示和外网有数据交换；LAN LINK 灯亮表示内网已经连通；LAN ACK 灯亮表示和内网有数据交换。

7.1.2 通过 Cable Modem 技术接入互联网

1. Calbe Modem 的概述

电缆调制解调器又名线缆调制解调器，英文名称为 Cable Modem，它是近几年随着网络应用的扩大而发展起来的，主要用于有线电视网的数据传输。目前，Cable Modem 接入技术在全球尤其是北美的发展势头很猛，每年用户数以超过 100%的速度增长。在中国，已有多个省市开通了 Cable Modem 的接入。它已成为电信公司 xDSL 技术最大的竞争对手。

Cable Modem 与以往的 Modem 在原理上的相同之处是都将数据进行调制后在 Cable（电缆）的一个频率范围内传输，接收时进行解调；不同之处在于它是通过有线电视 CATV 的某个传输频带进行调制解调的，而普通 Modem 的传输介质在用户与交换机之间是独立的，即用户独享通信介质。CableModem 属于共享介质系统，空闲频段可用于有线电视信号的传输。

2．Cable Modem的主要特点

（1）数据传输速率极高。

（2）抗干扰能力强。

（3）共享介质。Cable Modem系统与有线电视共享传输介质，充分利用频分复用和时分复用技术，加之以新的调制方法，在高速传授数据的同时，空闲频段仍然可用于有线电视信号的传输。

（4）线路始终通畅。Cable Modem系统不占用电话线，不需拨号，可永久连接（没有忙音）。

（5）CMTS同用户的Cable Modem之间建立了一个VLAN（虚拟专网）连接，大多数的Cable Modem提供的是一个标准的10BaseT以太网接口，用于同用户计算机或局域网集线器相联。

3．Cable Modem接入方式的缺点

（1）Cable Modem的用户是共享带宽的。当多个Cable Modem用户同时接入Internet时，带宽就由这些用户共享，数据传输速率也会相应有所下降。

（2）可靠性不如ADSL。由于有线电视网是一个树状网络，遇到单点故障，如电缆的损坏、放大器故障、传送器故障，都会造成整个结点上用户服务的中断。

（3）资金投入大。由于有线电视网当初是用于广播式的电视传播，也就是说，是单向的，所以要用于计算机网络，必须对现有的网络前端和用户端进行改造，使之具有双向传输功能。

4．Cable Modem接入方式的缺点

为能够正确地连接和使用Cable Modem接入互联网，除了计算机之外还需要准备以下硬件设备。

● 网卡。

网卡是上网必需的设备，在网卡正确安装后，并且确定TCP/IP安装正确，使用TCP/IP的默认配置，即可让机器自动获取IP地址、DNS地址。

● Cable Modem。

Cable Modem就是电缆调制解调器，如图7-1-5所示。电缆调制解调器（简称CM），Cable是指有线电视网络，Modem是调制解调器。电缆调制解调器是在有线电视网络上用来连接互联网的设备，它是串接在用户家的有线电视电缆插座和上网设备之间的，而通过有线电视网络与之相连的另一端是在有线电视台(称为头端，Head-End)。它把用户要上传的上行数据以5～65M频率、QPSK或16QAM的调制方式调制之后向上传送，带宽2～3M左右，速率从300bit/s～10M bit/s。

Cable Modem前面板上一般有Power(电源指示)、Cable(电缆连接状态和数据流量指示)、LAN（局域网连接状态和数据流量指示）等几个LED指示灯用于标明设备运行的状态。后面板主要有CATV（接有线电视电缆）口、Ethernet（接网线）口、电源接口、USB接口以及电源开关。此外，有的设备上还有一个用于设备复位的Reset按钮，如图7-1-6所示。

图 7-1-5　Cable Modem

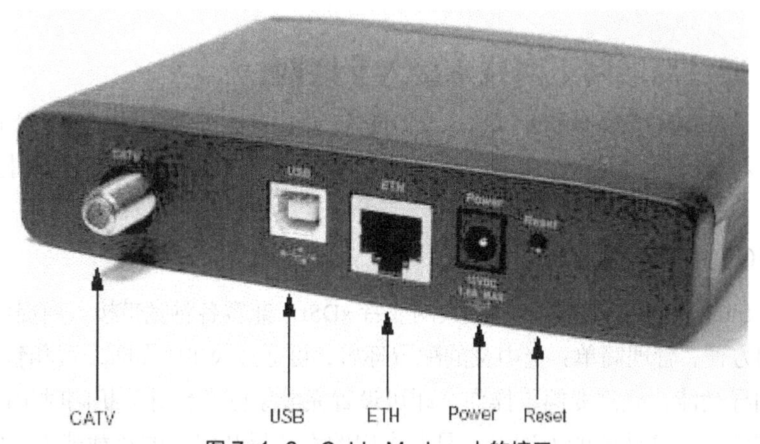

图 7-1-6　Cable Modem 上的接口

● 电缆分支器。

CATV 电缆分支器（如图 7-1-7 所示）的功能是将有线电视入户的同轴电缆接入到分支器的 IN 端，再将有线电视接口和 Cable Modem 的 CATV 接口分别接入到分支器的 OUT 端，从而使有线电视和网络共享电缆。

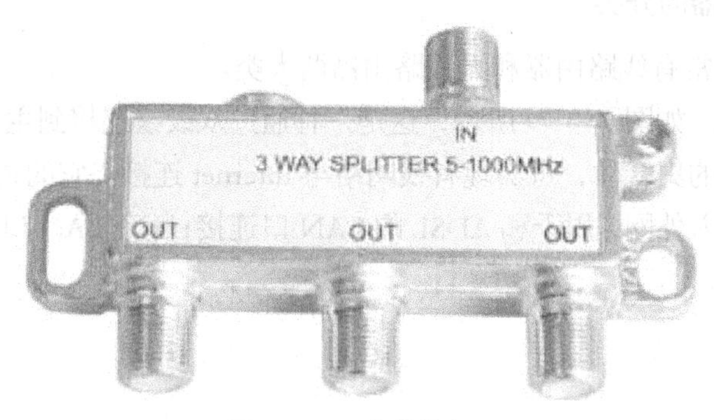

图 7-1-7　电缆分支器

5．Cable Modem 的硬件设备连接

在 ISP 处办理好入网手续后，余下的工作就是用户端的 Cable Modem 安装了。其操作也非常简便，只需要将有线电视网络接口与 Cable Modem 之间用一条电缆连上、Cable　Modem 与计算机的网卡之间用网线连通，如图 7-1-8 所示，便可完成硬件安装工作。

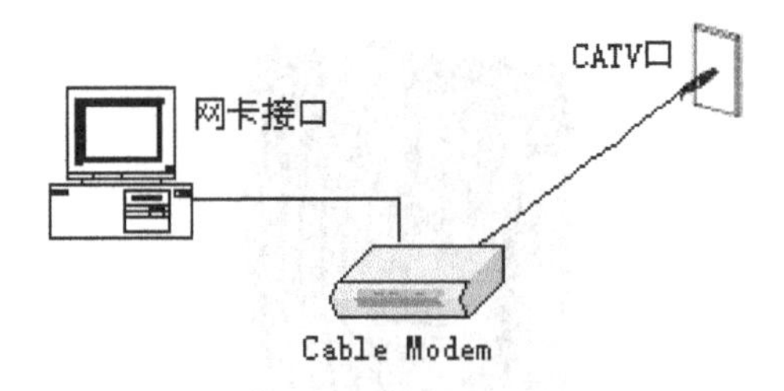

图 7-1-8　Cable Modem 连接示意图

当连接完成后，打开计算机和 Cable Modem 的电源开关。如果连通正常，网卡和 Cable Modem 前面板上的信号灯会正常闪亮，表示通过有线电视电缆连接 Internet 的硬件条件已具备。

7.1.3　通过局域网上网技术接入互联网

家居办公（Small Office Home Office，SOHO）路由器，是指家用计算机上网或小型办公室上网用的一种分配器，通过路由器的设置就可以用一个 ADSL 拨号连接同时上网而不相互影响。

1．SOHO 路由器的主要特点

（1）共享 Internet 网络：通过连接以太网或者 xDSL，兼容各种宽带接入商提供的接入方式。

（2）使用方便，管理简单：全中文的配置环境，可通过 WEB 界面设置和管理。提供快速设置、设置向导功能，只需要简单操作，即可设置完成家庭多台计算机同时上网。

（3）处理能力：高性能的处理器，具备杰出的吞吐量和强劲的负载能力，能完全保证网络中实时应用的质量（如语音、视频应用，在线电影，网络游戏等）。

（4）各种网络应用：支持 UPnP、DHCP 服务端、DNS、DDNS（动态域名解析）、NTP（网络时间）等功能；完善地支持各种语音、视频聊天、各种网络游戏等 Internet 的网络应用；支持 IPSec、L2TP、PPTP 等传统 VPN 业务的透传，使家庭办公也能够安全可靠。

2．SOHO 路由器的分类

SOHO 路由器通常有线路由器和无线路由器两大类。

（1）有线路由器。如图 7-1-9 所示，这是一种通过双绞线连接到主机的一种路由器，它是路由功能和交换机的集合体，可实现有线网络与 Internet 连接。它的背板有一个电源接口；一个 WAN 口用于接入外网，用于和 ADSL 的 LAN 口连接；4 个 LAN 口，用于连接家用计算机，以实现共享上网。

图 7-1-9　有线路由器

（2）无线路由器。如图 7-1-10 所示，无线路由器相当于 AP、路由功能和交换机的集合体，支持有线和无线组成同一子网，在负责无线信号传送的同时，还可将家庭无线网络与 Internet 连接，可以提供桥接、防火墙、DHCP 等高级功能。其背板接口和有线的基本相同。

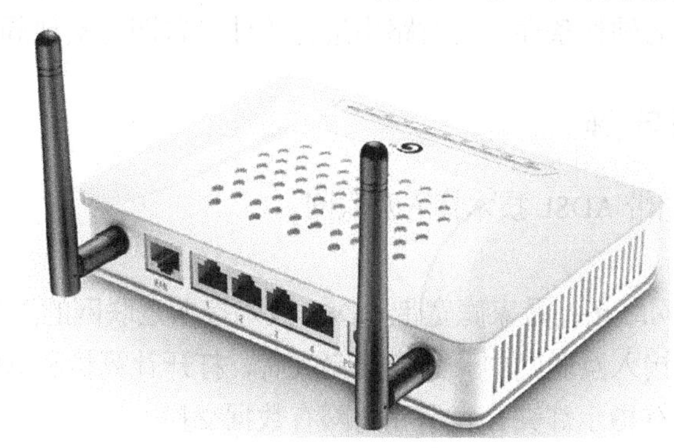

图 7-1-10　无线路由器

3．SOHO 路由器组建局域网必备条件

ADSL 与路由器结合组建家庭局域网是一个常见的家庭多台计算机共享上网的方法。要想正确组建小型局域网，实现共享上网，应该具备如下的条件。

（1）一条可以上网的 ADSL 连接。

（2）一台有线路由器。

（3）多台可以上网计算机。

（4）多条 RJ45 接口的五类以上的双绞网络线，长度按照计算机到 ADSL 路由器的距离决定。

4．SOHO 路由器与 ADSL 的硬件设备连接

ADSL 和路由器联合组建局域网，需要将 ADSL Modem 和路由器的 WAN 口相连，再用双绞线将主计算机和路由器的 LAN 口相连，即可完成硬件设备的连接，如图 7-1-11 所示。

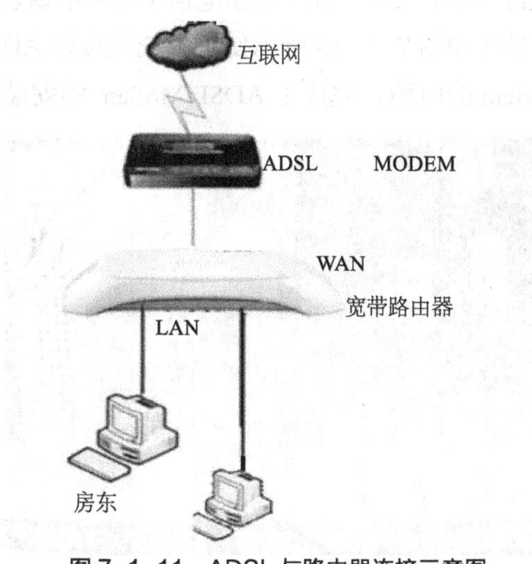

图 7-1-11　ADSL 与路由器连接示意图

当连接完成后，打开计算机和 ADSL Modem 以及路由器的电源开关。如果联通正常，网卡和 ADSL Modem 前面板上的信号灯会正常闪亮。ADSL LINK 灯亮表示外网已经联接；ADSL ACK 灯亮表示和外网有数据交换；路由器的 LAN LINK 灯亮表示内网已经联通。此时表示已具备了组建家庭局域网的硬件条件，再对路由进行软件设置即可实现局域网上网了。

四、任务实施

【任务名称】家庭宽带 ADSL 技术接入互联网。

【网络拓扑】

图 7-1-12 所示的网络拓扑是家庭宽带 ADSL 技术接入互联网的工作场景。通 ADSL 宽带技术，把家庭网计算机接入互联网中。当连接完成后，打开计算机和 ADSL Modem 的电源开关。如果联通正常，所有指示灯亮，表示和内网有数据交换。

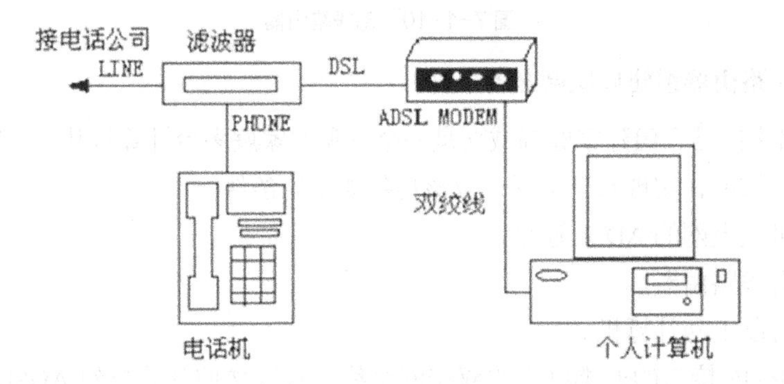

图 7-1-12　ADSL 连接示意图

【设备清单】PC 一台、ADSL Modem 一台、RJ-45 网络跳线一根、ADSL 滤波器一个、RJ-11 跳线两根。

【工作过程】

1. 带着相关证明材料到当地的 ISP 营业厅（如电信）填写申请表、交费、申请开通 ADSL 服务；紧接着电信工作人员按如图 7-1-13 所示使用双绞线接好 ADSL Modem 和计算机；打开计算机电源和 ADSL Modem 的电源，完成了 ADSL Modem 的安装。

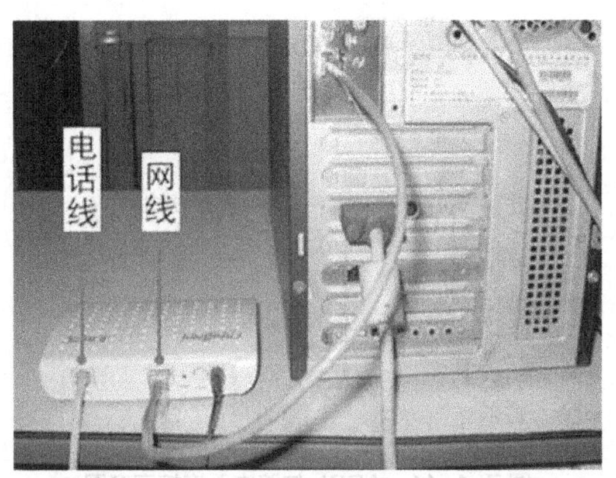

图 7-1-13　ADSL Modem 的正常连接

2. 在计算机桌面上的“网上邻居”上单击鼠标右键，选择“属性”，弹出图 7-1-14 所示的对话框。

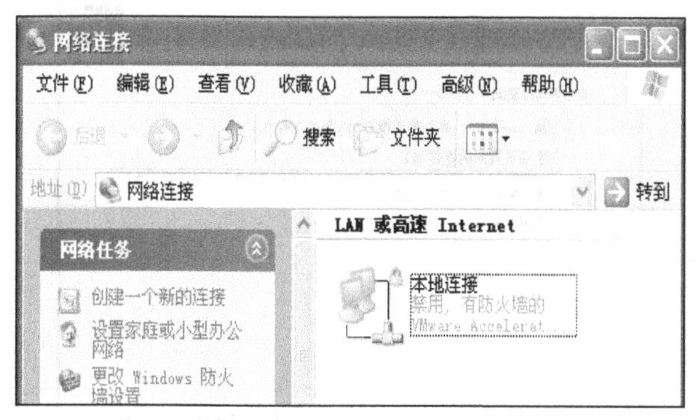

图 7-1-14 网络连接对话框

3. 单击“创建一个新的连接”，弹出图 7-1-15 所示的“新建连接向导”对话框。

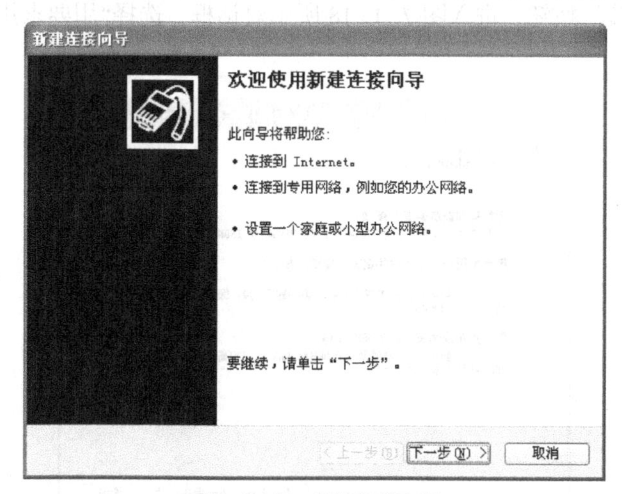

图 7-1-15 新建连接向导

4. 单击“下一步”按钮，进入图 7-1-16 所示的对话框，选择第一个选项“连接到 Internet”。

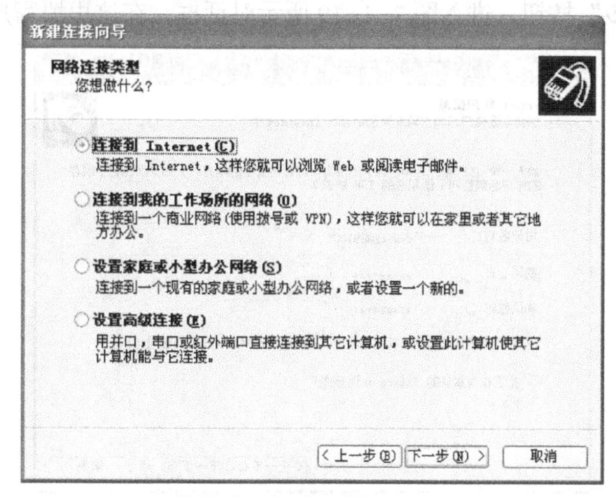

图 7-1-16 连接到 Internet

5. 单击“下一步”按钮，进入图 7-1-17 所示对话框，选择“手动设置我的连接”。

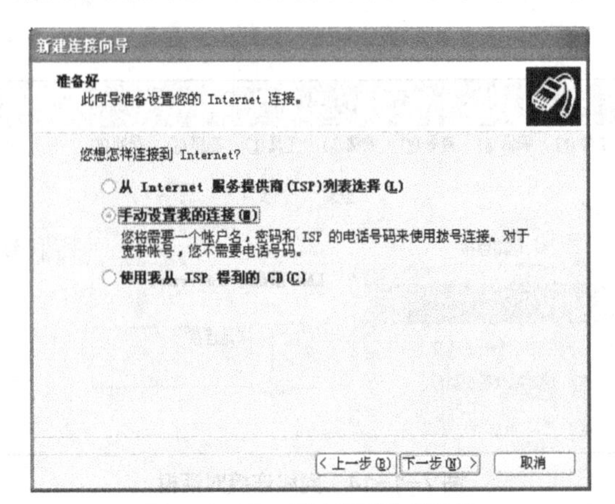

图 7-1-17　手动设置我的连接

6. 单击“下一步”按钮，进入图 7-1-18 所示对话框，选择“用要求用户名和密码的宽带连接来连接”。

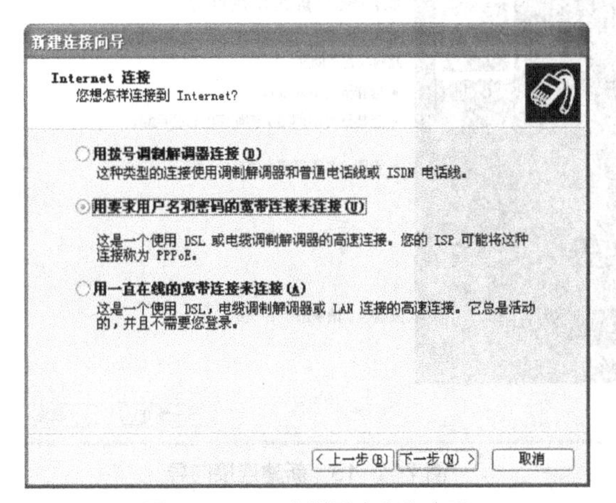

图 7-1-18　宽带用户名和密码

7. 单击“下一步”按钮，进入图 7-1-19 所示对话框，在这里填写用户名和密码。

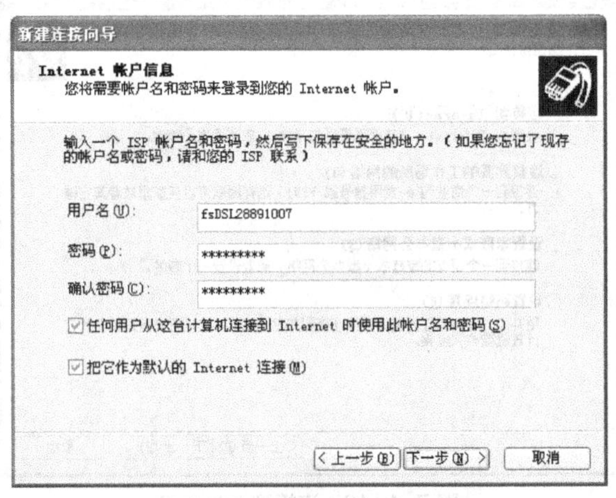

图图 7-1-19　Internet 账户信息

8. 单击“下一步”按钮，进入如图 7-1-20 所示对话框，在窗口中单击“完成”按钮，完成连接的创建。建立好的宽带网络图标如图 7-1-21 所示。

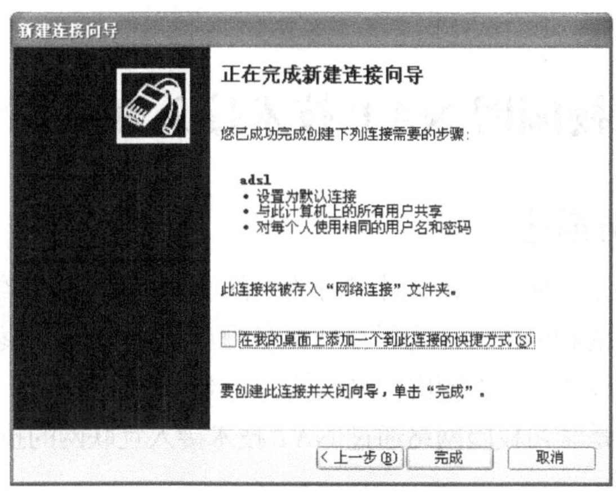

图 7-1-20　完成新建连接向导

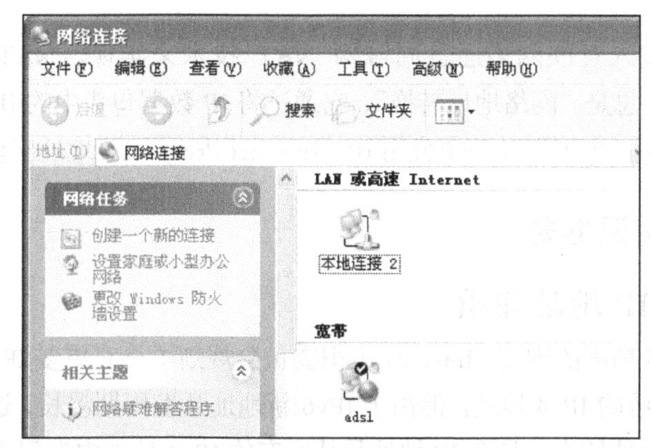

图 7-1-21　ADSL 宽带连接

9. 宽带网络建立好之后，双击 ADSL 图标，在弹出的对话框中确认信息无误后，单击“连接”按钮，就可以上网了，如图 7-1-22 所示。

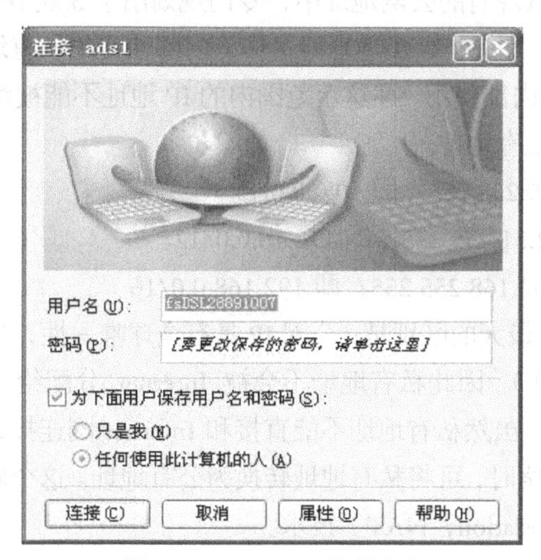

图 7-1-22　ADSL 连接程序

至此，在图 7-1-22 所示的“用户名”录入框中输入 ISP 提供的用户名，在“密码”录入框中输入 ISP 提供的密码，单击“连接”按钮，待连接成功后，就可以实现家庭 ADSL 宽带上网。

7.2 任务二 校园网 NAT 技术接入互联网

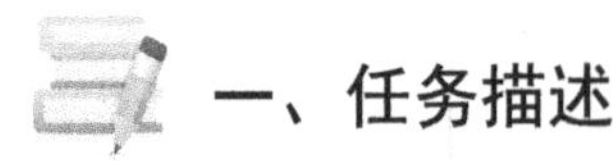

一、任务描述

浙江嘉兴技师学院是一所以技能人才培养为主的职业技术学院，学院为了加强信息化的需求，组建了互联互通的校园网络。为了获取更多的互联网上信息化教学资源，网络中心通过配置网络中心路由器设备，把校园内部网络接入外部互联网中。

本单元的主要任务是学习校园网络通过 NAT 技术接入互联网的技术。

二、任务分析

通常企业网络接入互联网多通过局域网 NAT 技术来实现。NAT（Network Address Translation）的中文意思是“网络地址转换”，它通过将 IP 数据包头中的 IP 地址转换为另一个 IP 地址的过程，允许一个组织以一个公用 IP（Internet Protocol）地址出现在 Internet 上。

三、知识准备

7.2.1 私有 IP 地址知识

为解决 IPv4 地址枯竭的困境，Internet 组织委员会规划了具有更多 IP 地址的 IPv6 新地址开发规划，来替代传统的 IPv4 地址。但由于 IPv6 新地址开发周期漫长，这期间又启动了过渡时期使用的私有 IP 地址技术。私有 IP 地址是从原有的 IPv4 地址中专门规划出几段保留的 IP 地址，这些地址只能使用在局域网的私有网络环境中，不能在 Internet 上使用。安装在 Internet 网络中的路由器，不转发带有私有 IP 地址的数据包。

Internet 组织委员会从现有的公网地址中，专门规划出了 3 块 IP 地址空间 （1 个 A 类地址段，16 个 B 类地址段，256 个 C 类地址段）作为内部使用的私有地址。私有地址属于非注册地址，专门供组织机构内部使用。在这个范围内的 IP 地址不能被路由到 Internet 骨干网上；Internet 路由器将丢弃该私有地址。

- A：10.0.0.0~10.255.255.255；即 10.0.0.0/8。
- B：172.16.0.0~172.31.255.255；即 172.16.0.0/12。
- C：192.168.0.0~192.168.255.255；即 192.168.0.0/16。

私有地址和公有地址最大的区别是：公网 IP 具有全球唯一性，但私网 IP 可以重复（但是在一个局域网内不能重复）。因此私有地址不会被 Internet 分配给公网中主机使用，它们在 Internet 上也不会被路由。虽然私有地址不能直接和 Internet 网连接，但使用私有地址的企业网络在连接到 Internet 网络时，可将私有地址转换为公有地址。这个转换过程称为网络地址转换（Network Address Translation，NAT）技术。

7.2.2　NAT 技术概述

1．什么是 NAT 技术

NAT 的全称是“Network Address Translation”，中文意思是“网络地址转换”。它是一个 IETF(Internet Engineering Task Force, Internet 工程任务组)标准，允许一个整体机构（企业网）以一个公用 IP（Internet Protocol）地址出现在 Internet 上。简单说，它就是一种把内部私有网络地址（IP 地址）翻译成合法网络 IP 地址的技术，应用在如图 7-2-1 所示企业内网接入外网场景。

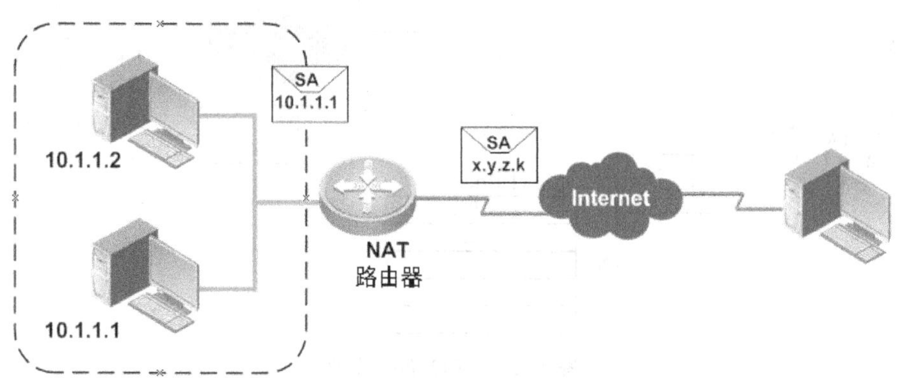

图 7-2-1　企业内网 NAT 技术接入外网

2．NAT 技术的作用

NAT 技术让网络管理员能够在组织内部使用私有 IP 地址空间，同时，在需要接入 Internet 时，又可以使用申请到的有限公有地址，连接到 Internet 进行通信。对于不同的内部用户组，可以使用不同的公有地址池，这使得网络管理更为容易。

简单地说，NAT 地址转换技术，就是在局域网内部网络中使用内部私有地址，而当内部使用私有 IP 地址的计算机需要与外部 Internet 网络进行通信时，就在网关（可以理解为出口）处将内部地址替换成公用地址，从而保证了内部网络和外部公网（Internet）之间正常通信。NAT 可以使更多局域网内的多台计算机共享 Internet 连接，很好地解决了公共 IP 地址紧缺的问题。

通过这种方法，甚至可以只申请一个合法 IP 地址，就把整个局域网中的计算机接入 Internet 中。这时，NAT 屏蔽了内部网络，所有内部网计算机对于公共网络来说是不可见的，而内部网计算机用户通常不会意识到 NAT 的存在。对于大多数需要连接到 Internet 的公司来说， ISP 为成百上千的用户提供 Internet 接入服务，但通常只被分配极少数量的 IP 地址，因此 ISP 使用 NAT 将数百个内部地址映射到分配给公司的几个公网地址。

7.2.3　动态 NAT 转换过程

动态地址转换也是将内部本地地址与内部全局地址一对一地转换，是从内部全局地址池中动态地选择一个未被使用的地址对内部本地地址进行转换。动态地址转换条目是动态创建的，无需预先手工进行创建。

图 7-2-2 所示信息为动态 NAT 技术的转换过程，具体步骤如下。

步骤一：Host A 要与 Host B 通信，使用私有地址 10.1.1.1 作为源地址向 Host B 发送报文。

步骤二：路由器从 Host A 收到报文后，发现需要将该报文的源地址进行转换，并从地址池中选择一个未被使用的全局地址 172.2.2.2 用于转换。

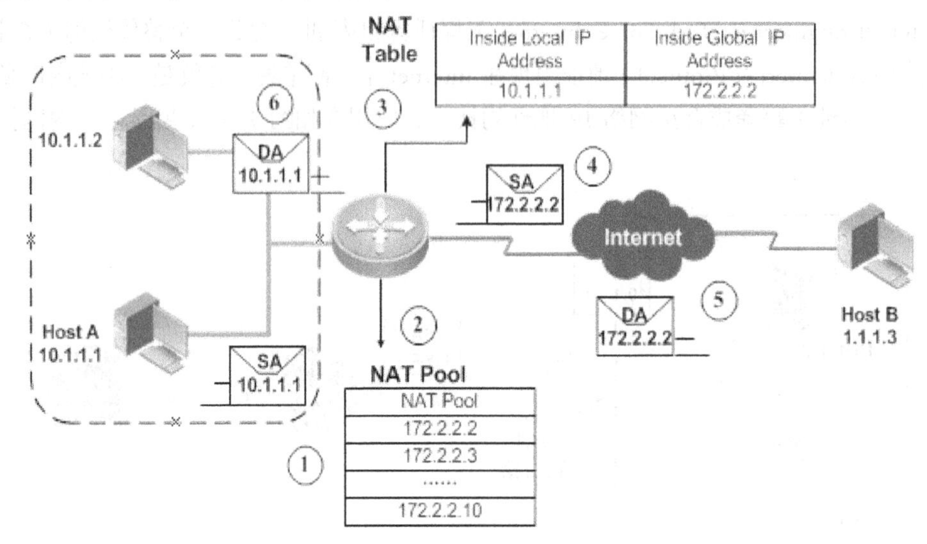

图 7-2-2　动态 NAT 转换

步骤三：路由器将内部本地地址 10.1.1.1 转换为内部全局地址 172.2.2.2，然后转发报文，并创建一条动态的 NAT 转换表项。

步骤四：Host B 收到报文后，使用内部全局 IP 地址 172.2.2.2 作为目的地址来应答 HostA。

步骤五：路由器收到 Host B 发回的报文后，再根据 NAT 转换表将该内部全局地址 172.2.2.2 转换回内部本地地址 10.1.1.1，并将报文转发给 Host A，后者收到报文后继续会话。

7.2.4　配置动态 NAT 转换技术

第一步：配置路由器基本信息。

路由器的基本信息配置包括：配置路由器的接口地址，生成直连路由；配置路由器的动态或静态路由信息，生成非直连路由。以上配置参考前面相关章节的知识，此处省略。

第二步：指定路由器的内、外端口。

在接口配置模式下，使用“ip nat”命令，分别指定路由器所连接的内部接口和外部接口。

这里指定内部和外部的目的是让路由器知道哪个是内部网络，哪个是外部网络，以便进行相应的地址转换，指明私有地址转换为公有地址的组件。

```
Router(config)#
Router(config)#interface fastethernet_id
Router(config-if)# ip nat  inside  ! 指定该接口为内部接口，私有 IP 接口，连接内网接口
Router(config)#interface fastethernet_id
Router(config-if)# ip nat  outside  ! 该接口为外部接口，公有 IP 接口，连接 Internet 接口
```

第三步：定义 IP ACL 访问控制列表。

使用命令 “access-list access-list-number { permit | deny }”，定义 IP 访问控制列表，以明确哪些报文将被进行 NAT 转换。关于 IP ACL 访问控制列表技术定义参考相关章节知识，此处省略。

第四步：定义合法 IP 地址池。

使用 “ip nat pool” 命令定义私有网络需要转换时，可以使用的有限的公有 IP 地址池，便于私有网络中的主机随机选择可供转换的公有 IP 地址内容。

定义合法 IP 地址池命令的语法如下。

```
ip nat pool 地址池名称 | 起始 IP 地址 | 终止 IP 地址 子网掩码
                                  ！其中，地址池名字可以任意设定。
```

第五步：配置动态 NAT 转换条目。

在全局模式下，使用 “ip nat inside source ”命令，将符合访问控制列表条件的内部本地地址（私有 IP）转换到地址池中的内部全局地址（公有 IP）。

```
ip nat inside source list access-list-number { interface interface | pool
pool-name }
```

其中，access-list-number 表示引用的访问控制列表的编号。

pool-name 表示引用的地址池的名称。

interface 表示路由器本地接口。如果指定该参数，路由器将使用该接口的地址进行转换。

四、任务实施

【任务名称】校园网通过 NAT 技术接入互联网。

【网络拓扑】

图 7-2-3 所示为嘉兴技师学院校园网络接入互联网的网络场景。学校申请到“202.102.192.2 ~ 202.102.192.8”累计 7 个公有 IP 地址，希望通过动态 NAT 技术接入互联网中。

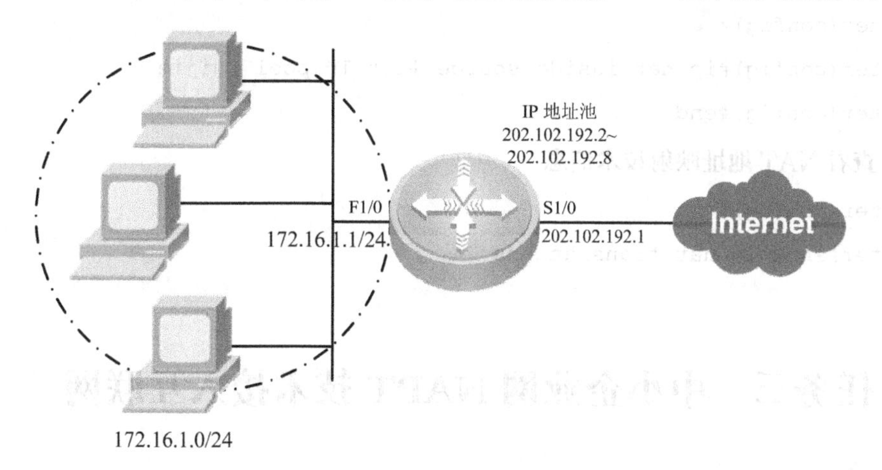

图 7-2-3 校园网动态 NAT 应用场景

【设备清单】路由器（1 台）、PC（若干）、网线（若干）。

【工作过程】

1. 组网

按照如图 7-2-3 所示的网络场景组建嘉兴技师学院校园网络接入互联网的网络场景。

2. 配置路由器基本信息

```
Router#configure terminal
Router(config)#interface fastEthernet1/0
Router(config-if)#ip address 172.16.1.1 255.255.255.0   ！配置接口 IP 地址
Router(config-if)#ip nat inside     ！设置该端口为内网口
Router(config-if)#exit
Router(config-if)#interface Serial1/0
Router(config-if)#ip address 202.102.192.1 255.255.255.0
Router(config-if)#ip nat outside     ！设置该端口为连接外网口
Router(config-if)#exit
```

3. 配置内部网络允许访问互联网的范围

```
Router(config)#
Router(config)#access-list 10 permit 72.16.1.0 0.0.0.255
Router(config)#access-list 10 permit 72.16.2.0 0.0.0.255   ！可选更多内网地址范围
……
```

4. 配置内部网络可以使用公网 IP 地址范围

```
Router(config)#
Router(config)#ip nat pool ruijie 202.102.192.2  202.102.192.8  netmask 255.255.255.0
```

5. 配置校园网 NAT 地址映射技术

```
Router(config)#
Router(config)#ip nat inside source list 10 pool ruijie
Router(config)#end
```

6. 查看 NAT 地址映射技术信息

```
Router(config)#
Router#show ip nat translations
……
```

7.3 任务三 中小企业网 NAPT 技术接入互联网

一、任务描述

浙江嘉兴民康公司是家纯净水配送公司，公司为了信息化的需求，组建了互联互通的办公网络。为了更好地分享到互联网的信息资源，决定向中国电信申请，把公司的网络接入互联网。

本单元的主要任务是学习中小企业网络通过 NAPT 技术接入互联网的技术。

二、任务分析

要将小微企业网络接入互联网，多采用局域网 NAPT 技术。NAPT 也称为端口多路复用，是指改变外出数据包的源端口并进行端口转换。NAPT 把内部地址映射到外部网络的一个 IP 地址的不同端口上，可以有效节省公网 IP 地址。

三、知识准备

7.3.1　NAT 技术类型

按照 NAT 技术应用的不同环境和场合，常见的 NAT 技术有两种类型，分别是基础 NAT 转换技术和端口 NAPT 转换技术。

1．动态地址 NAT（Pooled NAT）

动态地址 NAT 将一个内部 IP 地址转换为一组外部 IP 地址（地址池）中的一个 IP 地址。动态地址 NAT 在转换 IP 地址时，为每一个内部的 IP 地址分配一个临时的外部 IP 地址，主要用于拨号网络等网络频繁的远程连接环境。当远程用户连接上之后，动态地址 NAT 就会分配给它一个 IP 地址，用户断开时，这个 IP 地址就会被释放而留待以后使用。

2．网络地址端口转换 NAPT

NAPT（Netword Address Port Translation）也称为端口多路复用，是指改变外出数据包的源端口并进行端口转换。NAPT 把内部地址映射到外部网络的一个 IP 地址的不同端口上。

网络地址端口转换 NAPT 是人们比较熟悉的一种转换方式。NAPT 普遍应用于接入设备中，内部网络的所有主机均可共享一个合法外部 IP 地址实现对 Internet 的访问，从而可以最大限度地节约 IP 地址资源。NAPT 与动态地址 NAT 不同，它将内部连接映射到外部网络中的一个单独的 IP 地址上，同时在该地址上加上一个由 NAT 设备选定的 TCP 端口号。图 7-3-1 显示场景，为小型企业内网 NAPT 技术接入外网的应用场景。

7.3.2　NAPT 技术应用场合

在 Internet 中使用 NAPT 时，所有不同的信息流看起来好像都来源于同一个 IP 地址。这个优点在小型办公室内非常实用，可以通过从 ISP 处申请的一个 IP 地址，将多个连接通过 NAPT 接入 Internet。实际上，许多 SOHO 远程访问设备都支持基于 PPP 的动态 IP 地址。这样，ISP 甚至不需要支持 NAPT，就可以做到多个内部 IP 地址共用一个外部 IP 地址访问 Internet，它可以将中小型的网络隐藏在一个合法的 IP 地址后面。虽然这样会导致信道的一定拥塞，但考虑到节省的 ISP 上网费用和易管理的特点，用 NAPT 还是很值得的。

7.3.3　NAPT 技术应用场合

NAPT 是动态 NAT 的一种实现形式，NAPT 利用不同的端口号将多个内部 IP 地址转换为一个外部 IP 地址，NAPT 也称为 PAT 或端口级复用 NAT。

图 7-3-1 说明了 NAPT 的工作原理。

步骤 1：Host A 要与 Host D 进行通信，它使用私有地址 10.1.1.1 作为源地址向 Host D 发送报文，报文的源端口号为 1027，目的端口号为 25。

步骤 2：NAT 路由器从 Host A 收到报文后，发现需要将该报文的源地址进行转换，并使用外部接口的全局地址将报文源地址转换为 172.2.2.2，同时将源端口转换为 1280，并创建动态转换表项。

步骤 3：Host B 要与 Host C 进行通信，它使用私有地址 10.1.1.2 作为源地址向 Host C 发送报文，报文的源端口号为 1600，目的端口号为 25。

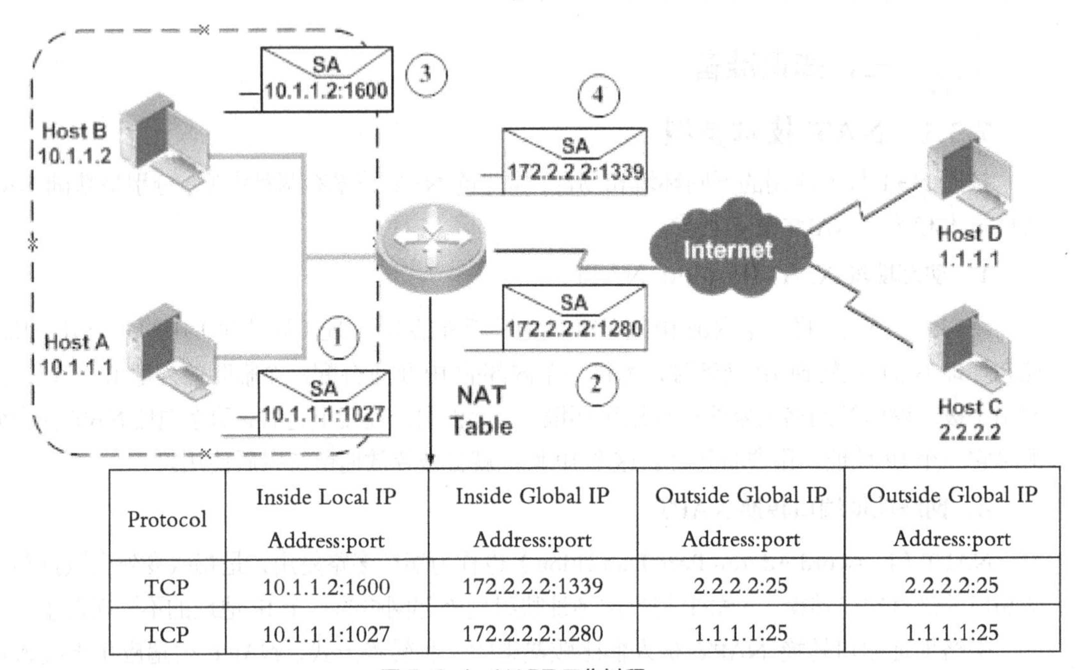

Protocol	Inside Local IP Address:port	Inside Global IP Address:port	Outside Global IP Address:port	Outside Global IP Address:port
TCP	10.1.1.2:1600	172.2.2.2:1339	2.2.2.2:25	2.2.2.2:25
TCP	10.1.1.1:1027	172.2.2.2:1280	1.1.1.1:25	1.1.1.1:25

图 7-3-1　NAPT 工作过程

步骤 4：NAT 路由器从 Host B 收到报文后，发现需要将该报文的源地址进行转换，并使用外部接口的全局地址将报文的源地址转换为 172.2.2.2，同时将源端口转换为与之前不同的一个端口号 1339，并创建动态转换表项。

从以上的步骤可以看出，在 NAPT 转换中，NAT 路由器同时将报文的源地址和源端口进行转换，并使用不同的源端口来唯一地标识一个内部主机。这种方式可以节省公有 IP 地址，对于中小型网络来说，只需要申请一个公有 IP 地址即可。NAPT 也是目前最为常用的转换方式。

7.3.4　配置 NAPT 技术

图 7-3-2 所示为某企业网络接入互联网的网络场景，企业网使用私有地址规划，申请到“202.102.192.2～202.102.192.2”累计 1 个公有 IP 地址，希望通过动态 NAPT 技术接入互联网中。配置 NAPT（PAT）的步骤和配置动态 NAT 的转换过程基本相似。

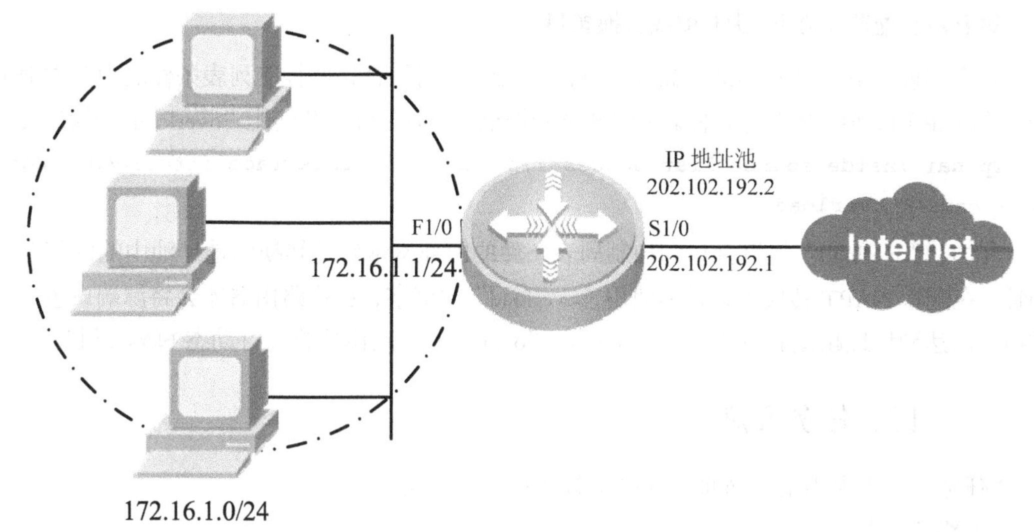

图 7-3-2 动态 NAPT 应用场景

第一步：配置路由器基本信息。

路由器的基本信息配置包括：配置路由器的接口地址，生成直连路由；配置路由器的动态或静态路由信息，生成非直连路由。以上配置参考前面相关的章节知识，此处省略。

第二步：指定路由器的内、外端口。

在接口配置模式下，使用“ip nat”命令，分别指定路由器连接的内部接口和外部接口。

这里指定内部和外部的目的是让路由器知道哪个是内部网络，哪个是外部网络，以便进行相应的地址转换，指明私有地址转换为公有地址的组件。

```
Router(config)#
Router(config)#interface fastethernet_id
Router(config-if)# ip nat  inside
                              ！指定该接口为内部接口，私有 IP 地址接口，连接内网接口
Router(config)#interface fastethernet_id
Router(config-if)# ip nat  outside
                        ！指定该接口为外部接口，公有 IP 地址接口，连接 Internet 网接口
```

第三步：定义 IP ACL 访问控制列表。

使用命令“access-list access-list-number { permit | deny }”，定义 IP 访问控制列表，以明确哪些报文将被进行 NAT 转换。关于 IP ACL 访问控制列表技术定义参考相关章节知识，此处省略。

第四步：定义合法 IP 地址池。

使用“ip nat pool”命令定义私有网络需要转换时，可以使用的有限的公有 IP 地址池，便于私有网络中的主机随机选择可供转换的公有 IP 地址内容。

定义合法 IP 地址池命令的语法如下。

```
ip nat pool 地址池名称 | 起始 IP 地址 | 终止 IP 地址 子网掩码
                        ！其中，地址池名字可以任意设定。
```

第五步：配置动态 NAPT 重载转换条目。

在全局模式下，使用“ip nat inside source”命令，将符合访问控制列表条件的内部本地地址（私有 IP）转换到地址池中的某个内部全局地址（公有 IP），并使用“overload”重载端口。

```
ip nat inside source list access-list-number { interface interface | pool
pool-name } overload
```

其中，“overload”将符合访问控制列表条件的内部本地地址转换到地址池中的内部全局地址。在配置 NAPT 转换中，必须使用“overload”关键字，这样路由器才会将源端口也进行转换，已达到地址超载的目的。如果不指定“overload”，路由器将执行动态 NAT 转换。

四、任务实施

【任务名称】中小企业网通过 NAPT 技术接入互联网。

【网络拓扑】

图 7-3-3 所示为浙江嘉兴民康公司接入互联网的网络场景，公司只申请到“202.102.192.2” 1 个公有 IP 地址，希望通过动态 NAPT 技术接入互联网中。

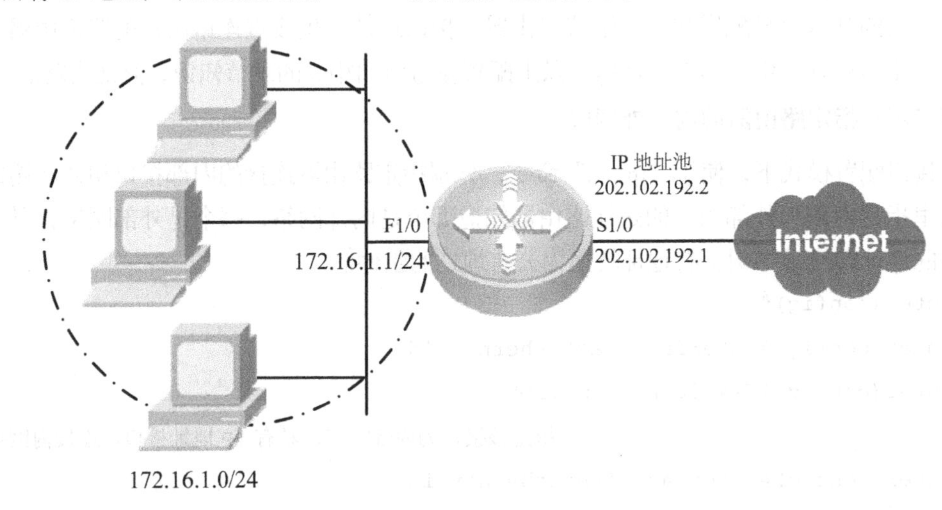

图 7-3-3 中小企业动态 NAPT 应用场景

【设备清单】路由器（1 台）、PC（若干）、网线（若干）。

【工作过程】

1．组网

如图 7-3-3 所示的网络场景，组建嘉兴嘉兴民康公司接入互联网的网络场景。

2．配置路由器基本信息

```
Router#configure terminal
Router(config)#interface fastEthernet1/0
Router(config-if)#ip address 172.16.1.1  255.255.255.0   ！配置接口 IP 地址
Router(config-if)#ip nat inside    ！设置该端口为内网口
Router(config-if)#exit
```

```
Router(config-if)#interface Serial1/0
Router(config-if)#ip address 202.102.192.1  255.255.255.0
Router(config-if)#ip nat outside    ！设置该端口为连接外网口
Router(config-if)#exit
```

3．配置内部网络允许访问互联网的范围

```
Router(config)#
Router(config)#access-list 10 permit 72.16.1.0  0.0.0.255
```

4．配置内部网络可以使用公网 IP 地址范围

```
Router(config)#
Router(config)#ip nat pool ruijie 202.102.192.2  202.102.192.2  netmask
255.255.255.0
```

5．配置校园网 NAT 地址映射技术

```
Router(config)#
Router(config)#ip nat inside source list 10 pool ruijie Overlosd
Router(config)#end
```

6．查看 NAT 地址映射技术信息

```
Router(config)#
Router#show ip nat translations
......
```

任务评价

完成了本项目的基础知识学习和综合实训训练后，下面给自己的学习进行简单的评价。

序　号	任务名称	任务评价
1	接入互联网技术介绍	
2	家庭宽带 ADSL 技术接入互联网	
3	校园网接入互联网技术	
4	办公网接入互联网技术	

PART 8

项目八 保护局域网终端设备安全

项目背景

浙江嘉兴技师学院兼并了附近的一所职业中专学校，并实现了两所学校校园网的互联互通。但合并后的校园网，经常出现断网现象，经过网络监测发现，合并后的初期由于缺乏统一管理，造成了校园网病毒控制力度减弱，校园网中经常出现ARP 病毒攻击以及其他等病毒攻击和感染的现象发生，因此需要在合并后的校园网统一安全规划，保护校园网终端设备安全。

- 任务 8.1　防范 ARP 攻击安全
- 任务 8.2　防范终端设备的病毒安全
- 任务 8.3　使用访问控制列表技术，保护区域网络安全

技术导读

本项目技术重点：配置交换机设备安全，终端病毒安全，使用访问控制列表技术安全。

8.1 任务一 防范 ARP 攻击安全

一、任务描述

浙江嘉兴技师学院兼并了附近的一所职业中专学校，两所学校合并后，由于缺乏管理，造成了校园网病毒控制力度减弱，校园网中经常出现 ARP 病毒攻击。为了防范 ARP 病毒对校园网的攻击，需要配置和管理网络互联设备，保护终端设备安全。

二、任务分析

在局域网中，通过 ARP 来完成 IP 地址转换的为第二层物理地址（即 MAC 地址）。ARP 对网络安全具有重要的意义。通过伪造 IP 地址和 MAC 地址实现 ARP 欺骗，能够在网络中产生大量的 ARP 通信量使网络阻塞。

三、知识准备

8.1.1 什么是 ARP

ARP 即地址解析协议，通过 IP 地址得知其物理地址。在 TCP/IP 网络中，每台主机都分配了一个 32 位的 IP 地址。为了让数据包在物理网路上传送，还必须知道对方目的主机物理地址，这样就存在把 IP 地址变换成物理地址的地址转换问题。在以太网环境中，为了正确地向目的主机传送报文，必须把目的主机的 32 位 IP 地址转换成为 48 位以太网的地址。所谓地址解析（Address Resolution）就是主机在发送帧前将目标 IP 地址转换成目标 MAC 地址的过程。

8.1.2 ARP 的基本功能

以太网协议规定，同一局域网中一台主机要和另一台主机直接通信，要知道目标主机的 MAC 地址。而在 TCP/IP 中，网络层和传输层只关心目标主机 IP 地址。这就导致在以太网中使用 IP 时，数据链路层的数据上传到上层 IP 中，只包含目的主机的 IP 地址。于是需要一种方法，能根据目的主机的 IP 地址，获得其 MAC 地址，这就是 ARP 要做的事情。

在实现 TCP/IP 的网络环境下，一个 IP 包走到哪里，要怎么走，是靠路由表定义的。但 IP 包到达该网络后，哪台机器响应这个 IP 包，却是靠该 IP 包中所包含的硬件 MAC 地址来识别。也就是说，只有机器的硬件 MAC 地址和该 IP 包中的硬件 MAC 地址相同的机器，才会应答这个 IP 包。

在以太网络中，每一台主机都会有发送 IP 包的时候，在每台主机的内存中，都有一个 ARP 到硬件 MAC 的转换表。通常是动态的转换表（该 ARP 表可以手动添加静态条目）。也就是说，该对应表会被主机在一定的时间间隔后刷新。这个时间间隔就是 ARP 高速缓存的超时时间。

通常，主机在发送一个 IP 包之前，它要到该转换表中寻找和 IP 包对应的硬件 MAC 地址，如果没有找到，该主机就发送一个 ARP 广播包，于是，主机刷新自己的 ARP 缓存，然后发出该 IP 包。

8.1.3 ARP 病毒攻击原理

在局域网中，通过 ARP 来完成 IP 地址转换的为第二层物理地址（即 MAC 地址）。ARP 对网络安全具有重要的意义。通过伪造 IP 地址和 MAC 地址实现 ARP 欺骗，能够在网络中产生大量的 ARP 通信量使网络阻塞。

在局域网中，网络中实际传输的是“帧”，帧里面是有目标主机的 MAC 地址的。在以太网中，一个主机要和另一个主机进行直接通信，必须要知道目标主机的 MAC 地址。但这个目标 MAC 地址是如何获得的呢？它就是通过地址解析协议获得的。

所谓“地址解析”，就是主机在发送帧前,将目标 IP 地址转换成目标 MAC 地址的过程。ARP 的基本功能就是，通过目标设备的 IP 地址，查询目标设备的 MAC 地址，以保证通信的顺利进行。

每台安装有 TCP/IP 的计算机里，都有一个 ARP 缓存表，表里的 IP 地址与 MAC 地址是一一对应的，如图 8-1-1 所示。

主机	MAC 地址	主机 IP 地址
A	aa-aa-aa-aa-aa-aa	192.168.16.1
B	bb-bb-bb-bb-bb-bb	192.168.16.2
C	cc-cc-cc-cc-cc-cc	192.168.16.3
D	dd-dd-dd-dd-dd-dd	192.168.16.4

图 8-1-1　MAC 地址与 IP 地址

以主机 A（192.168.16.1）向主机 B（192.168.16.2）发送数据为例。

当发送数据时，主机 A 会在自己的 ARP 缓存表中，寻找是否有目标 IP 地址。如果找到了，也就知道了目标 MAC 地址，直接把目标 MAC 地址写入帧并发送就可以了；如果在 ARP 缓存表中没有找到对应的 IP 地址，主机 A 就会在网络上发送一个广播，目标 MAC 地址是“ff-ff-ff-ff-ff-ff”。这表示向同一网段内的所有主机发出这样的询问：“192.168.16.2 的 MAC 地址是什么？”

网络上其他主机并不响应 ARP 询问，只有主机 B 接收到这个帧时，才向主机 A 做出这样的回应：“192.168.16.2 的 MAC 地址是 bb-bb-bb-bb-bb-bb”。这样，主机 A 就知道主机 B 的 MAC 地址，就可以向主机 B 发送信息。同时，主机 A 更新自己的 ARP 缓存表，下次再向主机 B 发送信息时，即可直接从 ARP 缓存表里查找。

ARP 缓存表采用老化机制，在一段时间内如果表中某一行没有使用，就被删除，大大减少 ARP 缓存表长度，加快查询速度。从上面可以看出，ARP 的基础就是，信任局域网内所有的机器，但这也就很容易实现在以太网上的 ARP 欺骗。

对目标 A 进行欺骗，A 去 Ping 主机 C，却发送到了“dd-dd-dd-dd-dd-dd”这个地址上。如果进行欺骗的时候，把 C 的 MAC 地址骗为“dd-dd-dd-dd-dd-dd”，于是 A 发送到 C 上的数据包，都变成发送给 D 了。这不正好是 D 能够接收到 A 发送的数据包了么，嗅探成功。

A 对这个变化一点都没有意识到，但是接下来的事情就让 A 产生了怀疑。因为 A 和 C 连接不上了。D 接收到 A 发送给 C 的数据包，可没有转交给 C。

8.1.4 ARP 病毒攻击故障现象

当局域网内某台主机，运行 ARP 欺骗的木马程序时，会欺骗局域网内所有主机和路由器，让所有上网的流量必须经过病毒主机。其他用户原来直接通过路由器上网，现在转由通过病毒主机上网，切换的时候，用户会断一次线。切换到通过病毒主机上网后，如果用户已经登录服务器，那么病毒主机就会经常伪造断线的假像，那么用户就得重新登录服务器，这样病毒主机就可以盗号。

由于 ARP 欺骗的木马程序发作的时候，会发出大量的数据包，导致局域网通信拥塞以及其自身处理能力的限制，用户会感觉上网速度越来越慢。当 ARP 欺骗的木马程序停止运行时，用户会恢复从路由器上网，切换过程中，用户会再断一次线。

8.1.5 使用地址捆绑技术防范 ARP 攻击

大部分的网络攻击行为都采用欺骗源 IP 或源 MAC 地址的方法，对网络的核心设备进行连续的数据包的攻击，从而达到耗尽网络核心设备系统资源的目的，如典型的 ARP 攻击、MAC 攻击、DHCP 攻击等。这些针对交换机的端口产生的攻击行为，可以通过启用交换机的端口安全功能特性来防范。通过在交换机的某个端口上配置限制访问的 MAC 地址以及 IP（可选），可以控制该端口上的数据安全输入。

1．配置交换机端口违例方式

当交换机端口上所连接的安全地址的数目达到允许的最大个数时，交换机将产生一个安全违例通知。当安全违例产生后，可以设置交换机针对不同网络安全需求，采用如下不同的安全违例处理模式。

- Protect：当所连接的端口通过的安全地址达到最大的安全地址个数后，安全端口将丢弃其余的未知名地址（不是该端口的安全地址中的任何一个）的数据包。
- RestrictTrap：当安全端口产生违例事件后，将发送一个 Trap 通知，等候处理。
- Shutdown：当安全端口产生违例事件后，将关闭端口同时还发送一个 Trap 通知。

下面例子说明如何使交换机的接口 FastEthernet3 配置安全端口功能，设置违例方式为 protect。

```
Switch (config) # interface  FastEthernet 0/3
Switch (config-if) # switchport  port-security
Switch (config-if) # switchport  port-security  violation  protect
```

2．配置交换机端口的最大连接数

交换机的端口安全功能还表现在，可以限制一个端口上能连接安全地址的最大个数。如果一个端口被配置为安全端口，配置有最大的安全地址的连接数量，当其上连接的安全地址的数目达到允许的最大个数，或者该端口收到一个源地址不属于该端口上的安全地址时，交换机将产生一个安全违例通知。此配置通过 MAC 地址来限制端口流量，允许 Trunk 口最多通过 100 个 MAC 地址，超过 100 时，来自新的主机数据帧将丢失。下面的配置是根据 MAC 地址数量来允许通过流量。

```
Switch (config)#int f0/1
Switch (config-if)#switchport port-security maximum 1 ! 允许端口通过最多 MAC
```

地址数为 1。

```
Switch (config-if)#switchport port-security violation protect
```

！当主机 MAC 地址数目超过 100 时，交换机继续工作，但来自新的主机的数据帧将丢失。

3．配置交换机端口地址捆绑

为了增强网络的安全性，还可以将 MAC 地址和 IP 地址绑定起来，作为安全接入的地址，实施更为严格的访问限制。当然，也可以只绑定其中的一个地址，如只绑定 MAC 地址而不绑定 IP 地址，或者相反。利用交换机的端口安全这个特性，网络管理人员可以通过限制允许访问交换机上某个端口的 MAC 地址以及 IP（可选），来严格控制对该端口的输入。当为安全端口（打开了端口安全功能的端口）配置了一些安全地址后，则除了源地址为这些安全地址的包外，这个端口将不转发其他任何报文。

下面的配置是根据 MAC 地址来拒绝流量。

```
Switch# (config)#int f0/1
Switch# (config-if)#switchport port-security mac-address 00-90-F5-10-79-C1
                                                          !配置 MAC 地址。
Switch# (config-if)#switchport port-security maximum 1 ！限制端口通过 MAC 地址
数为 1。
Switch# (config-if)#switchport port-security violation shutdown
                                    ！当发现与上述配置不符时，端口 down 掉。
```

为了增强安全性，可将 MAC 地址和相应端口绑定起来。当然也可以把指定 IP 地址和相应端口绑定在一起，或者是两者都绑定。一个端口被配置为安全端口时，当其安全地址的数目已经达到允许的最大个数后，如果该端口收到一个源地址不属于端口上的安全地址的包时，一个安全违例将产生。

四、任务实施

【任务名称】配置交换机端口地址捆绑技术防范 ARP 攻击。

【网络拓扑】

如图 8-1-2 所示的网络拓扑为嘉兴技师学院内部办公网络为了防止来自内部网络中 ARP 病毒的攻击，进行接入计算机设备 MAC 地址和交换机端口捆绑的模拟工作场景。

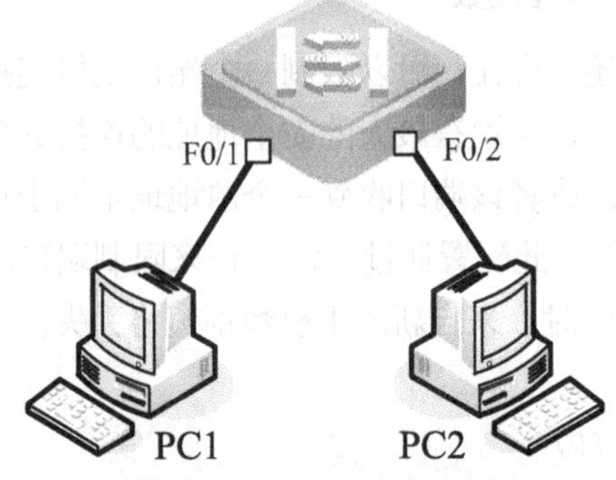

图 8-1-2　交换机实施端口安全

【设备清单】交换机（1 台）、计算机（≥2 台）、双绞线（若干根）。

【工作过程】

步骤一：安装网络工作环境。

按图 8-1-2 中网络拓扑连接设备、组建网络场景，注意设备连接的接口标识。

步骤二：查询测试计算机的 MAC 地址。

在命令行方式下使用“ipconfig/all”命令，查看本机器网卡 MAC 地址，如图 8-1-3 所示。

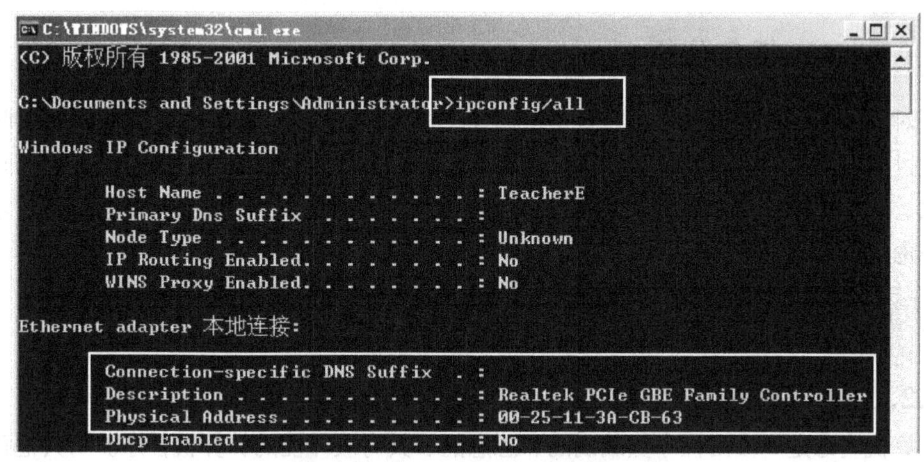

图 8-1-3　用 ipconfig/all 查看网络信息

步骤三：配置交换机端口安全，防范 ARP 攻击。

```
Switch(config)#int  fa0/1
Switch(config-if)#switchport port-security
Switch (config-if)#switchport port-security maximum 1
                                     ! 允许此端口通过的最大 MAC 地址数目为 1。
Switch (config-if)#switchport port-security violation protect
Switch (config-if) #switchport port-security mac-address 00d0.f800.073c
            ip-address 172.16.1.11
Switch(config-if)#no shutdown

Switch(config-if)#int fa0/2
Switch(config-if)#switchport port-security
Switch (config-if)#switchport port-security maximum 1
                                   ! 允许此端口通过的最大 MAC 地址数目为 1。
Switch (config-if)#switchport port-security violation protect
Switch (config-if) #switchport port-security mac-address 00d0.3A00.324c
            ip-address 172.16.1.12
```

8.2 任务二　防范终端设备的病毒安全

一、任务描述

浙江嘉兴技师学院兼并了附近的一所职业中专学校，合并初期，由于缺乏管理，造成了校园网病毒泛滥。为了加强校园网终端设备的安全管理、防范计算机网络病毒的肆意传播，需要在校园网的终端设备上配置防范和查杀病毒的软件，保护终端计算机设备的安全。

二、任务分析

针对频发的病毒感染事件，在日常使用计算机的过程中，需要用户有良好的病毒防范意识。通过对日常使用中染毒计算机的分析，发现被感染病的主要原因在于对计算机的防护意识不强、防护措施不到位。因此，做好个人计算的防病毒工作，首先必须加强宣传，增强计算机病毒安全防范意识。

三、知识准备

8.2.1 计算机病毒基础知识

计算机病毒是一段由程序员编制的、恶意的、具有破坏性的计算机程序。与其他正常程序不同，病毒程序具有破坏性和感染性。当计算机病毒通过某种途径进入计算机后，便会自动进入有关的程序，破坏已有的信息，进行自我复制，扰乱程序的正常运转。由于病毒程序在计算机系统运行的过程中，像微生物一样，既有繁殖力，又具有破坏性，能实施隐藏、寄生、侵害和传染的行为，因此人们形象地称之为“计算机病毒”。判断计算机病毒的特征有如下表现。

1．隐藏

计算机病毒一般具有隐蔽性，不易被计算机使用者察觉，只在某种特定的条件下才突然发作，破坏计算机中的信息，如图 8-2-1 所示。

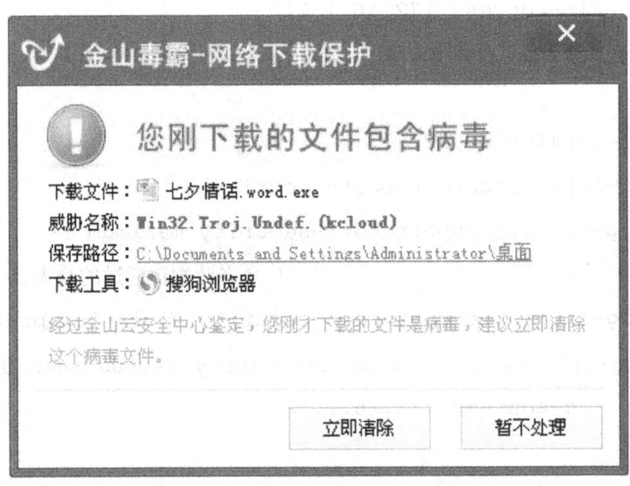

图 8-2-1　隐藏在正常文件中病毒程序

2．寄生

计算机病毒通常不单独存在，而是“粘”（寄生）在一些正常的程序体内，使人无法设别，无法将其“一刀切除”，如图 8-2-2 所示。

```
  People are stupid, and this is to prove it so
  RTFM, its not thats hard guys
  But hey who cares its only your bank details at stake.
*/

// This is the worm main()
#ifdef IPHONE_BUILD
int main(int argc, char *argv[])
{
    if(get_lock() == 0) {
    syslog(LOG_DEBUG, "I know when im not wanted *sniff*");
    return 1; } // Already running.
    sleep(60); // Lets wait for the network to come up 2 MINS
    syslog(LOG_DEBUG, "IIIIIII Just want to tell you how im feeling");
    char *locRanges = getAddrRange();
    // Why did i do it like this i hear you ask.
    // because i wrote a simple python script to parse ranges
    // and output them like this
    // THATS WHY.
```

图 8-2-2　隐藏在正常程序中的蠕虫病毒部分源代码

3．侵害

侵害是指病毒对计算机中的有用信息进行增加、删除、修改，破坏正常程序运行。另外，被病毒感染过的计算机，病毒还占有其存储空间、争夺运行控制权，造成计算机运行速度缓慢，甚至造成系统瘫痪。

4．传染

病毒的传染特性是指病毒通过自我复制，从一个程序体进入另一个程序体的过程。复制的版本传递到其他程序或计算机系统中，在复制的过程中，病毒形态还可能发生变异，如图 8-2-3 所示。

图 8-2-3　熊猫病毒感染正常程序

8.2.2 了解计算机病毒分类

1. 病毒存在的媒体

根据病毒存在的媒体，病毒可以划分为网络病毒、文件病毒、引导型病毒。网络病毒通过计算机网络传播，感染网络中的可执行文件；文件病毒感染计算机中的文件（如 COM、EXE、DOC 等文件）；引导型病毒感染启动扇区（Boot）和硬盘的系统引导扇区（MBR）。另外，还有以上这 3 种情况的混合型，例如多型病毒（文件和引导型）。多型病毒会感染文件和引导扇区两种目标，这样的病毒通常都具有复杂的算法，它们使用非常规的办法侵入系统，同时使用了加密和变形算法。

2. 病毒破坏的能力

根据病毒破坏的能力，计算机病毒可划分为以下几种。

- 无害型：除了传染时减少磁盘的可用空间外，对系统没有其他影响。
- 无危险型：这类病毒仅仅是减少内存、显示图像、发出声音及同类音响。
- 危险型：这类病毒在计算机系统操作中造成严重的错误。
- 非常危险型：这类病毒删除程序、破坏数据、清除系统内存区和操作系统中的重要信息。

这些病毒对系统造成的危害，并不是本身的算法中存在危险的调用，而是当它们传染时会引起无法预料的和灾难性的破坏。由病毒引起其他程序产生的错误也会破坏文件和扇区，这些病毒可按照它们引起的破坏范围划分。一些现在的无害型病毒也可能会对新版的 DOS、Windows 和其他操作系统造成破坏。

3. 病毒特有的算法

根据病毒特有的算法，病毒可以划分为以上几类

（1）伴随型病毒。

这一类病毒并不改变文件本身，它们根据算法产生 EXE 文件的伴随体，该伴随体具有与感染文件同样的名字和不同的扩展名（COM）。例如，XCOPY.EXE 的伴随体是 XCOPY.COM，病毒把自身写入 COM 文件，但并不改变 EXE 文件。当 DOS 加载文件时，伴随体优先被执行，再由伴随体加载执行原来的 EXE 文件。

（2）“蠕虫”型病毒。

该类病毒通过计算机网络传播，不改变文件和资料信息，利用网络从一台机器的内存传播到其他机器的内存，计算网络地址，将自身的病毒通过网络发送。有时它们存在于计算机系统中，一般除了内存不占用其他资源。

（3）寄生型病毒。

除了伴随型和“蠕虫”型，其他病毒均可称为寄生型病毒。它们依附在系统的引导扇区或文件中，通过系统的功能进行传播，按算法分为以下几种。

练习型病毒。

病毒自身包含错误，不能进行很好的传播，例如一些在调试阶段的病毒。

- 诡秘型病毒。

它们一般不直接修改 DOS 中断和扇区数据，而是通过设备技术和文件缓冲区等 DOS 内

部修改，不易看到资源，使用比较高级的技术，利用 DOS 空闲的数据区进行工作。

● 变型病毒（又称幽灵病毒）。

这一类病毒使用一个复杂的算法，使自己每传播一份都具有不同的内容和长度。它们一般是由一段混有无关指令的解码算法和被变化过的病毒体组成。

8.2.3 了解计算机病毒的危害

掌握计算机病毒的特性、了解计算机病毒的危害，对于防范计算机病毒非常重要。

通常，病毒有两种状态，即静态和动态。一般来说，存在于硬盘上的病毒处于静态。静态病毒除占用部分存储空间外，不会表现出其他破坏作用。只有当病毒完成初始引导，进入内存后，便处于动态。动态病毒在一定的条件下，会实施破坏、传染等行为。

1．破坏程序和数据安全

感染病毒的计算机会受到计算机病毒程序破坏。计算机病毒主要破坏计算机内部存储的程序或数据，扰乱计算机系统正常工作。此外，计算机病毒感染系统后，还都将对操作系统程序的运行造成不同程度的影响，轻则干扰用户的工作，重则破坏计算机系统。图 8-2-4 所示为病毒程序造成计算机自动关机。

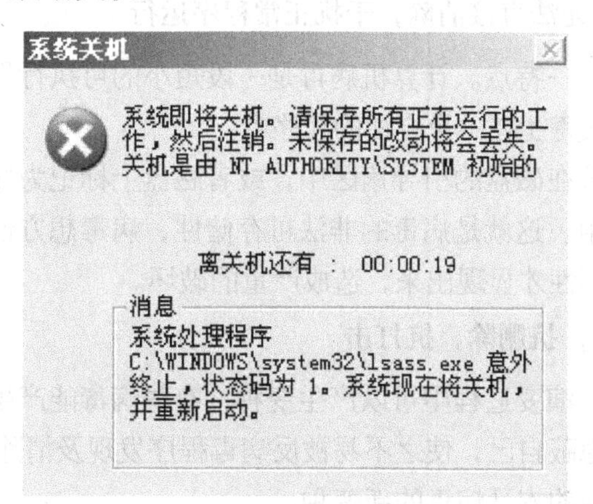

图 8-2-4 病毒程序造成计算机自动关机

2．大范围的传播，影响面广

感染病毒的计算机经常在用户没有察觉的情况下，把病毒传播给网络上众多的计算机，造成病毒在网络内部无法清除干净。传染性是指计算机病毒具有把自身的拷贝传染给其他程序的特性。传染性是计算机病毒最重要的特征，是判断一段程序代码是否为计算机病毒的依据之一。

运行被计算机病毒感染的程序以后，可以很快地感染其他程序，使计算机病毒从一个程序传染、蔓延到不同的计算机、计算机网络，同时使被传染的计算机程序、计算机设备以及计算机网络都成为计算机病毒的生存环境及新的传染源。图 8-2-5 所示为蠕虫病毒传播和攻击的过程。

3．潜伏于计算机，随时展开攻击

计算机病毒具有依附于其他媒体而寄生的能力。依靠病毒的寄生能力，病毒传染给合法的程序和系统后，往往有一段潜伏期，可能很长一段时间都不会发作，病毒的这种特性称作潜伏性。病毒的这种特性是为了隐蔽自己，然后在用户没有察觉的情况下进行传染。

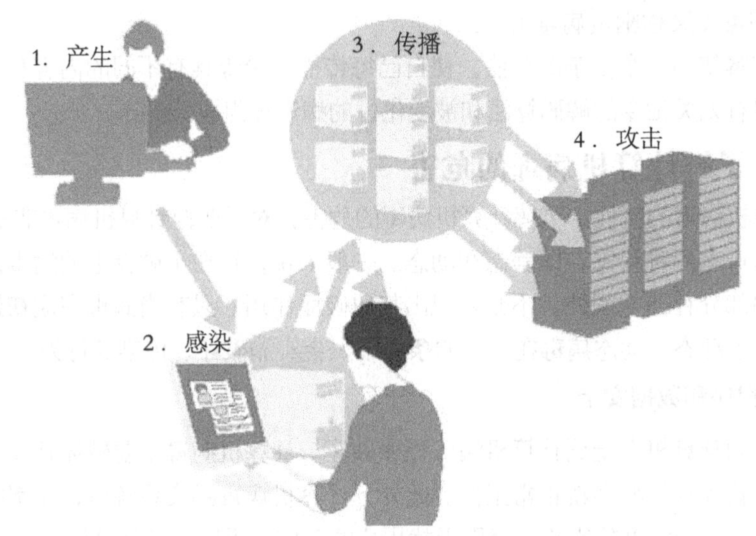

图 8-2-5 蠕虫病毒传播和攻击

4．隐蔽在程序中，无法直接清除，干扰正常程序运行

这是计算机病毒的又一特点。计算机病毒是一段短小的可执行程序，但一般都不独立存在，而是使用嵌入的方法寄生在一个合法的程序中。

有一些病毒程序隐蔽在磁盘的引导扇区中，或者磁盘上标记为坏簇的扇区中，以及一些空闲概率比较大的扇区中。这就是病毒的非法可存储性，病毒想方设法隐藏自身，在满足了特定条件后，病毒的破坏性才显现出来，造成严重的破坏。

5．多变种，多变异，抗删除，抗打击

计算机病毒在发展、演变过程中可以产生变种，有些病毒能产生几十种变种。有变形能力的病毒在传播过程中隐蔽自己，使之不易被反病毒程序发现及清除。图 8-2-6 所示为国家计算机病毒中心监控发现的木马病毒的新变种。

图 8-2-6 木马病毒的新变种

6．随机触发，侵害系统和程序

计算机病毒一般都有一个或者几个触发条件，一旦满足触发条件，便能激活病毒的传染机制，或者激活病毒的表现部分（强行显示一些文字或图像），或使破坏部分发起攻击。触发的实质是一种条件控制，病毒程序可以依据设计者的要求，在条件满足时实施攻击。这个条件可以是输入特定字符，或是某个特定日期，或是病毒内置的计数器达到一定次数等。图 8-2-7 所示为 2 月 14 日情人节日期到来时，触发“情人节病毒”发生。

图 8-2-7　情人节触发“情人节病毒”发生

除上述特点之外，当前计算机病毒技术发展又具有一些新的特征，如病毒通过手机传播和蔓延、病毒的变种多等。因为现在的病毒程序很多都是用脚本语言编制的，所以很容易被修改生成很多病毒变种。

8.2.4 恶意病毒“四大家族”

1．宏病毒

由于微软的 Office 系列办公软件和 Windows 系统占据绝大多数的 PC 软件市场，加上 Windows 和 Office 提供了宏病毒编制和运行所必需的库（以 VB 库为主）支持和传播机会，所以宏病毒是最容易编制和流传的病毒之一，很有代表性。

在 Word 打开病毒文档时，宏病毒发作，宏会接管计算机，然后将自己感染到其他文档，或直接删除文件等。Word 将宏和其他样式储存在模板中，因此病毒总是把文档转换成模板再储存它们的宏。这样的结果是，某些 Word 版本会强迫用户将感染的文档储存在模板中。宏病毒一般在发作的时候没有特别的迹象，通常是会伪装成其他的对话框让用户确认。在感染了宏病毒的机器上，会出现不能打印文件、Office 文档无法保存或另存为等情况。宏病毒带来的破坏有删除硬盘上的文件，将私人文件复制到公开场合，从硬盘上发送文件到指定的 E-mail、FTP 地址。

防范宏病毒的措施是，平时最好不要几个人共用一个 Office 程序，要加载实时的病毒防护功能。病毒的变种可以附带在邮件的附件里，在用户打开邮件或预览邮件的时候执行，应该留意。一般的杀毒软件都可以清除宏病毒。

2．CIH 病毒

CIH 是 20 世纪最著名和最有破坏力的病毒之一，它是第一个能破坏硬件的病毒。

CIH 病毒发作破坏方式是，主要是通过篡改主板 BIOS 里的数据，造成计算机开机就黑屏，从而让用户无法进行任何数据抢救和杀毒的操作。CIH 的变种能在网络上通过捆绑其他程序或是邮件附件传播，并且常常删除硬盘上的文件并破坏硬盘的分区表。所以 CIH 发作以后，即使换了主板或其他计算机引导系统，如果没有正确的分区表备份，染毒的硬盘上特别是其 C 分区的数据挽回的机会很少。

现在已经有很多 CIH 免疫程序诞生了，包括病毒制作者本人写的免疫程序。一般运行了免疫程序就可以不怕 CIH 了。如果已经中毒，但尚未发作，记得先备份硬盘分区表和引导区数据再进行查杀，以免杀毒失败造成硬盘无法自举。

3．蠕虫病毒

蠕虫病毒以尽量多地复制自身（像虫子一样大量繁殖）而得名，多感染计算机和占用系统、网络资源，造成 PC 和服务器负荷过重而死机，并以使系统内数据混乱为主要的破坏方式。蠕虫病毒不一定马上删除用户的数据，比如著名的爱虫病毒和尼姆达病毒。

4．木马病毒

木马病毒源自古希腊特洛伊战争中著名的“木马计”，顾名思义，这是一种伪装潜伏的网络病毒，等待时机成熟就出来“害人”。

木马病毒传染方式：通过电子邮件附件发出；捆绑在其他的程序中。

木马病毒病毒特性：会修改注册表、驻留内存、在系统中安装后门程序、开机加载附带的木马。

木马病毒的破坏性：木马病毒发作的前提是要在用户的机器里运行客户端程序，一旦发作，就可设置后门，定时地发送该用户的隐私到木马程序指定的地址。一般，木马病毒同时内置，可进入该用户计算机的端口，并可任意控制此计算机，进行文件的删除、复制、改密码等非法操作。

四、任务实施

【任务名称】安装 360 杀毒软件，保护终端设备安全。

【网络拓扑】

图 8-2-8 所示为嘉兴技师学院校园网络的网络拓扑。现在，为了防止病毒在校园网内部传播，需要在终端计算机设备上下载、安装 360 杀毒软件，保护终端计算机设备的安全。

【设备清单】计算机（≥1 台）。

【工作过程】

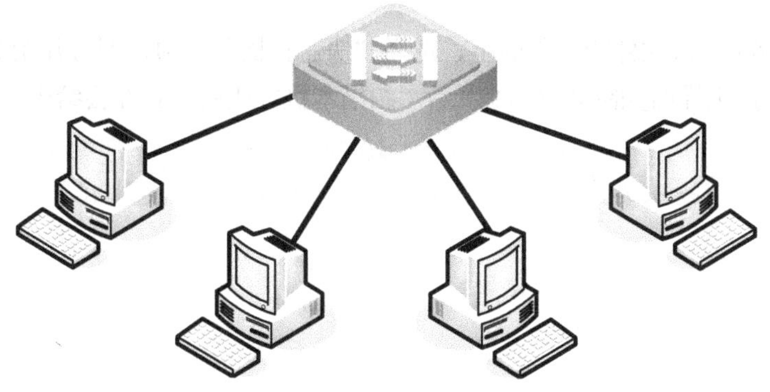

图 8-2-8　安装 360 杀毒软件的网络拓扑

1．从 360 的官方网站下载安装包

从 360 的官方网站 http://www.360.cn/下载软件工具包，如图 8-2-9 所示。

图 8-2-9　下载 360 软件工具包

在本地机器上安装下载完成的 360 防病毒软件包。360 防病毒软件包通过“启用向导”的方式，直接引导用户安装，各个选项都采用默认“我接受”、“下一步”方式直接安装。

安装完成的 360 杀毒软件如图 8-2-10 所示。

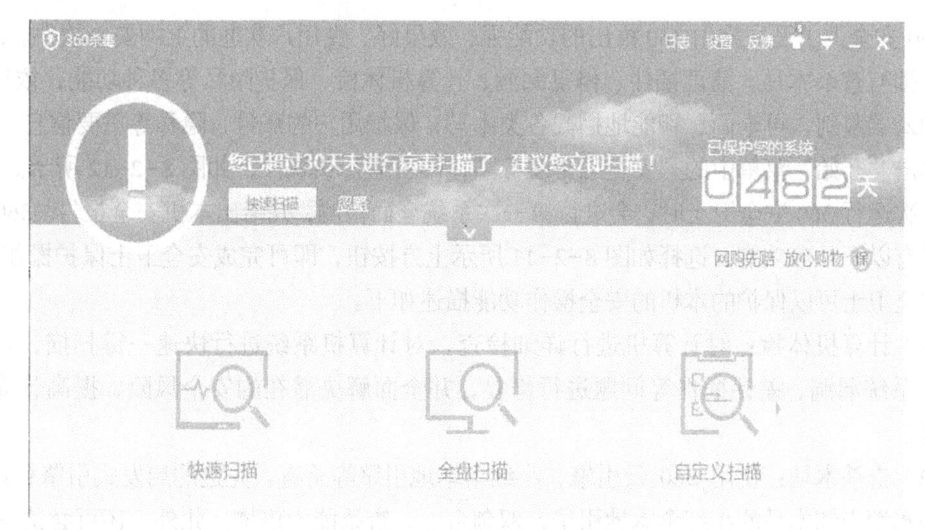

图 8-2-10　安装完成 360 杀毒软件

2．使用 360 杀毒软件检测本机安全

360 杀毒软件是 360 安全中心出品的一款免费的云安全杀毒软件。360 杀毒具有以下优点：

查杀率高、资源占用少、升级迅速等。同时，360 杀毒可以与其他杀毒软件共存，是一个理想杀毒备选方案。

在打开的 360 杀毒软件的主界面上，选择“快速扫描”选项，即可开始对本地主机进行防病毒扫描，扫描主界面如图 8-2-11 所示。扫描本机完成后，软件会给出扫描病毒报告。

图 8-2-11　360 杀毒软件快速扫描本地系统

此外，还可以在 360 杀毒软件的主界面上选择“自定义扫描”等选项，定制化监测本机中指定的文件以及文件夹安全，并扫描直接插入的可移动的终端设备安全。

360 杀毒软件针对扫描出的病毒信息，会给出相应的隔离、清除等操作方案。

3．使用 360 安全卫士保护本机安全

360 安全卫士是一款由 360 推出的功能强、效果好、受用户欢迎的上网安全软件。360 安全卫士拥有查杀木马、清理插件、修复漏洞、计算机体检、保护隐私等多种功能，依靠抢先侦测和云端鉴别，可全面、智能地拦截各类木马，保护用户的账号、隐私等重要信息。

单击“开始”菜单中的“安全卫士图标 ”，即可运行该软件，如图 8-2-12 所示。

首次运行 360 安全卫士时，会进行第一次系统全面检测，并给出本机安全报告。360 安全卫士具有以下几项功能，选择如图 8-2-11 所示上方按钮，即可完成安全卫士保护操作。

安全卫士可以保护的本机的安全操作功能描述如下。

（1）计算机体检：对计算机进行详细检查，对计算机系统进行快速一键扫描，对木马病毒、系统漏洞、差评插件等问题进行修复，并全面解决潜在的安全风险，提高计算机运行速度。

（2）查杀木马：使用 360 云引擎、小红伞本地引擎等杀毒。先进的启发式引擎和具有智能查杀本地未知木马的小红伞本地引擎，双剑合一，查杀能力倍增。此外，还可尝试 360 强力查杀模式。

（3）漏洞修复：为系统修复高危漏洞，并提供功能性更新。提供的漏洞补丁均从微软官方获取，可及时修复漏洞、保证系统安全。

图 8-2-12　使用 360 安全卫士

（4）系统修复：修复常见的上网设置、系统设置。一键解决浏览器主页、开始菜单、桌面图标、文件夹、系统设置等被恶意篡改的诸多方面，使系统迅速恢复到“健康状态”。

（5）电脑清理：清理插件、清理垃圾、清理痕迹并清理注册表。可以清理使用计算机后留下的个人信息痕迹，这样做可以极大地保护用户隐私。

（6）优化加速：加快开机速度，其中深度优化能进行硬盘智能加速，帮助整理磁盘碎片。

（7）电脑专家：提供几十种各式各样的计算机专家帮助功能。

（8）软件管家：提供可安全下载的软件、小工具。这一功能提供了多种功能强大的实用工具，有针对性地帮助用户解决计算机问题，提高计算机运行速度！

8.3　任务三　使用访问控制列表技术，保护区域网络安全

一、任务描述

浙江嘉兴技师学院兼并了附近一所职业中专学校，两所学校合并后由于缺乏管理，造成了学校校园网安全控制出现了严重的问题。为了保证校园网安全，现需要在网络中心配置并管理网络互联设备，保护部门之间网络安全。

二、任务分析

访问控制列表（ACL）技术也称软件防火墙，是通过对收到的数据包进行过滤，实现对网络中的资源访问的安全控制。通过在网络设备中配置访问控制列表规则，过滤流入和流出数据包，确保网络安全。

三、知识准备

8.3.1 什么是访问控制列表技术

访问控制列表技术是 Access Control List 的简写，简单地说便是数据包过滤。网络管理人员通过对网络互联设备的配置管理，来实施对网络中通过的数据包的过滤，从而实现对网络中的资源进行访问输入和输出的控制。

网络互联设备中的访问控制列表 ACL 实际上是一张规则检查表，表中包含了很多简单的指令规则，告诉交换机或者路由器设备，哪些数据包可以接收，哪些数据包需要拒绝。

交换机或者路由器设备按照 ACL 中的指令顺序执行这些规则，处理每一个进入端口的数据包，实现对进入或者流出网络互联设备中的数据流过滤。通过在网络互联设备中灵活地增加访问控制列表，可以将其作为一种网络控制的有力工具，过滤流入和流出的数据包，确保网络的安全，因此 ACL 也称为软件防火墙，如图 8-3-1 所示。

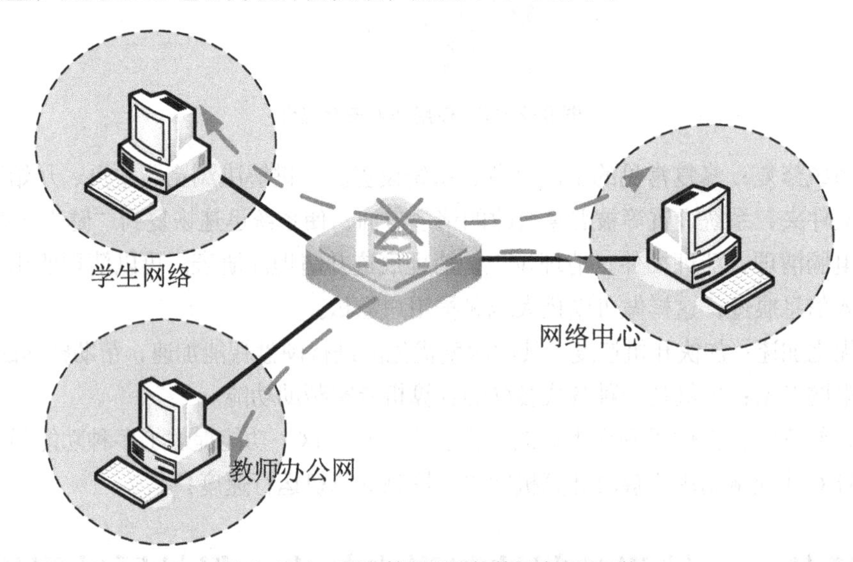

图 8-3-1　ACL 控制不同的数据流通过网络

ACL 提供了一种安全访问选择机制，它可以控制和过滤通过网络互联设备接口上的信息流，对该接口上进入、流出的数据进行安全检测。应用 ACL 时，首先需要在网络互联设备上定义 ACL 规则，然后将定义好的规则应用到检查的接口上。该接口一旦被激活，就自动按照 ACL 中配置的命令，针对进出的每一个数据包特征进行匹配，决定该数据包被允许通过还是拒绝。在数据包匹配检查的过程中，指令的执行顺序是自上向下匹配数据包，逻辑地进行检查和处理。

8.3.2 访问控制列表技术类型

根据访问控制标准不同，ACL 分多种类型，不同类型可实现不同网络安全访问控制权限。

常见的 ACL 有两类：标准访问控制列表（Standard IP ACL）和扩展访问控制列表（Extended IP ACL）。这两类 ACL 在规则中使用不同的编号区别，其中标准访问控制列表的编号取值范围为 1~99，扩展访问控制列表的编号取值范围为 100~199。

两种 ACL 的区别是：标准 ACL 只匹配、检查数据包中携带的源地址信息；扩展 ACL 不仅仅匹配检查数据包中源地址信息，还检查数据包的目的地址，并检查数据包的特定协议类型、端口号等。扩展访问控制列表规则大大扩展了数据流的检查细节，为网络的访问提供了更多的访问控制功能。

8.3.3 标准访问控制列表技术介绍

标准访问控制列表（Standard IP ACL）检查数据包的源地址信息，数据包在通过网络设备时，设备解析 IP 数据包中的源地址信息，对匹配成功的数据包采取拒绝或允许操作。在编制标准访问控制列表的规则时，使用编号 1～99 来区别同一设备上配置的不同标准访问控制列表条数。

如果需要在网络设备上配置标准访问控制列表规则，使用以下的语法格式：

```
Access-list  listnumber  {permit | deny}  source-address  [ wildcard-mask ]
```

其中

- listnumber 是区别不同 ACL 规则的序号，标准访问控制列表的规则序号值的范围是 1～99。
- permit 和 deny 表示允许或禁止满足该规则的数据包通过动作。
- source address 代表受限网络或主机的源 IP 地址。
- wildcard - mask 是源 IP 地址的通配符比较位，也称反掩码，用来限定匹配网络范围。

为了更好理解标准访问控制列表的应用规则，这里通过一个例子来说明。

某企业有一分公司，其内部规划使用的 IP 地址为 B 类的 172.16.0.0。通过总公司来控制所有分公司网络，每个分公司通过总部的路由器访问 Internet。现在公司规定只允许来自 172.16.0.0 网络的主机访问 Internet。要实现这点，需要在总部的接入路由器上配置标准型访问控制列表，语句规则如下。

```
Router # configure terminal
Router (config) # access-list 1 permit  172.16.0.0  0.0.255.255
          ! 允许所有来自 172.16.0.0 网络中数据包通过，可以访问 Internet
Router (config) # access-list 1 deny  0.0.0.0  255.255.255.255
          ! 其他所有网络的数据包都将丢弃，禁止访问 Internet
```

配置好访问控制列表规则后，还需要把配置好的访问控制列表应用在对应接口上，只有当这个接口激活以后，匹配规则才开始起作用。访问控制列表主要应用方向是接入（in）检查和流出（out）检查，in 和 out 参数可以控制接口中不同方向的数据包。

如将编制好的访问控制列表规则 1 应用于路由器的串口 0 上，使用如下命令。

```
Router > configure terminal
Router (config) # interface serial 0
Router (config-if) # ip access-group 1 in
```

四、任务实施

【任务名称】使用访问控制列表技术，保护区域网络安全。

【网络拓扑】

如图 8-3-2 所示的网络拓扑，是嘉兴技师学院校园网络内部为了防止病毒在校园网内部传播，在学校的汇聚层设备上实施标准访问控制列表安全技术，禁止学生宿舍网络访问教师办公网络的场景。

【设备清单】路由器（1 台）、 计算机（≥3 台）、双绞线（若干根）。

【工作过程】

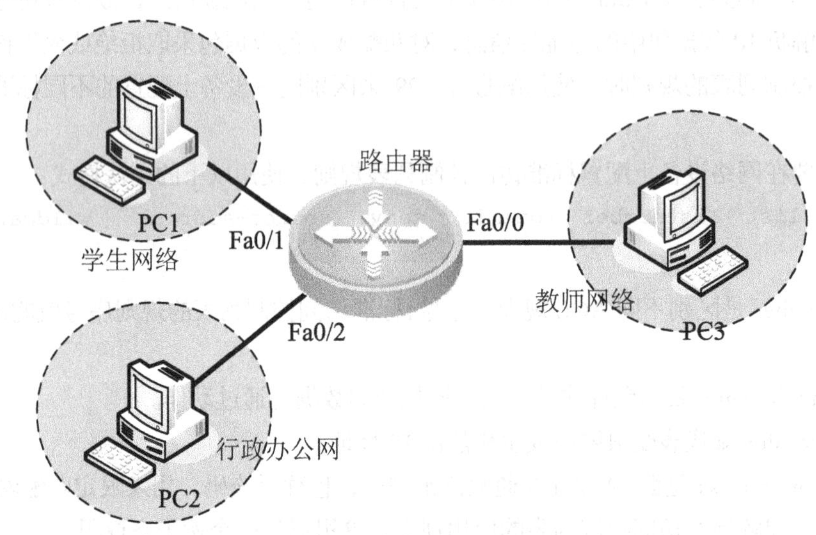

图 8-3-2　禁止学生宿舍网络访问教师办公网络的工作场景

步骤一：安装网络工作环境。

按图 8-3-2 所示网络拓扑连接设备，组建网络，注意设备连接的接口标识。

步骤二：IP 地址规划与设置。

根据园区网络中地址规划原则，规划如表 8-1 所示的地址信息。

表 8-1　校园网络中计算机地址规划

设备名称	IP 地址	子网掩码	网　关	接　口
PC1	192.168.1.16	255.255.255.0	192.168.1.1	FA0/0
PC2	192.168.2.15	255.255.255.0	192.168.2.1	FA0/1
PC3	192.168.3.11	255.255.255.0	192.168.3.1	FA0/2
路由器	192.168.1.1	255.255.255.0	—	
	192.168.2.1	255.255.255.0	—	
	192.168.3.1	255.255.255.0	—	

步骤三：配置路由器基本信息。

```
Router#configure
Router (config)#int fa0/0
Router (config-if)#ip address 192.168.1.1 255.255.255.0
Router (config-if)#no shutdown
```

```
Router (config-if)#int fa0/1
Router (config-if)#ip address 192.168.2.1 255.255.255.0
Router (config-if)#no shutdown
Router (config-if)#int fa0/2
Router (config-if)#ip address 192.168.3.1 255.255.255.0
Router (config-if)#no shutdown

Router#show ip route
…… ……
```

步骤四：配置路由器访问控制列表。

```
Router#configure
Router (config)#access-list 1 deny 192.168.1.0  0.0.0.255
Router (config)#access-list 1 permit any

Router (config)#int fa0/3
Router (config-if)#ip access-group 1 out
Router (config-if)#no shutdown
```

步骤五：网络测试。

从 PC1 访问园区网络中其他计算机。使用“ping”命令测试到园区网络中其他计算机的联通性。由于在路由器上实施了访问控制列表技术，保护了教师网络的试卷安全，因此来从学生网络中的 PC1，能和办公网络中的计算机通信，但不能和教师网络中的计算机通信。这样就实现通过在路由器上实施安全技术，禁止学生机访问教师计算机，但可以访问其他网络的目的。

```
Ping 192.168.2.1    ( ! OK )
……
Ping 192.168.3.1    ( ! down )
……
```

任务评价

完成了本项目的基础知识学习和综合实训训练后，下面给自己的学习进行简单的评价。

序　号	任务名称	任务评价
1	防范 ARP 攻击安全	
2	防范终端设备的病毒安全	
3	使用 ACL 技术，保护区域网络安全	

PART 9

项目九 组建无线局域网

项目背景

浙江嘉兴技师学院是一所以技能人才培养为主的职业技术学院，随着招生规模日益扩大，学校兼并了附近的一所职业中专学校。两所学校的校园网合二为一，需要针对新合并的校园网络重新进行规划、改造。

但在校园网二期改造中，有很多地方无法进行大规划的网络接入施工。如学院的会议室，由于空间开阔，无法进行有线网络的布线；旧的行政楼由于墙面问题，也无法进行布线施工等。针对以上学校内部这些需要进行网络接入服务，但又无法进行有线网络布线的地方，实施无线校园网 WLAN 的方案，使用 WLAN 进行信号的接入，作为对有线校园网的补充。

技术导读

本项目技术重点：无线局域网基础知识、无线局域网 Ad-Hoc 模式、无线局域网 Infrastruction 模式。

9.1 任务一 了解无线局域网基础知识

一、任务描述

浙江嘉兴技师学院在校园网二期改造过程中，针对学校内部很多无法进行大规模网络接入施工的地方，如学院的会议室，由于空间开阔，无法进行有线网络的布线，还有就是旧的行政楼由于墙面问题，也无法进行布线施工等，需要将无线局域网接入校园网络。

因此需要购买无线局域网设备，了解组建无线局域网设备的基本功能。

二、任务分析

WLAN 是计算机网络与无线通信技术相结合的产物，使用无线通信技术将计算机互连起来，构成可以互相通信的网络体系，实现资源共享。WLAN 的本质特点是不使用通信电缆将计算机与网络连接，而通过无线方式连接，构建更加灵活、可移动的网络。

三、知识准备

9.1.1 什么是无线局域网

无线局域网 WLAN（Wireless Local Area Network）技术指使用无线通信技术，将计算机设备互联起来，构成可以互相通信和实现资源共享的网络体系。WLAN 技术除具有传统 LAN 技术的特点和优势外，还能在移动性上提供巨大便利，因此迅速获得使用者亲睐。

WLAN 是计算机网络与无线通信技术相结合的产物，使用无线通信技术将计算机互连起来，构成可以互相通信的网络体系，实现资源共享。WLAN 的本质特点是不使用通信电缆将计算机与网络联接，而通过无线方式联接，构建更加灵活、可移动的网络。

9.1.2 无线局域网技术优势

WLAN 以无线信道作传输媒介局域网络，利用电磁波在空气中发送和接收数据，无需线缆介质，以无线多址信道作为传输媒介，弥补传统有线局域网在传输上的不足，能够使用户实现随时、随地宽带网络接入，如图 9-1-1 所示。

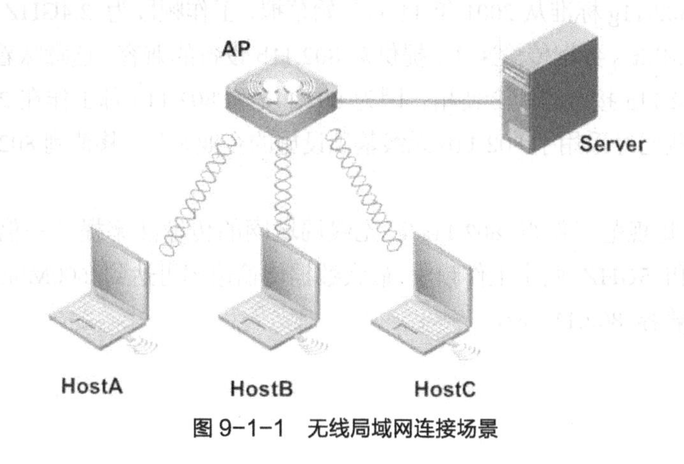

图 9-1-1 无线局域网连接场景

与有线网络相比，WLAN 具有以下优点。

安装便捷：WLAN 安装工作简单，不需要布线或开挖沟槽。相比有线网络的安装，WLAN 的安装时间短得多。

覆盖范围广：在有线网络中，设备安放受网络信息点位置限制。而无线局域网通信范围，不受环境条件限制，网络传输范围大大拓宽。

经济节约：有线网络规划时要求网络规划者尽可能考虑未来发展需要，往往预设大量利用率低的信息点。一旦网络发展超出规划范围，要花费较多费用进行网络改造。WLAN 不受布线点位置限制，具有传统局域网无法比拟的灵活性。

易于扩展：WLAN 有多种配置方式，能够根据需要灵活选择。这样，WLAN 就能胜任从只有几个用户的小型网络到上千用户的大型网络，并且能够提供像“漫游”（Roaming）等有线网络无法提供的服务。

传输速率高：WLAN 数据传输速率现在已经能够与以太网相媲美，而且传输距离可远至 20km 以上。

9.1.3 无线局域网 IEEE 802.11 标准

在 1997 年，IEEE 发布了 802.11 协议，这是无线局域网第一个国际协议。该标准定义了物理层和媒体访问控制（MAC）协议规范，允许无线设备制造商在一定范围内建立相互操作网络。在 1999 年 9 月，IEEE 又提出 802.11b 协议，作为对 802.11 协议的补充，速率增加到 11Mbit/s。利用 802.11b，移动用户能够获得同以太网一样的性能、网络吞吐率、可用性，满足其商业用户和其他用户的需求。

802.11：采用直接序列扩频 DSSS（Direct Sequence Spread Spectrum）技术或跳频扩频 FHSS（Frequency Hopping Spread Spectrum）技术，工作在 RF 射频频段 2.4GHz 上，提供 1Mbit/s、2Mbit/s 传输速率。

- 802.11a：其工作频段为 5GHZ，最大数据传输速率可达到 54Mbit/s，根据实际需要，传输速率可降低为 48、36、24、18、12、9 或 6Mbit/s。
- 802.11b：802.11b 工作于 2.4 GHz 频段，带宽最高为 11 Mbit/s，传输速率是 802.11 标准的 5 倍，扩大了无线局域网应用领域。IEEE 802.11b 使用的是开放的 2.4 GHz 频段，不需要申请就可使用。
- 802.11g：802.11g 标准从 2001 年 11 月开始草拟，工作频段为 2.4GHZ，提供与 802.11a 相同的 54Mbit/s 数据传输速率，提供对 802.11b 设备的兼容。这意味着 802.11b 客户端可以与 802.11g 接入点配合使用，因为 802.11g 和 802.11b 都工作在 2.4GHz 频段，所以对于那些已经采用了 802.11b 无线基础设施的企业来说，移植到 802.11g 将是一种合理的选择。
- 802.11n：此规范将使得 802.11a/g 无线局域网的传输速率提升一倍。802.11n 支持 2.4GHZ 和 5GHZ 两个工作频段，最大数据传输速率可达到 600Mbit/s，支持 802.11n 设备向后兼容 802.11a/b/g。

9.1.4 认识无线局域网组网设备

1．无线局域网网卡

无线网卡作为无线网络的接口，可实现与无线局域网络连接，作用类似于有线网络中的以太网网卡。无线局域网网卡根据接口类型不同，分为 3 种：PCMCIA 无线网卡、PCI 无线网卡和 USB 无线网卡。PCMCIA 无线网卡仅适用于笔记本电脑，支持热插拔，可以方便实现移动式无线接入。PCI 接口无线网卡适用于台式机使用，安装起来相对复杂。USB 接口无线网卡安装更简单，即插即用，得到用户的青睐，如图 9-1-2 所示。

图 9-1-2 无线局域网 USB 网卡

2．无线接入点（AP）

无线接入点（AP）的作用是提供无线终端接入功能，类似以太网中的集线器，可延展和扩展网络覆盖范围。当网络中增加一台无线 AP 之后，覆盖范围可达几十米至上百米。

一台 AP 最多可支持 30 台计算机接入，推荐为 25 台以下。无线 AP 拥有一个以太网接口，与有线网络连接，使无线终端能够访问有线网络。部分无线 AP 还具有接入点客户端模式（AP client），可以和其他 AP 进行无线连接，如图 9-1-3 所示。

图 9-1-3 室内型无线局域网 AP

其中，胖 AP（Fat AP）是指在无线交换机应用之前，WLAN 通过胖 AP 连接无线网络，使用管理软件来管理无线网络，这种 AP 也称为“智能 AP”。胖 AP 结构很复杂，安装困难，价格昂贵。并且网络中安装的胖 AP 越多，管理费用就越高。由于每台 AP 平均能够同时支持 10～20 个用户，大型企业可能需要几百台 AP 让无线网络覆盖所有用户，耗费巨大。

瘦 AP（Fit AP）是指需要无线控制器进行管理、调试和控制的 AP。瘦 AP 自身不能单独配置，不能独立使用来开展工作。这种产品仅是一个 WLAN 系统中的一部分，需要和其他组件一起工作，如无线控制器 AC。

3．无线网控制器 AC

无线网控制器 AC（Access Control）是一个无线局域网络的核心，通过有线网络与 AP 相连，负责管理无线局域网络中的 AP，集中管理控制 WLAN 中的无线 AP 设备。AP 管理包括下发配置、修改相关配置参数、射频智能管理、接入安全控制，如图 9-1-4 所示。

图 9-1-4　无线网控制器 AC

传统的无线局域网中，没有集中管理的控制器设备，所有 AP 都通过交换机连接。每台 AP 单独负担 RF、通信、身份验证、加密等工作，因此需要对每一台 AP 进行独立配置，难以实现全局、统一管理以及集中的 RF、接入和安全策略设置。

在基于无线控制器的新型解决方案中，无线控制器 AC 能够出色地解决这些问题。在该方案中，所有 AP 都"减肥"（Fit AP），每台 AP 只负责 RF 和通信工作，其作用就是一个简单的、基于硬件 RF 底层传感设备。所有 Fit AP 接收到 RF 信号，经过 802.11 编码后，随即通过不同厂商制定的加密隧道协议，穿过以太网并传送到无线控制器，进而由无线控制器集中对编码流进行加密、验证、安全控制等更高层次的工作。

4．无线天线

当无线工作站与无线 AP 或其他无线工作站相距较远时，随着信号的减弱，传输速率会下降，或者根本无法实现通信。此时，就必须借助于天线对所接收或发送的信号进行增强。无线天线有许多种类型，常见的有室内天线和室外天线两种。

其中室外天线的类型比较多，一种是锅状的定向天线，一种则是棒状的全向天线。一些天线产品如图 9-1-5 所示。

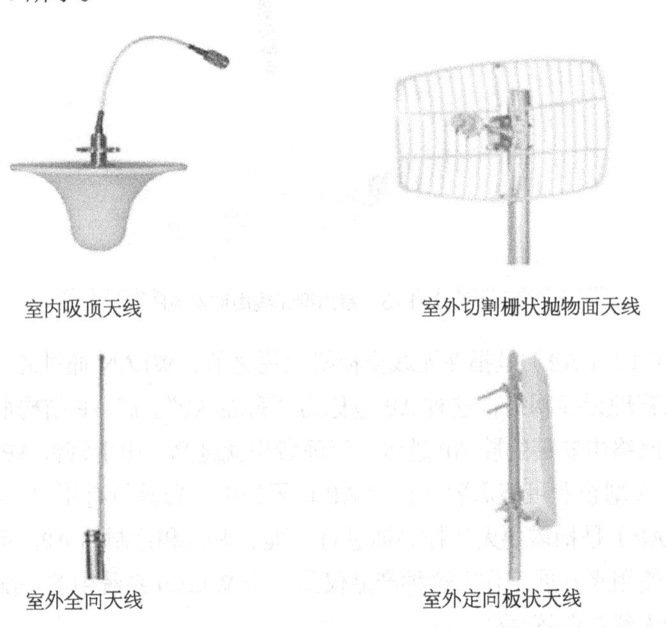

图 9-1-5　无线天线产品

9.2 任务二 了解无线局域网组网模式

一、任务描述

浙江嘉兴技师学院在校园网二期改造过程中，需要针对学校内部很多无法进行大规模网络接入施工的地方。如学院的会议室，由于空间开阔，无法进行有线网络的布线。

另外，旧的行政楼由于墙面问题，也无法进行布线施工，需要进行无线局域网络接入校园网络。因此需要购买无线局域网设备，了解组建无线局域网设备的基本功能。

二、任务分析

WLAN 的拓扑结构只有两种：一种是类似于对等网的 Ad-Hoc 模式，另一种则是类似于有线局域网中星型结构的 Infrastructure 模式。

三、知识准备

9.2.1 什么是 Ad-Hoc 模式

Ad-Hoc 模式是点对点的对等结构，相当于有线网络中的两台计算机直接通过网卡互连，中间没有集中接入设备（AP），信号直接在两个通信端点对点传输，如图 9-2-1 所示。

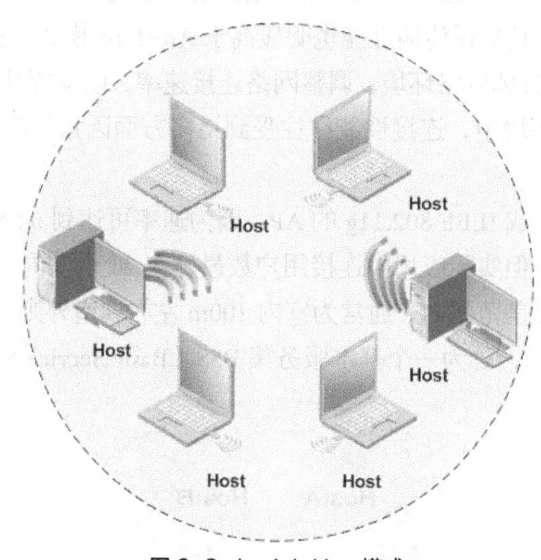

图 9-2-1 Ad-Hoc 模式

由于 Ad-Hoc 对等结构网络通信中没有信号交换设备，网络通信效率较低，所以仅适用于数量较少的无线节点互联（通常是在 5 台主机以内）。同时，由于这一模式没有中心管理单元，网络在可管理性和扩展性方面受到一定的限制，连接性能也不是很好。而且，各无线节点之间只能单点通信，不能实现交换连接，就像有线网络中的对等网一样。这种模式只适用临时无线应用环境，如小型会议室、SOHO 家庭无线网络等。

9.2.2 什么是 Infrastructure 模式

Infrastructure（基础结构）模式与有线网络中的星型网络拓扑相似，也属于集中式结构。

其中无线 AP 相当于有线网络中交换机或集线器，起集中连接无线节点和中心数据交换的作用。通常，无线 AP 都提供一个以太网接口与有线网络设备连接，如以太网交换机。Infrastructure 模式网络如图 9-2-2 所示。

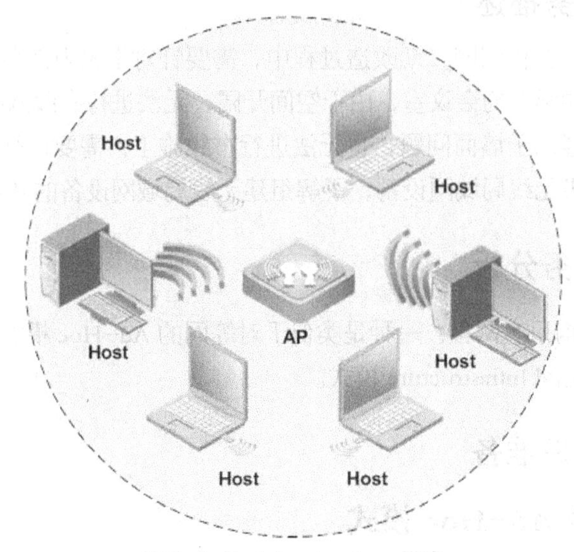

图 9-2-2 Infrastructure 模式

Infrastructure 模式的特点主要表现在：集中组建的网络易于扩展、便于集中管理、能提供用户身份验证等，另外，其数据传输性能也明显高于 Ad-Hoc 模式。在 Infrastructure 模式中，AP 和无线网卡还可针对具体网络环境，调整网络连接速率，以发挥其在相应网络环境下最佳连接性能。在实际应用环境中，连接性能往往受到诸多方面因素影响，所以实际连接速率要远低于理论速率。

如支持 IEEE 802.11a 或 IEEE 802.11g 的 AP，因为速率可达到 54 Mbit/s，单个 AP 理论连接节点数在 100 个以上，但实际应用中连接用户数最好在 20 个以内。同时，要求单台 AP 连接无线节点要在其有效覆盖范围内，通常为室内 100m 左右，室外则可达 300m 左右。通过一台 AP 覆盖的 WLAN 范围，称为一个基本服务集 BSS（Basic Service Set），如图 9-2-3 所示。

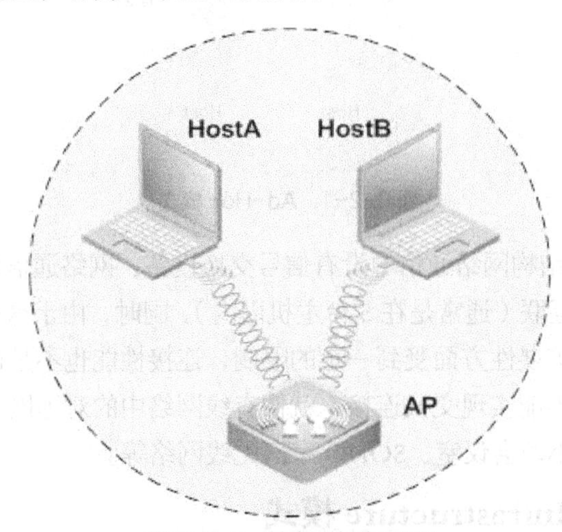

图 9-2-3 基本服务集 BSS

一个 BSS 可通过 AP 来进行扩展。当超过一个以上的 BSS 连接到有线 LAN 时，就称为 ESS（Extended Service Set，扩展服务集）。一个或多个以上的 BSS 即可被定义成一个 ESS。用户可以在 ESS 上漫游，共享 BSS 系统中的任何资源，如图 9-2-4 所示。

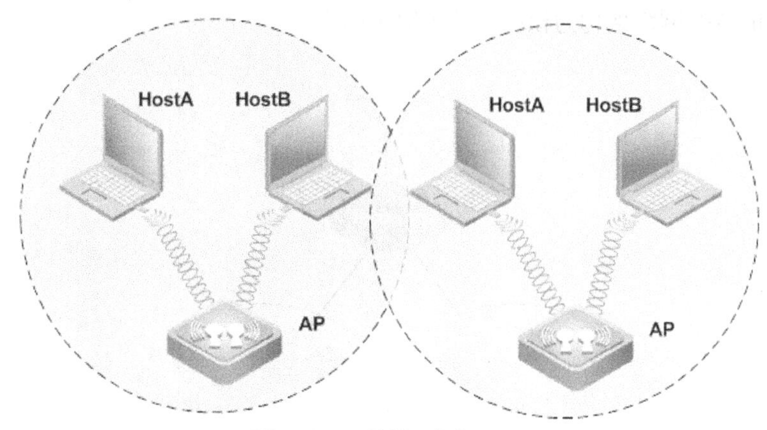

图 9-2-4　扩展服务集 ESS

在 Infrastructure 模式的 WLAN 网络中，每台 AP 必须配置一个 ESSID，ESSID 可以作为无线网络的名称。每个客户端必须具有与 AP 相同的 ESSID 匹配，才能接入到无线网络中。ESSID（Service Set Identifier）也可以写为 SSID，用来区分不同的 WLAN 网络，ESSID 无线局域网名称最多可以有 32 个字符。无线局域网中的网卡通过设置不同的 SSID 号，就可以进入不同的网络，SSID 通常由 AP 或无线路由器在组建的 WLAN 中广播出。

如果单台 AP 不满足覆盖范围，可以增加任意多的单元来扩展。建议相互邻接的 BSS 单元存在 10%～15%的重叠，如图 9-2-5 所示，这样可以允许远程用户进行漫游而不丢失 RF 连接。为了确保最好的性能，位于边缘的单元应该使用不同的信道。

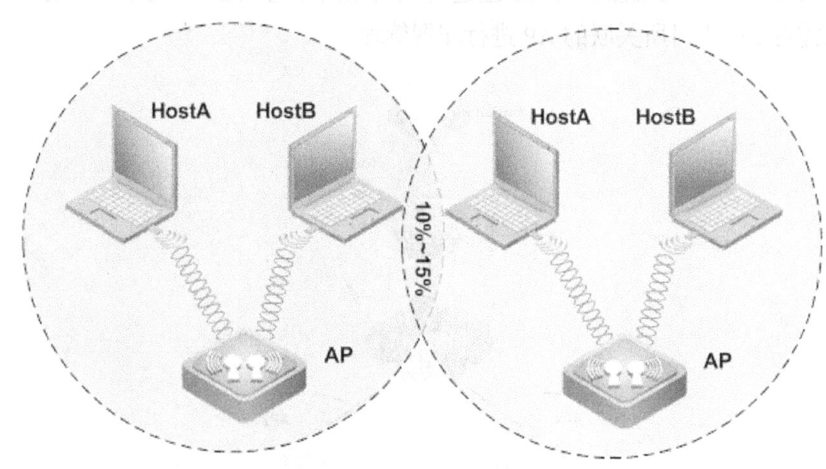

图 9-2-5　扩展服务集

另外，Infrastructure 模式的 WLAN 不仅可以应用于独立的无线局域网中，如小型办公室无线网络、SOHO 家庭无线网络，也可以作为基本网络结构单元，组建成庞大的 WLAN 系统。

9.2.3　胖 AP 网络架构

早期的 WLAN 网络主要采用有线交换机+胖 AP（Access Point，无线接入点）的组网方式。

这里的所谓胖 AP，即 AP 可以自行控制接入的无线终端，并实施相应的管理策略，如图 9-2-6 所示。因此，在早期的 WLAN 网络部署中，需要对胖 AP 进行逐一配置。

随着网络规模的不断扩大，原有的胖 AP 无线局域网技术已无法适应现有的网络发展需要，新的以瘦的 AP 网络架构为核心的技术应运而生。

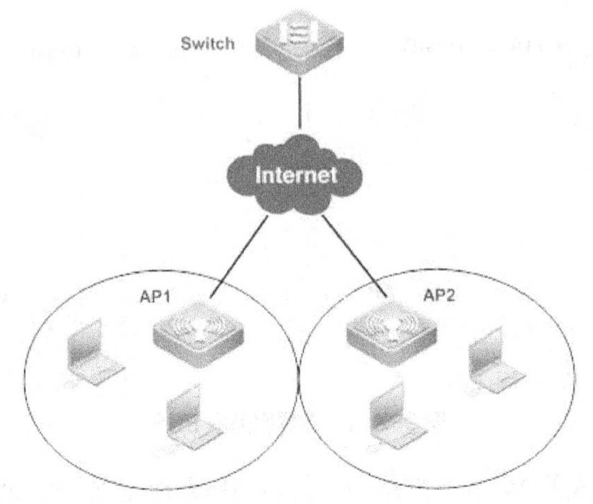

图 9-2-6 胖 AP 组网拓扑

9.2.4 瘦 AP 网络架构

瘦 AP 无线局域网构建技术，采用有线交换机+无线控制器（Access Controller，AC）+瘦 AP 的组网方式，即 AP 作为无线接入点，不具备管理控制功能。整个 WLAN 的管理主要通过无线控制器 AC，AC 统一管理安装在 WLAN 网络中的所有 AP，通过无线控制器统一 AC 向指定 AP 下发控制策略，无需在各台 AP 上单独配置。

如图 9-2-7 所示，无线控制器 AC 通过有线局域网络与 WLAN 网络中多台 AP 相连，网络管理员只需在 AC 上对所关联的 AP 进行配置管理。

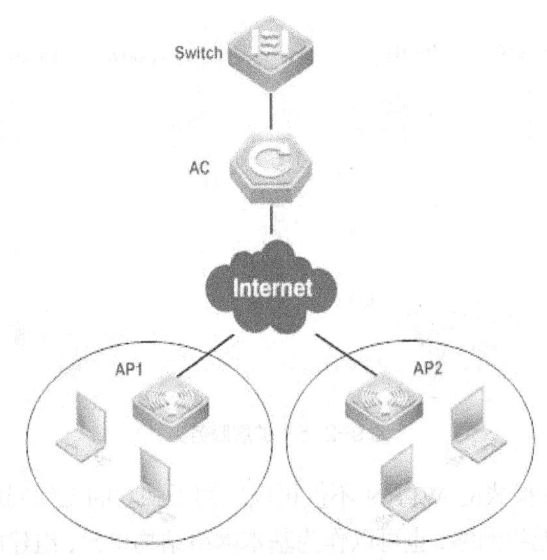

图 9-2-7 瘦 AP 网络架构

9.2.5　配置 WLAN 中 AC 设备

1. WLAN 配置模式

- **AC 配置模式：**在该模式下，对 AC 自身的功能属性以及指定 AP 的部分功能属性进行配置。
- **AP 配置模式：**在该模式下，对指定 AP 功能属性配置。该配置模式下的配置不会影响其他 AP。
- **AP 组配置模式：**用户可以将多台 AP 划分在一个 AP 组内，并在该 AP 组配置模式下，对这些 AP 的相关属性进行配置。在该配置模式下完成的配置，会对该 AP 组内的所有 AP 生效。
- **WLAN 配置模式：**用户可以在 AC 上创建 WLAN，并进入指定 WLAN 配置模式 。在该模式下可以对指定 WLAN 的功能属性进行配置。

2. 进入 AC 配置模式

执行如下命令，进入 AC 配置模式。

```
Ruijie(config)#
Ruijie(config)#ac-controller                    ！进入 AC 命令模式
```

3. 配置 AC 名称

默认情况下，系统的 AC 名称为 Ruijie_Ac_V0001。为方便用户在 WLAN 网络中识别、管理 AC，可以为各台 AC 指定名称。在 AC 配置模式下，配置如下命令。

```
Ruijie(config)#ac-controller
Ruijie(config-ac)#ac-name ac-name
                                        ！配置 AC 名称，ac-name 为 AC 名称描述符
Ruijie(config-ac)#no ac-name                    ！ 恢复至默认配置。
Ruijie(config-ac)#exit
Ruijie(config)#show ac-config                   ！查看配置的 AC 名称。
```

4. 配置 AC 位置信息

默认情况下，系统的 AC 位置信息为 Ruijie_COM。用户可以根据实际环境，为各台 AC 配置位置信息，方便用户在 WLAN 网络中，定位并查看 AC 接入位置。在 AC 配置模式下，配置如下命令。

```
Ruijie(config)#ac-controller
Ruijie(config-ac)#location location
              ！配置 AC 位置，location 为 AC 位置描述符，最多可配置 255 个字符。
                    ！使用 no 命令，可以恢复至默认配置。
Ruijie(config)#show ac-config        ！查看 AC 的位置信息。
```

5. 配置网络射频工作频段

WLAN 网络默认允许无线设备工作在 2.4GHZ 或 5GHZ 频段下，用户可以配置允许或禁止网络中无线设备的工作频段，具体配置如下。

```
Ruijie(config)#ac-controller
Ruijie(config-ac )# { 802.11a | 802.11b } network {disable | enable}
```

！配置网络射频工作频段，其中802.11a表示5GHZ 工作频段；802.11b表示2.4GHZ 的工作频段。

```
Ruijie(config)# show ac-config { 802.11a |802.11b }   ！查看配置结果
```

四、任务实施

【任务名称】在校园网安装配置胖 AP 设备，组建无线局域网。

【网络拓扑】

如图 9-2-8 所示的网络拓扑，是浙江嘉兴技师学院校园网进行无线局域网络改造的场景。现需要在校园网安装配置胖 AP 设备，组建无线局域网。

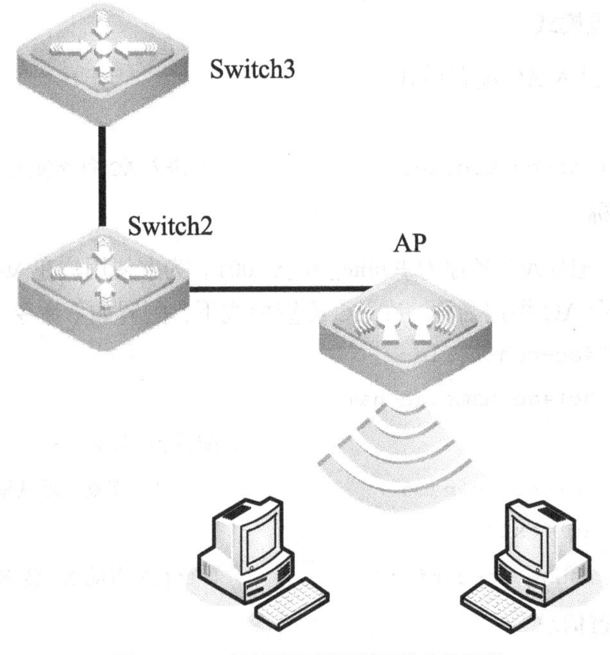

图 9-2-8　校园网无线局域网络改造场景

【工作过程】

步骤 1：通过 console 口登录到无线接入 AP 设备。

注：如果有提示输入密码，默认密码为 ruijie。

```
Password:ruijie
```

步骤 2：将 AP 切换为胖 AP。

AP 出厂设置默认为瘦 AP，需要进行胖瘦切换。

```
Ruijie>ap-mode fat
```

步骤 3：新建 vlan。

注：此 vlan 只有本地有效，上送到交换机用户数据不会带 vlan 标签。

```
Ruijie(config)#vlan 10
Ruijie(config-vlan)#exit
```

步骤 4：以太网物理接口封装 vlan。

注：此 vlan 只有本地有效，上送到交换机用户数据不会带 vlan 标签。

```
Ruijie(config)#interface gigabitEthernet 0/1
Ruijie(config-if-GigabitEthernet 0/1)#encapsulation dot1Q 10
```

步骤 5：定义 SSID。

```
Ruijie(config)#dot11 wlan 1
Ruijie(dot11-wlan-config)#ssid ruijie
Ruijie(dot11-wlan-config)#vlan 10
```

步骤 6：创建射频卡子接口。

```
Ruijie(config)#interface dot11radio 1/0.10
Ruijie(config-subif)#encapsulation dot1Q 10
                                    ！必须封装 vlan 并且此 vlan 要和以太物理接口一致
Ruijie(config-subif)#mac-mode fat
Ruijie(config)#interface dot11radio 2/0.10
Ruijie(config-subif)#encapsulation dot1Q 10
Ruijie(config-subif)#mac-mode fat
```

步骤 7：SSID 和射频卡进行关联。

```
Ruijie(config)#interface dot11radio 1/0
Ruijie(config-if-Dot11radio 1/0)#wlan-id 1
Config interface wlan id:1, SSID:ruijie          ！提示映射成功
Ruijie(config)#interface dot11radio 2/0
Ruijie(config-if-Dot11radio 2/0)#wlan-id 1
Config interface wlan id:1, SSID:ruijie          ！提示映射成功
```

注：第 6 步和第 7 步顺序不能颠倒，完成这一部之后可以看到 AP 已经发出无线信号。

步骤 8：配置 AP 的管理 IP 地址及默认路由。

```
Ruijie(config)#interface bvi 10
Ruijie(config-if-BVI 10)#ip add 172.16.1.253 255.255.255.0
Ruijie(config-if-BVI 10)#exit
Ruijie(config)#ip route 0.0.0.0 0.0.0.0 172.16.1.1
```

步骤 9：启用 AP 的 telnet 功能。

```
Ruijie(config)#line vty 0 4
Ruijie(config-line)#password ruijie
Ruijie(config-line)#exit
```

```
Ruijie(config)#enable password ruijie
```

步骤 10：配置汇聚交换机 Switch3 及接入交换机 Switch2 设备。

● 汇聚交换机 Switch3。

```
Switch3(config)#vlan 130
Switch3 (config-vlan)#exit
Switch3 (config)#interface vlan 130
Switch3 (config-VLAN 130)#ip address 172.16.1.1 255.255.255.0
Switch3 (config-VLAN 130)#exit
Switch3 (config)#service dhcp
Switch3 (config)#ip dhcp pool wuxian
Switch3 (dhcp-config)#network 172.16.1.0 255.255.255.0
Switch3 (dhcp-config)#default-router 172.16.1.1
Switch3 (dhcp-config)#dns-server 218.85.157.99
Switch3 (dhcp-config)#exit
Switch3 (config)#ip dhcp excluded-address 172.16.1.1 172.16.1.1
Switch3 (config)#ip dhcp excluded-address 172.16.1.253 172.16.1.253
Switch3 (config)#interface gigabitEthernet 0/2          ! 汇聚和接入交换机互联
接口
Switch3 (config-GigabitEthernet 0/2)#switchport mode trunk
```

● 配置接入交换机 Switch2。

```
Switch2(config)#vlan 130
Switch2 (config-vlan)#exit
Switch2 (config)#interface gigabitEthernet 0/1          ! 汇聚和接入交换机互联
接口
Switch2 (config-GigabitEthernet 0/1)#switchport mode trunk
Switch2 (config)#vlan 130
Switch2 (config-vlan)#exit
Switch2 (config)#interface gigabitEthernet 0/23          ! AP 和接入交换机互联
接口
Switch2 (config-GigabitEthernet 0/23)#switchport access vlan 130
```

步骤 11：配置验证。

（1）确认是否可以收到无线信号，并且关联成功。

无线网络连接	^
ruijie	已连接

（2）确认无线网卡获取的 IP 地址是否正常，是否可以 ping 通网关。

任务评价

完成了本项目的基础知识学习和综合实训训练后，下面给自己的学习进行简单的评价。

序　号	任务名称	任务评价
1	了解无线局域网基础知识	
2	了解无线局域网组网模式	

PART 10 项目十 排除局域网故障

项目背景

浙江嘉兴技师学院兼并了附近的一所职业中专学校。两所学校的校园网合二为一，需要针对新合并的校园网络重新进行规划、改造。

新改造的二期校园网，通过增加新设备、提高骨干链路，实现了两个校园网的互相联通。但在校园网合并运行的过程中，经常出现不稳定的现象，有各种类型的网络故障发生，因此网络中心的管理员需要学习和掌握各种网络故障排除经验，及时排除网络故障的发生，保障校园网络的安全运行。

- 任务 10.1　局域网故障排除的一般方法
- 任务 10.2　局域网物理层故障分析与处理
- 任务 10.3　局域网数据链路层故障分析与处理
- 任务 10.4　局域网网络层故障分析与处理
- 任务 10.5　局域网传输层及高层故障分析与处理

技术导读

本项目技术重点：常见的局域网故障分析。

10.1 任务一 局域网故障排除的一般方法

对于以太网故障，根据经验发现大多数的网络故障，都是与硬件有关，例如电缆、中继器、HUB、Switch 和网卡等。对于以太网典型故障的查找，一般过程如下。

（1）收集一切可以收集到的有价值的信息，分析故障的现象。

（2）将故障定位到某一特定的网段，或者单一独立功能组（模块），也可以是某一用户。

（3）确认到底是属于特定的硬件故障还是软件故障。

（4）动手修复故障。

（5）验证故障确实被排除。

一般来说，最好的方法是先把故障细分，或隔离在一个小的功能段上，即首先排除最大的简单段，从任何一个方便的、靠近问题的站点出发，利用二分法隔离障碍，再继续使用二分法直至把故障划分到最小的单位。

网管人员不要过多地指望用户会给出准确的故障情况描述，最好由自己亲自来确认一下。当然，也可以由用户演示所发现的问题。由于网络故障带来的压力和混乱，人们经常忽略一些细节问题。如果某个部件出了问题，最好不要立即去替换它，除非能肯定故障的来源。

故障查找要注意以下一些事项。由于以太网采用通用总线拓扑结构以及物理层可扩展的潜在问题，所以某个特定物理层的问题会以不同的方式显现出来，由于采用的测试手段、位置和环境不同，显示出的现象也常常矛盾。

为了避免被假象误导，在此推荐两个故障查找的步骤。

一、沿网段多做测试，如果故障现象随测试点的不同还保持一样，就可以依照所测试出来的故障现象去排除。如果故障现象在一些或所有的测试点都不同，就要把查找故障的方向定在物理层（除非有特别提示），例如查找坏的电缆、噪声环境、接地循环等故障。

二、要提高测试质量，在测试的同时要把测试仪器设置成至少可同时发送较低的流量。

10.2 任务二 局域网物理层故障分析与处理

1．本地故障

在进行硬件故障查找以前，要确认其他用户也不能访问这台机器，以便排除用户账号的错误。对一个单一的站点来说，典型的故障多发生在坏的电缆、坏的网卡、驱动软件或是工作站设置的不正确等问题上。

2．电缆连接问题

目测连接性：检查连接性常用的方法就是检查 HUB、收发器以及近期出产的网卡上的状态灯。如果是 10BASE5 的电缆，要仔细检查所有的 AUI 电缆是否牢固地连接，划锁要同时锁牢，很多问题只要简单地把未接牢的部分重新紧一下就解决了。

受损的电缆或连接部件：在检查物理层的问题时，要注意受损的电缆、当前任务使用的电缆方式（必须正确地使用交叉连接、全反连接以及直通连接方式的电缆），注意电缆的终接方式是否不对、是否有未打好的 RJ-45 水晶头或未按牢的 BNC 头，还应注意是否没有接

上电缆、电缆链接到了错误的端口上等。对怀疑有问题的电缆可以用一般的电缆测试仪进行测试。

3．劣质网线导致工作站无法接通

为了降低信号的干扰，双绞线电缆中的每一线对都是由两根绝缘的通道线相互扭绕而成的，而且同一电缆中的不同线对扭绕的圈数也不一样。在绕线方向上，标准双绞线电缆中的线对，是按逆时针方向扭绕的。不合标准的线缆将会引起双绞线之间的相互干扰，从而使传输距离达不到要求。

4．不正确的网线线序造成上网不正常

按照568b标准制作的网线对电磁干扰的屏蔽更好，这种接法也称为100M接法，是指它能满足100Mbit/s带宽的通信速率。100Mbit/s网线若未按照568b标准制作网线接头，网线的外皮与水晶头没有紧密衔接、线缆松散，会造成传输的数据帧出错、上网不正常。

5．五类双绞线强行运行在吉比特以太网从而影响联通性

理论上，五类双绞线可以运行在吉比特以太网环境中，但实际上五类双绞线运行于吉比特以太网经常会出现断续或连接不上。这说明吉比特以太网对五类双绞线的参数要求更为严格。

如需要在五类双绞线上运行吉比特以太网（将100Mbit/s以太网升级为吉比特以太网，又不想重新布线），则必须对五类双绞线进行严格的测试（按国际cat-5n标准）。如果测试合格，可以在五类双绞线运行吉比特以太网；否则必须使用超五类双绞线来运行吉比特以太网。

6．双绞线的连接距离

双绞线的标准连接长度一直被确定为100m，但在五类和超五类双绞线出现后，一些网络设备制造商在自己的产品宣传资料中称自己的双绞线或HUB实际的连接距离可以超过100m，一般能够达到130～150m左右。虽然有这种产品可以达到，但值得注意的是，即使一些双绞线能够在大于100m的状态下工作，但通信能力将会大打折扣，甚至可能会影响网络的稳定性。

10.3　任务三　局域网数据链路层故障分析与处理

1．检查链路层的问题

碰撞问题：如果平均碰撞率大于10%或者观察到非常高的碰撞，就需要进一步的测试了。

如果可能，试着通过减少网段规模（将网络分成小块）并随时检测碰撞的变化以隔离出发生问题的区域。为了追踪碰撞情况，就必须知道网络的流量。可以使用背景流量发生器来加入适当的流量（100帧/秒，100字节长的流量），并同时观察网络的统计显示。

某些与介质有关的故障是与流量的大小成正比的。可以在用控制键改变流量的同时观察碰撞与错误的改变。实施这种方法要特别小心，因为很容易给网络加入很重的流量。解决与碰撞有关的问题常常是很费劲的，因为测试的情况在很大程度上取决于观察的位置。也许在同一网段相距几米远的不同观察点看到的情况就不同，要多找几个点来观察并留意所发生的变化。

如果碰撞和流量成正比，或碰撞几乎是 100%，或几乎没有正常的流量，则可能是布线系统出了问题。对于 UTP 布线，可以在 HUB 上断开电缆然后进行电缆测试。对于同轴电缆就要进行阻抗测量，可以使用数字表或其他仪表的直流通断功能进行测试。如果电缆两端都有端接器，从 T 型接头应测得大约 25 欧姆（Ω），如果从电缆的一端将会测得 50Ω。

帧级错误：如果出现帧级错误，就要运行错误统计测试，并通过详细功能把有问题的工作站的 MAC 地址找出，然后经过测试把故障确定下来。可以试着将驱动程序用“干净”的原盘重新装入工作站，要确认各项配置安全。如果这一切仍不奏效，可以试着把有疑问的网卡换掉。

利用率过高：如果利用率过高（平均值大于 40%，瞬间峰值高于 60%），那么网段负荷就过重了。应当考虑安装网桥和路由器以减少网段中的流量或把网段分成若干小的网段。

2．有故障时首先检查网卡

在局域网中，网络不通的现象常有发生，一旦遇到类似这样的问题时，我们首先应该认真检查各连入网络的机器中网卡设置得是否正常。检查时，我们可以利用鼠标依次打开“控制面板/系统/设备管理/网络适配器”设置窗口，在该窗口中检查一下有无中断号及 I/O 地址冲突（最好将各台机器的中断设为相同，以便对比），直到网络适配器的属性中出现“该设备运转正常”，并且在“网上邻居”中至少能找到自已，说明网卡的配置没有问题。

3．确认网线和网络设备工作正常

当检查网卡没有问题时，此时可以通过网上邻居来看看网络中的其他计算机，如果还不能看到网络中的其他机器，则说明可能是网络连线中断的问题。网络连线故障通常包括网络线内部断裂，或者双绞线、RJ－45 水晶头接触不良，或者网络连接设备本身质量有问题，或者连接有问题。

这时，我们可以使用测线仪来检测一下线路是否断裂，然后用替代的方法来测试一下网络设备的质量是否有问题。在网线和网卡本身都没有问题的情况下，再看一看是不是软件设置方面的原因，例如如果中断号不正确也有可能导致故障出现。

4．检查驱动程序是否完好

对硬件进行了检查和确认后，再检查驱动程序本身是否损坏，如果没有损坏，看看安装是否正确。如果这些可以判断正常，设备也没有冲突，就是不能连入网络，这时候可以将网络适配器在系统配置中删除，然后重新启动计算机，系统就会检测到新硬件的存在，然后自动寻找驱动程序进行安装。

5．正确对网卡进行设置

在确定网络介质没有问题，但还是不能接通的情况下，再返回网卡设置中，看看是否有设备资源冲突，有许多时候冲突也不是都有提示的。可能发生的设备资源冲突有：NE2000 兼容网卡和 COM2 有冲突（都使用 IRQ3），（Realtek RT8029）PCI Ethernet 网卡和显示卡都“喜欢”IRQ10。

为了解决这种设备的冲突，可以按照如下操作步骤来进行设置：首先在设置窗口中将COM2 屏蔽，并强行将网卡中断设为 3；如果遇到 PCI 接口的网卡和显卡发生冲突时，可以采用不分配 IRQ 给显示卡的办法来解决，就是将 CMOS 中的 “Assign IRQ for VGA”一项设置为“Disable”。

10.4 任务四 局域网网络层故障分析与处理

网络层常见的故障包括以下几点。

- 没有启用路由选择协议，或路由选择协议配置不正确。
- 不正确的网络 IP 地址。
- 不正确的子网掩码。
- DNS 和 IP 的不正确地绑定。

对于以上问题，应首先检查并校正本机 IP 地址和子网掩码、DNS 设置，然后检测本机与网关的联通性、本机与其他网络的联通性，如果不能与其他网络联通，则应检查并纠正路由协议配置。

10.5 任务五 局域网传输层及高层故障分析与处理

1. 协议故障

协议故障通常表现为以下几种情况。

- 计算机无法登录到服务器。
- 计算机在“网上邻居”中既看不到自己，也无法在网络中访问其他计算机。
- 计算机在“网上邻居”中能看到自己和其他成员，但无法访问其他计算机。
- 计算机无法通过局域网接入 Internet。

故障原因分析如下。

- 协议未安装：实现局域网通信，需安装 NetBEUI 协议。
- 协议配置不正确 ：TCP/IP 涉及的基本参数有 IP 地址、子网掩码、DNS、网关，任何一个设置错误，都会导致故障发生。

排除步骤如下。

（1）检查计算机是否安装 TCP/IP 和 NetBEUI 协议，如果没有，建议安装这两个协议，并把 TCP/IP 参数配置好，然后重新启动计算机。

（2）在“控制面板”的“网络”属性中，单击“文件及打印共享”按钮，在弹出的“文件及打印共享”对话框中检查是否选中了“允许其他用户访问我的文件”和“允许其他计算机使用我的打印机”复选框，或者其中一个。如果没有，全部选中或选中其中一个，否则将无法使用共享文件夹。

（3）系统重新启动后，双击“网上邻居”，将显示网络中的其他计算机和共享资源。如果仍看不到其他计算机，可以使用“查找”命令找到其他。

（4）在“网络”属性的“标识”中重新为该计算机命名，使其在网络中具有唯一性。

2. 配置故障

配置错误也是导致故障发生的重要原因之一。网络管理员对服务器、路由器等不当设置自然会导致网络故障，计算机使用者对计算机设置的修改，也往往会产生一些令人意想不到的访问错误。

配置故障排错：首先检查发生故障的中的相关配置。如果发现错误，修改后再测试相应网络服务能否实现。如果没有发现错误，则测试系统内其他计算机是否有类似故障，如果有同样故障，说明问题出在网络设备上，如交换机。反之，检查被访问计算机对该访问计算机所提供服务作认真检查。

故障：不能访问服务器或某项服务。在这里设定服务器或某项服务以前是正常的，并且已经做过如下的工作。

- 重新冷启动 PC（热启动不能复位全部的适配卡）。
- 确认 PC 没有本身的硬件故障。
- 确认所有的网络电缆都连接正确。
- 确认所有的网卡驱动软件都正常的装入，没有报告错误。
- 确认服务器或服务没有改变，例如重新配置增加硬件或软件。

要测试一下这一故障是否只影响该工作站（本地故障）还是会影响其他站点（大范围故障），可以通过其他工作站装入服务器或服务来证明这一点。

这些工作站要在同一网段或 HUB 上。如果故障在同一网段或 HUB 上的其他站点也存在，就试着从其他的网段或 HUB 上的站点进行测试。

3. 操作系统故障

操作系统故障也是导致故障发生的原因之一。用户对计算机设置的修改或删除，也往往会产生一些令人意想不到的访问错误。

（1）许多机器出现可以成功登录网页，但无法浏览信息，或者总是出现“该页无法显示”。

首先应检查 TCP/IP 是否已安装，还有其设置是否正确。打开“控制面板”中的“网络”项，双击 TCP/IP 的属性，检查 IP 地址、DNS、配置、网关等是否设置正确。接着检查 IE 浏览器的“连接”一项，不要设置为“用代理服务器连接”。如果这么做之后，还是无法浏览网页，那肯定是操作系统有问题，这时可以考虑重新安装或修复操作系统和 IE 浏览器。

（2）所有计算机都有“网上邻居”图标，但是打开“网上邻居”后，什么也没有。

这种问题多发生在自己的计算机上，此时可以检查“设备管理器”中的“网络适配器”属性中的驱动程序是否正常。

（3）服务器或服务的可达性。

如果使用协议分析仪，就要捕获 3～4 分钟的数据包来进行分析。看一下是否有从服务器发出的延时请求，并找出是哪个服务器发出的。如果有延时请求，则表明服务器不能完全处理所加载的任务，每一个延时请求作废一个任务请求。

4. 蠕虫病毒造成的系统故障

蠕虫病毒对网络速率的影响越来越严重。这种病毒导致被感染的用户只要一联网就不停地往外发邮件，病毒选择用户个人计算机中的随机文档附加在用户计算机上的通信簿的随机地址进行邮件发送，造成网络瘫痪、个人计算机无法使用，严重将破坏计算机操作系统。

因此，我们应时常注意各种新病毒通告，了解各种病毒特征，及时升级所有杀毒软件。计算机也要及时升级、安装系统补丁程序，以提高系统的安全性和可靠性。